本书为国家自然科学基金面上项目“基于全球技术交易海量数据分析的专利运营模式研究”（71774020）的成果

中国产学研专利价值与专利运营研究

栾春娟 白 晶 邓思铭◎著

Patent Value and Patent Management of Industry-University-Research Institute in China

科学出版社

北 京

内 容 简 介

本书基于从 incoPat 平台检索的 1985～2018 年中国全部发明授权专利数据，从多个维度对我国的专利价值和专利运营（以中国电网公司为例）情况进行分析。深入探讨产学研三种类型申请人在技术分类-专利价值度、地域-专利价值度、时间-专利价值度等多种专利价值度维度下的差异和发展趋势。之后聚焦具体企业，从时间-技术领域、空间-技术领域、时空-专利价值度等几个维度出发，分析中国电网公司的专利申请、授权、转让和许可情况，为其专利技术创新运营模式的凝练提供依据。本书对推动“创新驱动发展战略”和“知识产权强国战略”的实施具有重要的理论意义和现实意义。

本书可供知识产权和科学技术管理研究领域的专家、学者和研究生，政府机关科学技术的管理工作者和公司、企业研发部门的管理人员阅读。

图书在版编目（CIP）数据

中国产学研专利价值与专利运营研究 / 栾春娟，白晶，邓思铭著. —北京：科学出版社，2022.1

ISBN 978-7-03-070406-1

Ⅰ. ①中… Ⅱ. ①栾… ②白… ③邓… Ⅲ. ①专利-研究-中国 Ⅳ. ①G306.3

中国版本图书馆 CIP 数据核字（2021）第 223070 号

责任编辑：朱萍萍 姚培培 / 责任校对：韩 杨
责任印制：李 彤 / 封面设计：有道文化

科 学 出 版 社 出版
北京东黄城根北街 16 号
邮政编码：100717
http://www.sciencep.com

北京建宏印刷有限公司 印刷

科学出版社发行 各地新华书店经销

*

2022 年 1 月第 一 版 开本：720×1000 1/16
2022 年 3 月第二次印刷 印张：18 1/2
字数：330 000

定价：98.00 元

（如有印装质量问题，我社负责调换）

前　言

事物总是在创新中迎来变革，在变革中寻求更好的发展。在这个科学技术迅速发展的时代，各种新知识层出不穷。得益于互联网的应用与普及，我们可以轻松获取所需的各种信息和资源。这意味着我们能从更多的角度进行创新。但与此同时，创新的标准也在不断提高。近年来，我国专利数量呈现快速增长的趋势，已连续多年位居世界第一。这一方面表明我国实施的“创新驱动发展战略”初见成效，另一方面也衍生出更加重要的问题：如此多的专利是否都能物尽其用，发挥出自己的价值呢？怎样的专利运营模式可以孕育出更多的高价值专利？传统有关专利价值与专利运营的研究以定性研究为主，少数为定量研究，但也只是基于小样本数据或单一案例进行。这些研究为专利价值与专利运营体系的发展提供了重要的指导与参考，但其科学性和实用性还有待增强。专利的最终目标都是实现其商业化价值，促进经济的发展，因而技术交易就成为衡量专利价值、凝练专利运营模式的一个重要切入点。基于对全球技术交易海量数据的客观分析，本书对技术交易的历史演变、部门差别和地域特征等进行了全方位的深入挖掘，以期发现科技成果转化与技术流动的潜在规律和影响因素，凝练出成功的专利运营模式，剖析其中各要素之间的作用机理，为国家知识产权商业运营体系的建设提供重要的决策支撑。此外，以往对专利运营体系的研究，大多以具有法学背景的人才为主力，研究视角难免有其局限性。本书作者发挥其多学科背景的知识体系特点，在法学的基础上，结合管理学、经济学等相关学科，以一种更综合的视角来分析、解决问题，从而为我国的知识产权学科课程建设和人才培养提供一本专业实用的前沿教材，希望能得到知识产权领域的广大师生和研究者的喜爱。

本书共包括十章。第一章为绪论，由栾春娟执笔，系统阐述本书的背景与意义、国内外研究进展、数据来源与数据分布、研究方案等。第二章为产学研整体创新趋势与创新网络，由郜叶欣、栾春娟执笔，介绍了产学研整体创新发展趋势和产学研整体创新网络等内容。第三章为主体–专利价值度分析，由左川、栾春娟执笔，分别阐述了其背景与意义，产业、大学和科研院所的中高产单位及其专利年度发展趋势和专利价值度等内容。第四章为技术分类–专利价值度分析，由张琳、栾春娟执笔，分别介绍了产业、大学和科研院所在不同技术分类下的专利分布情况和相应的专利价值度。第五章为地域–专利价值度分析，由张琳、栾春娟执笔，分别介绍了产业、大学和科研院所在不同地域的专利分布情况和相应的专利价值度。第六章为时间–专利价值度分析，由张流源、栾春娟执笔，介绍了中国产学研私专利价值时序演进，并将中美产学研专利价值时序演进进行了对比分析。第七章为基于技术转让方网络的专利运营模式研究，由栾春娟执笔。主要内容是基于技术转让方创新主体构建技术转让方网络，凝练出领先的专利技术转移主体的专利运营模式。第八章为国家电网有限公司（简称国家电网公司）三种类型专利整体分析，由白晶、栾春娟执笔，介绍了国家电网公司三种类型专利的空间分布、主体、专利技术领域、时间分布和其他事项等内容。第九章为国家电网公司专利时空–技术领域演进及专利价值度分析，由白晶、栾春娟执笔，介绍了国家电网公司专利时间–技术领域演进趋势、空间–技术领域以及时空–专利价值度等内容。全书由栾春娟、白晶、邓思铭统稿。

本书虽基于对全球技术交易海量数据的客观分析编著而成，但在具体撰写的过程中难免会受到作者本身主观因素的干扰，其中若存在不足之处，希望广大读者积极批评指正。

栾春娟　白　晶　邓思铭

2020 年 6 月 12 日

目　录

第一章　绪　　论

第一节　背景与意义

一、背景

专利价值在专利的商业运营中占有重要地位，常常是专利许可转让、质押融资、作价入股、并购重组等活动的前提和基础（马天旗，2018）。专利价值度是量化的专利价值。近年来，中国专利数量的飞速增长引起了全球的关注，中国连续多年蝉联专利申请数量全球第一的佳绩。在专利数量迅猛增长的同时，国内外学者开始关注中国专利价值问题。什么是高价值专利、如何培育高价值专利等，成为理论与实务界关注的热点问题。学者与政府知识产权主管部门提出了多种专利价值的测度方法和指标。

探索专利运营模式，有助于推动知识产权运营体系建设和“知识产权强国战略”的实施（Wagner and Wakeman，2016；黄鹏飞，2016；Ernst et al.，2016；李明星等，2016）。在长期的发展过程中，发达国家比较成熟的技术交易市场（栾春娟，2017）有哪些成功的、可资借鉴的专利运营模式？交易主体、客体、知识产权服务机构、金融机构、制度与政策等相关要素的作用机理如何？本书拟基于对全球技术交易海量数据的客观分析，探索有利于知识产权运营体系建设与发展的专利运营模式，以加快科技成果转化，推动“创新驱动发展战略”和“知识产权强国战略”的实施，助力创新型国家的建设。

二、意义

党和国家一直非常重视“创新驱动发展战略”和“知识产权强国战略”的实施：党的十八大提出了“创新驱动发展战略”（郭铁成，2016；科学技术部，2016）；中共中央总书记习近平在中国共产党第十八届中央委员会第五次全体会议报告中强调：“十三五”期间，我们要激发创新创业活力，推动大众创业、万众创新，释放新需求，创造新供给，推动新技术、新产业、新业态蓬勃发展（瞿晓理，2016）；2015 年，国务院发布了“知识产权强国战略”（申长雨，2016；宋河发等，2016）；2017 年 1 月，国务院印发的《“十三五”国家知识产权保护和运用规划》中明确强调：要深入实施知识产权战略……加快建设中国特色、世界水平的知识产权强国（国务院，2017）。2016年，我国发明专利申请量已达到133.9万件（中华人民共和国国务院新闻办公室，2017），但科技成果转化率较低。这是长期困扰知识产权界的一个突出问题。本书基于对全球技术交易海量数据的客观分析，凝练专利运营模式的研究成果，对推动“创新驱动发展战略”和“知识产权强国战略”的实施具有深远的现实意义。

第二节 国内外研究进展

一、关于专利价值的研究

关于专利价值，国内外学者主要做了以下研究：专利价值影响因素（邱洪华和宋秋玉，2018；申文娇和胡登峰，2013；Reitzig，2003）；专利价值与经济价值相关性（曹晨和胡元佳，2011）；基于大学和产业专利活动深度分析的专利价值决定因素研究（Sapsalis，2006）；专利引用与专利价值之间的对数线性关系（Bakker，2017）；基于智慧资本商业银行公司Ocean Tomo专利拍卖会，对直接观察到的专利价值进行的专利价值指标测试分析（Fischer and Leidinger，2014）；专利价值评估和商业化战略（Hsieh，2013）；等等。

关于专利价值的测度方法和指标，国外专利价值评价主要有以下几个体系。第一，丹麦专利商标局与根本哈根商学院合作开发的、用于评估专利或技术项目价值的IPscore评估系统（Panopoulos，2017）。该体系包括法律状态、技术因素、市场环境、财务指标与公司战略五个维度，共有40个指标，每个指标又分为五个等级，这样每个专利就相当于有200个排列组合因素。该软件虽然免费，并且允许下载，但需要使用者对每个专利在200个选项中逐个选择才能够得到某个专利的价值评估结果，无法实现批量的价值计算和分级管理（马天旗，2018）。第二，专利强度（Patent Strength）评价体系。该体系的理论来源是2003年美国加利福尼亚大学伯克利分校与乔治梅森大学发表的一篇名为《有价值的专利》（“Valuable Patents”）的论文（Kitagawa et al.，2014；Martin and Saracho，2016），后来由美国Dialog公司开发成为Innography专利分析工具的一项功能，可对专利价值的高低进行鉴定。该体系的分析结果具有客观性和高效率等优点，但其主要问题是分析过程过于依赖诉讼数据，而经历诉讼的专利数据毕竟不是多数（马天旗，2018；Kitagawa et al.，2014；Martin and Saracho，2016）。第三，专利评级（Patent Rating）系统。该系统是由成立于2003年的美国一家知识产权经营公司 Ocean Tomo 基于回归统计思想而开发的一个专利价值评价系统。该系统的优点是与其知识产权交易业务和股票指数共同构成一个完整的专利运营平台，三者相辅相成，具有较高的市场认可度，但其主要问题是评价过程透明度较低，不易操作，成本较高，不利于推广（Giereth and Ertl，2008）。第四，专利计分卡（Patent Scorecard）评价体系。专利记分卡评价体系最早是在 1994 年由美国 CHI 公司提出来的，由三种基本指标和六种进阶指标构成。后来，美国全球知识产权智力（IPIQ Global）公司又提出了七个新的专利记分卡。其优点在于适合进行宏观层面的专利价值评估，关注科学与技术的关系等；不足之处在于对单个专利价值的评价常常无能为力（马天旗，2018；Anonymous，2002，2007）。第五，SMART3（Systemto Measure，Analyze and Rate Patent Technology）专利分析评估系统。该系统是由韩国知识产权局下设的发明振兴会所开发的在线专利评估系统。其评分基于专利强度、技术质量和应用能力三个维度进行（马天旗，2018）。该系统的优点是为韩国专利的实际运营提供了良好支撑，不足之处在于对专利市场价值、运用或侵权等的参考作用有限。

国内专利价值评价体系主要有：第一，专利价值分析指标体系。该体系是 2010 年由国家知识产权局和中国技术交易所有限公司共同开发的，由体系、维度和指标三个层次构成。该系统的优点是综合考虑了法律、技术和经济三个维度，并针对每个维度设定了一级和二级指标，有利于全面评估专利属性；不足之处在于系统的主观因素比较多，效率低，成本高（邱洪华和宋秋玉，2018；吴红和冀方燕，2017）。第二，合享价值度评估体系。该体系是由北京合享智慧科技有限公司研发设计的（马天旗，2018；梁丽等，2015；肖国华和牛茜茜，2015）。合享价值度是本书采用的专利价值度测量指标，将在本章第四节详细阐述该指标及选择它的原因，在此不再陈述。第三，大为专利指数评价体系。该体系包括技术价值、权利价值和运营价值三个维度。其优点在于操作便捷，可以适时调整；不足之处在于指标单一，无法实现不同行业与地域的差异化等。第四，智慧芽（PatSnap）专利评估体系。该体系是智慧芽全球专利数据库内嵌的专利价值评估系统。其优点在于操作简单，评估效率高，可随市场数据动态调整（佚名，2013）；不足之处在于透明度不高（吉宏等，2018；王晶，2018），信赖度有待验证。

二、关于专利/知识产权运营的研究

（一）发展趋势

专利/知识产权运营是推动科技成果产业化与商业化，加快科学技术为社会经济发展、人类生活质量的提高和综合国力增强服务步伐的重要举措。随着专利数量的快速增长，各国政府越来越重视专利/知识产权运营，该课题也引起了国内外学者的关注。我们分别在中国知网（CNKI）和科学网（Web of Science）检索了专利/知识产权运营相关的主题文献（2001～2016 年）①，文献的年度分布如图 1-1 所示。

如图 1-1 所示，2001～2016 年，专利/知识产权运营相关主题文献的 CNKI 中文文献数量和 Web of Science 外文文献数量都呈现出比较明显的增长趋势。我们将从专利/知识产权运营、技术交易和运营模式等几个方面对国内外研究现状进行综述。

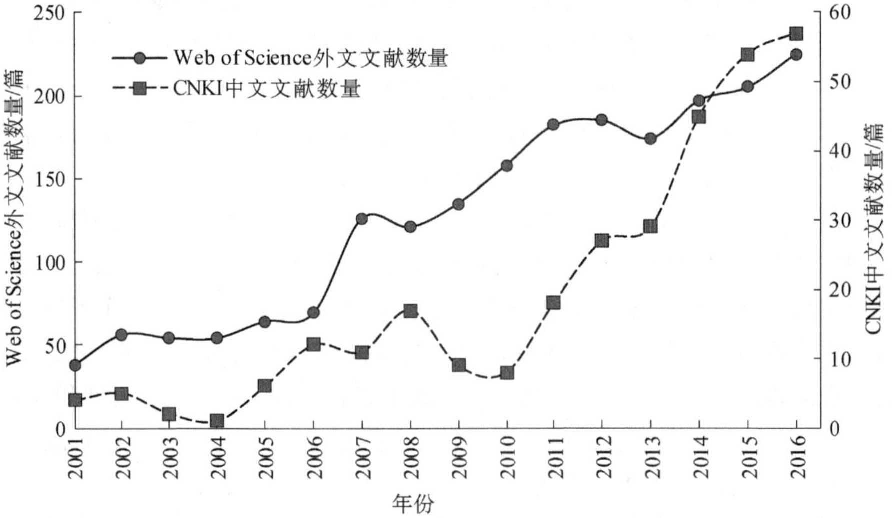

图 1-1　2001～2016 年专利/知识产权运营相关主题文献的年度分布

（二）商科/经济学和管理学领域对专利主题研究持续升温

我们检索了社会科学引文索引（Social Sciences Citation Index，SSCI）数据库中 1900～2016 年发表的专利主题文献，共得到 10 707 条检索结果②，并对其学科分布进行了可视化分析（图 1-2）。

100 多年的 SSCI 专利主题文献学科分布的分析结果显示，曾经很长一段时期，专利主题研究集中于法学学科；但最近 30 年，在商科/经济学和管理学的专利主题研究已经远远超过法学学科。相应地，专利研究的热点主题也由传统的法律制度演进为技术创新、产业研发、经济增长等。由此可见，商科/经济学和

① 检索时间：2017 年 8 月 31 日。
② 检索时间：2017 年 8 月 31 日。

管理学领域对专利主题的研究近年来持续升温。

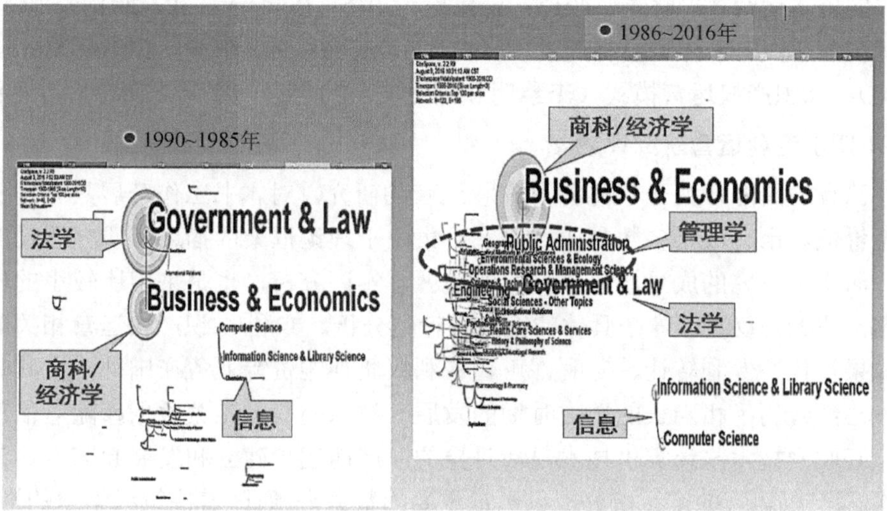

图 1-2 全球专利主题文献学科分布

（三）关于专利运营研究具体内容

国内外至今尚无一个明确清晰的专利/知识产权运营界定。美国的威斯康星大学（University of Wisconsin System）（Jain and George，2007）、麻省理工学院（Massachusetts Institute of Technology）（Swamidass，2013；栾春娟，2016）、斯坦福大学（Stanford University）（Swamidass，2013；Etzkowitz，2013）和加利福尼亚大学伯克利分校（University of California，Berkeley）等高校（Leute，2005；Apple，1989；George，2005；Agrawal and Henderson，2002；Dechenaux et al.，2008）的技术转移都非常成功，但学界和实务界都没有明确定义专利/知识产权运营（宋柳平，2015；田家林和顾晓燕；2014a，2014b）。

中国国家知识产权局于 2013 年 4 月发布《关于实施专利导航试点工程的通知》及《关于组织申报国家专利运营试点企业的通知》，但并未对专利/知识产权运营予以界定（冯晓青，2017；李黎明和刘海波，2014）。2014 年 4 月，深圳市市场监督管理局发布《企业专利运营指南》。《企业专利运营指南》将“专利运营”界定为通过对专利或专利申请进行管理，促进专利技术的应用和转化，实现专利技术价值或者效能的活动。一般认为，“专利运营”是指专利权的权利主体为了商业目的而通过许可、转让、融资等方式对其拥有的智力成果进行商业运作和经营等的活动（冯晓青，2017；李黎明和刘海波，2014；陶鑫良，2015，2016）。专利/知识产权运营相关的研究成果主要集中于专利运营模式（黄鹏飞，

2016；林秀芹和张贤伟，2016；陆介平等，2015；Máté et al.，2016）、知识产权相关的资本运营（冯晓青，2013；杨筱等，2015；Bengoa et al.，2017）、知识产权运营效率（田家林和顾晓燕，2014a，2014b；王振宇和於超，2016；Maresch，2016）、知识产权运营模式（李黎明和刘海波，2014；何耀琴，2013）等方面。

（四）专利运营研究评述

已有的国内外关于专利/知识产权运营的研究，对本书工作开展具有重要的参考价值。已有成果多数是质性研究，集中于理论框架的描述或研究假设的架构，而实证研究的成果比较少见，即使做了实证分析，也是采用比较小的样本数据，或者是仅基于一个具体的案例进行的分析。专利/知识产权运营相关的科技成果转化、专利转让、专利许可、专利权质押融资等业务在国外，尤其是美国，已经经历了相当长的历史时期的发展，技术交易的相关数据库随着信息技术、互联网技术与计算机技术日新月异的发展而逐步建立和发展起来。这为专利/知识产权运营的定量研究提供了很重要的数据来源。随着决策科学化的推进，定量的数据分析，尤其是基于大样本的数据分析，将有更大的可能来发现事物背后的规律、趋势和模式，为专利/知识产权运营的科学决策提供重要支撑。

三、关于专利运营模式的研究

（一）专利运营模式研究现状

运营模式多用于商业领域，特别是指公司的运营模式。概括地说，公司的运营模式可细分为战略运营模式、战术运营模式、公司组织运营模式、人力资源运营模式、产品运营模式、营销运营模式等。商业运营模式、资本运营模式，尤其是近些年来兴起的电子商务运营模式等，受到国内外学者们的广泛关注。学者们探讨了动态的市场运营模型（Sale et al.，2017）、子公司内外部整合对运营绩效的影响（Demeter et al.，2016）、递归运营战略模式在管理工作中的应用（Choy et al.，2016）、互联网时代的出版社运营模式（陈丽霞，2017）、高铁商业运营模式（李松涛，2016）、电动汽车运营模式（丁晓华等，2016）、电子商务移动云端的信用有效沟通商业模式（Pop et al.，2016）等。

（二）评述

已有的与运营模式相关的研究成果是本书研究的重要理论基础。这些成果多集中于传统商业运营模式和现代电子商务运营模式，更多涉及的是有形产品的商务贸易活动。历史上从现代的人类商业贸易活动中积累的成功商业运营模式必将对专利运营模式产生重大影响。但专利运营模式是关于智力劳动成果、无形资产的商业运营模式，因此它必定具有自己的独特性、挑战性和高风险性（McGrath and Nerkar，2004；Hall，2002），需要发展专门的理论与实践。

四、关于技术交易的研究

（一）技术交易研究现状

技术交易是知识产权运营的一个重要环节，是科技成果产业化过程中的必经步骤，是盘活无形资产的有效途径。与有形财产和服务类交易比较，技术交易的主体、客体和交易内容都具有独特性，技术交易的难度和风险一般比较高（Blomkvist et al.，2017；Castellaneta et al.，2016）。国内外学者对技术交易过程中的价值评估（范东升，2016；杭省策和牟丹，2016；杨健，2015；Haier，2014）、专利交易成本（佘力焓和朱雪忠，2014；杨伟民和巴特，2014）、技术交易方式中的专利许可（丁茂中，2016；郑伦幸，2015；Jensen，2016）、交易中技术市场价值的测度与预测方法（栾春娟和程昉，2016）、新兴技术竞争优势测度方法（栾春娟，2016）等进行了一些研究。学者们对技术交易过程中的价值评估研究还主要停留在建议层面，比如建议建立健全和完善专利交易、专利权质押过程中的中介服务机构等来进行专利价值评估；对技术交易成本的研究，更多地分析了专利申请费用和研发过程中的投入费用等；对技术交易方式中的专利许可的研究，集中于专利高价许可是否涉及垄断问题、大学与产业之间的专利许可，以及专利许可的私法理论基础等。

（二）评述

国内外已有的与技术交易相关的研究成果为本书的写作提供了重要的思路和基础。但已有成果中多以定性研究为主，少量的定量研究中的样本也是比较小的。我们尚未发现基于对全球技术交易海量数据的客观分析，对专利运营模式进行实证研究的相关成果。本书拟基于对全球技术交易海量数据的客观分析，对技术交易的历史演变、部门差别和地域特征等进行全方位的深入挖掘，以期发现科技成果转化与技术流动的潜在规律和影响因素，凝练出成功的专利运营模式，剖析其中各要素之间的作用机理，为国家知识产权商业运营体系的建设提供重要的决策支撑。

第三节 数据来源与数据分布

一、数据库选择与数据检索

本书数据来源于北京合享智慧科技有限公司开发的 incoPat 平台。incoPat 被认为是第一个将全球顶尖的发明智慧深度整合的专业知识产权信息服务平台，具有数据覆盖全面、更新快速和多维度深入加工等特点。incoPat 收录了全球 112 个国家/地区的 1 亿余件专利信息，数据采购自各国知识产权官方和商业机构，全球专利信息每周更新四次，更新速度全球领先。incoPat 通过全面的数据整合加工，可以检索的字段达到 240 余个，融合了专利诉讼、转让、许可、复审无效、通信标准声明、海关备案等信息，并深度加工了一系列专利同族引证信息，能够为企业决策者、研发人员、知识产权管理人员提供科技创新情报的专利信息平台①。我们按照图 1-3 的检索流程，分别检索了中国产学研发明授权专利数据和专利转让数据，并以专利转让数据代表专利运营数据进行分析和研究。

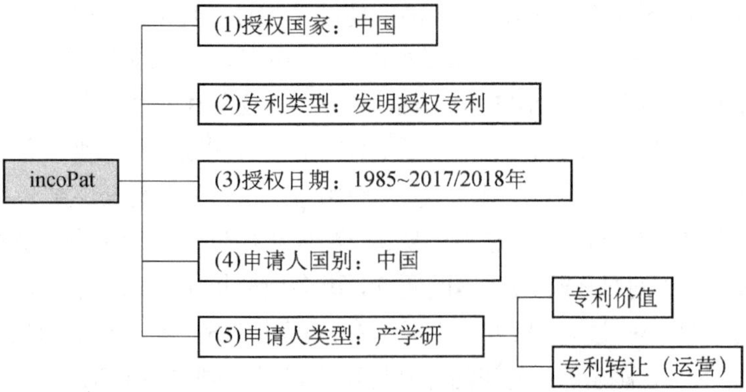

图 1-3　产学研专利价值与专利运营数据检索流程图

2017/2018 年指部分数据的截止年度为 2017 年，部分为 2018 年

（1）授权国家：选择中国为授权国家，得到国家知识产权局授权的专利数据（图 1-4）。

图 1-4　授权国家、专利类型与授权日期检索信息

① incoPat 系统说明. https：//www.incopat.com/help/sysdoc/help1-1.html[2018-02-01].

（2）专利类型：选择发明授权专利，排除实用新型和外观设计专利（图 1-4）。

（3）授权日期：选择 1985～2017/2018 年。由于本书涉及大量数据，数据的检索、测试与下载期间长达几个月，大致从 2018 年 5 月至 2019 年 3 月；在书稿写作过程中，又不断地补充了一些数据，因此书稿中的部分数据的截止年度为 2017 年，部分为 2018 年。每一章节或某一主题的数据，具有相对的独立性（图 1-4）。

（4）申请人国别：申请人国别选择中国（图 1-5）。第一步与第四步，我们合并称为“双重中国标准”，即授权国家和申请人国别都是中国（图 1-6）。

图 1-5 申请人国别

图 1-6 中国申请人检索结果

图 1-7 中国申请人类型

（5）申请人类型。我们分别检索了产业（企业）、大学（大专院校）和科研院所（科研单位）的专利数据，同时检索了申请人为个人的专利数据（图 1-7）。

选择 incoPat 科技创新专利信息服务平台嵌入的专利价值度指标作为衡量和测度产学研三种类型专利价值的指标。该平台的专利价值度，又称为合享价值度，该指标值的计算主要依赖于北京合享智慧科技有限公司自主创新研发的专利价值模型实现，该专利价值模型融合了专利分析行业内最常见和重要的技术指标（如技术稳定性、技术先进性、保护范围层面的 20 多个技术指标），并通过设定指标权重、计算顺序等参数，使得它能够对每篇专利进行专利强度自动评价，可以为用户迅速浏览或快速遴选重点专利提供参考①。在科技大数据领域，将人工智能（AI）与专利大数据进行深度融合，正是 incoPat 平台正在努力

① 合享价值度是如何计算的？https：//www.incopat.com/help/sysdoc/FAQ5.3.html［2018-02-01］.

探索的“AI+IP”创新发展模式，即整合全球知识产权、科技信息相关的大数据并搭建一个AI平台。伴随着北京合享智慧科技有限公司工程师们不遗余力地探索开发，迄今，北京合享智慧科技有限公司已经成功将AI技术植入语义检索、专利价值度计算、智能聚类、3D沙盘、图像识别等多个应用模块中（裴宏和陈婕，2018）。与以往小样本的、手工计算的专利价值度相比，基于全球专利大数据和人工智能强大技术手段计算得出的专利价值度更具有客观性和科学性，更加值得信赖。

二、数据分布

依据前述检索步骤和检索策略，检索到各种类型申请人所拥有的发明授权专利数据与比例如表1-1所示。申请人类型具体包括企业、大专院校、个人、科研单位、机关团体及其他。

表1-1显示了企业的创新主体地位，其专利占比接近60%；大专院校专利占比超过20%；个人专利占比超过10%；科研单位占比接近10%。此外，机关团体及其他类型申请人的占比就很小一部分了，共计低于1.5%。

表1-1　产学研发明授权专利数据分布

序号	申请人类型	专利数量/件	占比/%
1	企业	1 243 068	56.75
2	大专院校	492 579	22.49
3	个人	253 921	11.59
4	科研单位	170 330	7.78
5	机关团体	28 783	1.31
6	其他	1 868	0.09

注：本表数据检索日期为2019年1月8日。

第四节　研 究 方 案

一、专利价值分析研究方案

本书进行了多维度的专利价值分析，比如时间-专利价值度、地域-专利价值度、技术分类-专利价值度等。在此，我们以时间-专利价值度为例，阐释产学研专利价值分析的研究方案。

（一）第一步：在 incoPat 平台上检索得到年度-专利价值度矩阵

研究方案的第一步是基于 incoPat 平台，检索产业、大学和科研院所等特定类型的专利数据。在检索得到专利数据的基础上，基于 incoPat 平台，选择第一检索维度为公开日、第二检索维度为专利价值度（图 1-8），于是得到表 1-2 所示的年度-专利价值度矩阵。

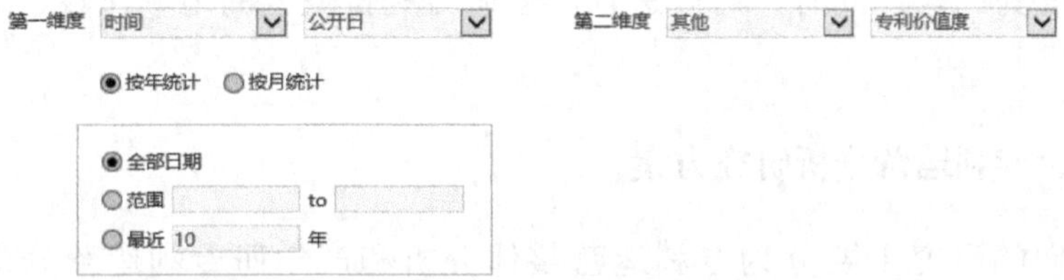

图 1-8　公开日、专利价值度检索界面

表 1-2　年度-专利价值度矩阵　　　　单位：件

专利价值度星级 \ 年份	2001	2002	2003	……	2015	2016	2017
1	0	0	0	……	163	218	0
2	10	19	27	……	7 182	6 710	2 185
3	230	185	543	……	1 758	1 974	1 745
4	91	62	148	……	4 166	2 653	968
5	242	252	600	……	883	752	457
6	194	183	446	……	15 666	23 112	29 603
7	104	105	183	……	20 668	25 882	35 160
8	57	39	86	……	6 005	6 507	9 053
9	38	63	179	……	7 229	9 483	12 564
10	15	28	48	……	740	702	274
平均专利价值度	5.22	5.44	5.31	……	6.21	6.39	6.82

（二）第二步：计算每一年度特定类型专利数据的平均专利价值度

基于式（1-1），计算得出每一年度的平均专利价值度：

$$\overline{a}_{ij} = \sum\nolimits_{i=1}^{n} a_{ij} \times \frac{k_{ij}}{n} \tag{1-1}$$

其中，i 表示专利价值度星级，i=1，2，…，10；j 表示年度，j=2001，2002，…，2017；$\overline{a}_{ij}$ 为 j 年度平均专利价值度；a_{ij} 表示 j 年度 i 星级对应的专利价值度；n 为

j 年度所有专利价值度出现的总频次；k_{ij} 表示 j 年度 i 星级专利价值度出现的频次。

（三）第三步：比较产学研平均专利价值度

在计算得出产学研三种类型每一年度平均专利价值度之后，就可以绘制出每种类型专利价值度在专利授权后的各年走势，并进行产学研三种类型平均专利价值度的比较；同时，可以进行产学研专利价值度的地域比较、技术分类比较等。

二、专利运营分析研究方案

我们的研究主要分为专利运营整体分析和产学研专利运营分析两部分内容。基于 incoPat 平台，可以进行多维度的专利运营分析，如专利运营的受让人-转让人有向网络、时间-技术分类、时间-地域、地域-技术分类等。在此，我们以基于受让人-转让人有向网络而进行的专利运营模式研究为例，阐释产学研专利运营分析的研究方案。

（一）第一步：受让人-转让人矩阵

研究方案的第一步是在检索得到转让专利数据的基础上，基于 incoPat 多维检索平台，选择第一检索维度为受让人、第二检索维度为转让人，得到表 1-3 所示的受让人-转让人矩阵。

表 1-3　受让人-转让人矩阵

受让人 / 转让人	叶浩	广东高航知识产权运营有限公司	张丽娜	黄少伟
华为技术有限公司	1	1	1	1
广东高航知识产权运营有限公司	1	1	1	1
张丽娜	1	1	1	1
黄少伟	1	1	1	1

表 1-3 原始记录的基本信息和专利转让法律信息如表 1-4 所示。在表 1-4 所示的实例中，首先，华为技术有限公司将专利——“一种控制网络业务的方法”转让给广东高航知识产权运营有限公司；而后，广东高航知识产权运营有限公司将专利转让给黄少伟；黄少伟再次转让给张丽娜；张丽娜再次转让给叶浩。这是一个专利交易多次进行、多次运营的实例。转让人-转让人矩阵数据的检索不考虑交易执行日期（即不考虑专利转让时间），因此只要是同一项专利的转让人，就视为

他们之间存在着共现矩阵关系，就可以构建一个受让人-转让人有向网络模型。

表 1-4 专利转让实例之一

原始申请人	华为技术有限公司	
授权号	CN101166153B	
发明名称	一种控制网络业务的方法	
交易执行日期	转让人	受让人
2017 年 12 月 7 日	华为技术有限公司	广东高航知识产权运营有限公司
2017 年 12 月 7 日	广东高航知识产权运营有限公司	黄少伟
2018 年 1 月 24 日	黄少伟	张丽娜
2018 年 8 月 7 日	张丽娜	叶浩

受让人-转让人矩阵的形成也可能基于如表 1-5 所示的实例数据，即同一次专利转让中的共同转让人之间存在共现关系。在表 1-5 中，对于发生于 2017 年 12 月 6 日的专利转让行为，其三位共同转让人——国网电力科学研究院（现国网电力科学研究院有限公司）、南京南瑞集团公司和国家电网公司之间就存在着转让人-转让人矩阵关系，同样可以构建转让人-转让人的网络模型。

在表 1-5 的实例中，首先，国网电力科学研究院、南京南瑞集团公司和国家电网公司三家共同受让专利权；而后，国网电力科学研究院、南京南瑞集团公司和国家电网公司共同将专利权转让给国网电力科学研究院、国电南瑞科技股份有限公司和国家电网公司三家公司。

表 1-5 专利转让实例之二

原始申请人	国网电力科学研究院； 南京南瑞集团公司； 国家电网公司	
授权号	CN102305618B	
发明名称	一种串联固定式无线测斜仪	
交易执行日期	转让人	受让人
2012 年 10 月 24 日	南京南瑞集团公司	国网电力科学研究院 南京南瑞集团公司 国家电网公司
2017 年 12 月 6 日	国网电力科学研究院 南京南瑞集团公司 国家电网公司	国网电力科学研究院 国电南瑞科技股份有限公司 国家电网公司

基于表 1-5 的专利转让数据的法律信息，形成的受让人–转让人矩阵如表 1-6 所示。

表 1-6　受让人–转让人矩阵

受让人 / 转让人	南京南瑞集团公司	国家电网公司	国电南瑞科技股份有限公司	国网电力科学研究院
南京南瑞集团公司	1	1	1	1
国家电网公司	1	1	1	1
国网电力科学研究院	1	1	1	1

（二）第二步：构建受让人–转让人有向网络模型

得到受让人–转让人矩阵数据后，运用 Ucinet①（Johnson，1987）网络分析工具包及其网络绘制软件 Netdraw（Trujillo et al.，2010；Petrou，2001），选择二模（2-Mode）功能，构建技术交易受让人–转让人有向网络模型。依据中介中心度指标，识别出其中的子网络，并在此基础上凝练专利运营模式。

在表 1-4 所示的专利转让信息数据中，4 位转让人和 4 位受让人之间虽然不完全是在同一次专利交易中共同出现，但对于同一项专利（授权号为 CN101166153B，发明名称为“一种控制网络业务的方法”）而言，4 位转让人都是这同一项专利的转让人，他们之间便存在着共同转让人的网络关系；同样，4 位受让人之间也存在着共同受让人网络关系。基于表 1-3 构建的网络模型如图 1-9 所示，基于表 1-6 构建的网络模型如图 1-10 所示。

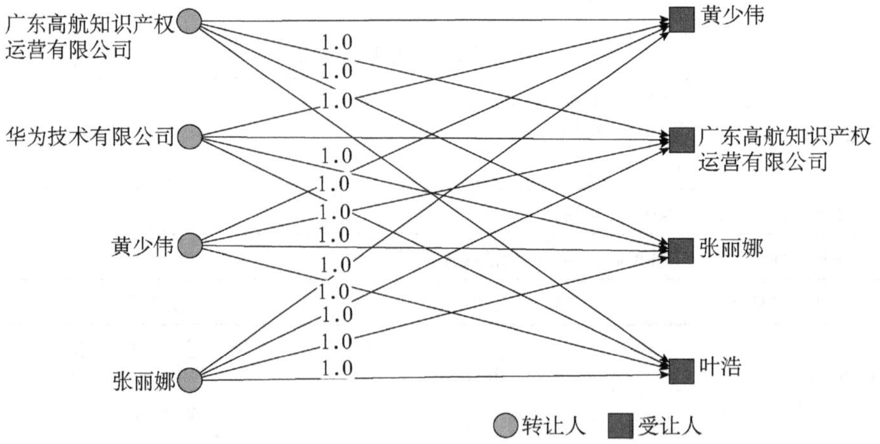

图 1-9　基于表 1-3 受让人–转让人矩阵构建的网络模型

① Ucinet：Analytic Technologies. http：//www.analytictech.com/archive/ucinet.htm[2018-02-01].

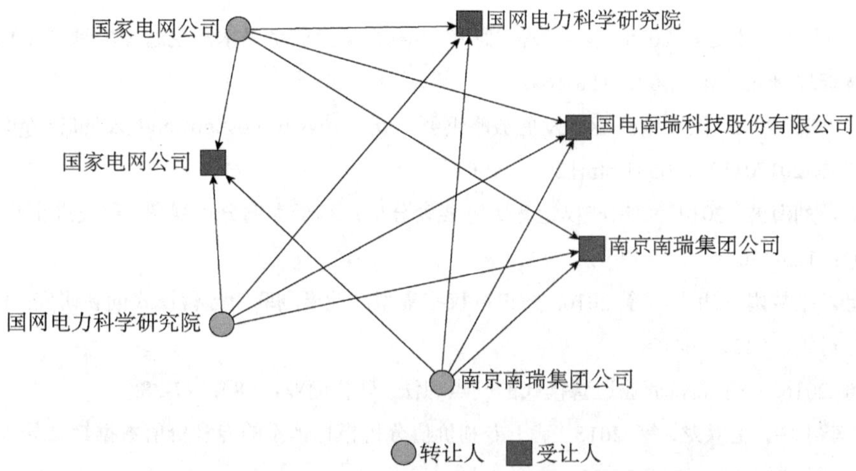

图 1-10　基于表 1-6 受让人–转让人矩阵构建的网络模型

（三）第三步：综合网络结构与中介中心度指标，凝练专利运营模式

综合网络结构与网络中节点的中介中心度指标，从整体和宏观层面凝练专利运营模式，并进一步从微观层面细致分析每种主要模式。

本章参考文献

曹晨，胡元佳. 2011. 综合专利价值指数与药物经济价值的相关性研究. 中国医药工业杂志，（7）：560-562.

陈丽霞. 2017. 互联网时代大学出版社转型发展的有效路径. 浙江大学学报（人文社会科学版），（1）：194.

丁茂中. 2016. 论专利高价许可的反垄断规制. 知识产权，（3）：70-75.

丁晓华，王冕，陈岩，等. 2016. 电动汽车共享商业模式的发展. 科技导报，（6）：105-110.

范东升. 2016. 浅谈药品专利价值特点及其在转让时的价值评估. 中国发明与专利，（11）：123-126.

冯晓青. 2013. 企业知识产权运营及其法律规制研究. 南京社会科学，（6）：86-92.

冯晓青. 2017. 我国企业知识产权运营战略及其实施研究. 河北法学，（10）：10-21.

郭铁成. 2016. 创新驱动发展战略的基本问题. 中国科技论坛，（12）：5-9.

国务院. 2017. 国务院关于印发“十三五”国家知识产权保护和运用规划的通知. http：//www.gov.cn/zhengce/content/2017-01/13/content_5159483.htm［2017-01-26］.

杭省策，牟丹. 2016. 实物期权在专利权价值评估中的应用研究. 价值工程，（20）：25-27.

何耀琴. 2013. 北京市知识产权运营模式分析. 北京经济管理职业学院学报，（3）：21-26.

黄鹏飞. 2016. 基于专利运营的知识产权公共服务平台建设的建议. 情报探索，（8）：32-34.

吉宏，田长彦，吕光辉. 2018. 基于“智慧芽”专利数据库的塔里木河生态环境领域专利分析. 科技管理研究，38（10）：158-164.

科学技术部. 2016. 国家创新驱动发展战略纲要. http：//www.most.gov.cn/kjzc/gjkjzc/gjkjzczh/201701/t20170117_130531.htm[2017-02-01].

李黎明，刘海波. 2014. 知识产权运营关键要素分析：基于案例分析视角. 科技进步与对策，（10）：123-130.

李明星，张梦娟，胡成，等. 2016. 知识产权密集型产业专利联盟运营模式创新研究. 科技进步与对策，（22）：64-68.

李松涛. 2016. 关于高铁商业运营模式的几点想法. 现代商业，（8）：27-28.

梁丽，李小娟，王双龙，等. 2015. 基于专利价值分析指标体系的专利价值数据综合处理系统. 高科技与产业化，（7）：89-93.

林秀芹，张贤伟. 2016. 中国知识产权运营策略. 学术交流，（1）：96-102.

陆介平，林蓉，王宇航. 2015. 专利运营：知识产权价值实现的商业形态. 工业技术创新，（2）：248-254.

栾春娟. 2016. 基于 SciVal 中外同类型高校评价指标选择与应用：实证分析大连理工大学与麻省理工学院. 科学与管理，（3）：3-9.

栾春娟. 2017. 洞察中国、美国专利技术交易主体及启示. 技术与创新管理，（1）：1-7.

栾春娟，程昉. 2016. 技术的市场潜力测度与预测：基于技术颠覆潜力与技术成熟度综合指标. 科学学研究，（12）：1761-1768，1816.

马天旗. 2018. 高价值专利筛选. 北京：知识产权出版社.

裴宏，陈婕. 2018. 合享：IP 服务业里的 AI 企业. http：//www.cneip.org.cn/html/16/27646.html[2018-02-01].

邱洪华，宋秋玉. 2018. 中国专利价值影响因素的评价及其与美国的比较. 创新，12（2）：87-98.

瞿晓理. 2016. “大众创业，万众创新”时代背景下我国创新创业人才政策分析. 科技管理研究，（17）：41-47.

余力焓，朱雪忠. 2014. 专利国际申请的费用及其控制策略研究：基于专利审查高速路的研究视角. 情报杂志，（10）：90-95.

申长雨. 2016. 2017 年新年献词：奋力谱写知识产权强国建设新篇章. https：//news.sina.com.cn/o/2016-12-31/doc-ifxzczsu6433674.shtml[2016-12-31].

申文娇，胡登峰. 2013. 专利权收购战略下的专利价值影响因素分析. 科技和产业，13（1）：118-123.

宋河发，曲婉，刘峰. 2016. 建设知识产权强国面临问题分析和战略任务与政策措施研究. 中国科学院院刊，（9）：989-997.

宋柳平. 2015. 创新驱动发展战略下华为知识产权运营战略. 电子知识产权，（5）：22-23.

陶鑫良. 2015-05-13. 完善职务发明制度 助推创新驱动发展. 中国知识产权报，第1版.

陶鑫良. 2016. 职务发明性质之约定和职务发明报酬及奖励：我国专利法第四次修订中有关职务发明若干问题的讨论. 知识产权，（3）：3-13.

田家林，顾晓燕. 2014a. 基于创新主体视角的区域知识产权运营效率提升对策. 科学学与科学技术管理，（12）：62-70.

田家林，顾晓燕. 2014b. 基于超效率DEA的知识产权运营效率产业比较研究. 合作经济与科技，（20）：36-38.

王晶. 2018. 专利检索分析工具在企业专利信息获取中的作用：以智慧芽为例. 新西部，（17）：55，52.

王振宇，於超. 2016. 区域工业企业的知识产权运营效率对比研究. 科技管理研究，（20）：164-169.

吴红，冀方燕. 2017. 基于专利申请及审查制度的专利引文评价效能实证研究. 图书情报工作，61（19）：89-95.

肖国华，牛茜茜. 2015. 专利价值分析指标体系改进研究. 科技进步与对策，32（5）：117-121.

杨健. 2015. 企业专利权质押融资中价值评估问题的解决思路. 理论探索，（5）：116-121.

杨伟民，巴特. 2014. 基于交易成本理论的专利产业化创新路径研究. 科学管理研究，（3）：33-36.

杨筱，李振，曾立. 2015. 国防知识产权市场运营模式研究. 科技进步与对策，（13）：145-150.

佚名. 2013. Patsnap Pte Ltd. 中国发明与专利，（10）：43.

郑伦幸. 2015. 技术标准化下专利许可制度私法基础的困境及其超越. 知识产权，（7）：49-54.

中华人民共和国国务院新闻办公室. 2017. 2016年中国发明专利申请受理量达133.9万件. http://www.scio.gov.cn/xwfbh/xwbfbh/wqfbh/35861/36536/zy36540/document/1549498/1549498.htm[2017-04-25].

Agrawal A，Henderson R. 2002. Putting patents in context：Exploring knowledge transfer from MIT. Management Science，48（1）：44-60.

Anonymous. 2002. The TR patent scorecard 2002. Technology Review，105（4）：75-77.

Anonymous. 2007. Wyeth tops *the Wall Street Journal* patent scorecard. Biopharm International，20（9）：14.

Apple R D. 1989. Patenting University-Researc-Steenbock，Harry and the Wisconsin-Alumni-Research-Foundation. Isis，80（303）：375-394.

Bakker J. 2017. The log-linear relation between patent citations and patent value. Scientometrics，110（2）：879-892.

Bengoa M，Martinez-San R V，Perez P. 2017. Do R & D activities matter for productivity? A regional spatial approach assessing the role of human and social capital. Economic Modelling，60：448-461.

Blomkvist K，Kappen P，Zander I. 2017. Gone are the creatures of yesteryear? On the diffusion of technological capabilities in the ‘modern’ MNC. Journal of World Business，52（1）：1-16.

Castellaneta F，Conti R，Veloso F M，et al. 2016. The effect of trade secret legal protection on venture capital investments：Evidence from the inevitable disclosure doctrine. Journal of Business Venturing，31（5）：524-541.

Choy K L，Ho G T S，Lee C K H，et al. 2016. A recursive operations strategy model for managing sustainable chemical product development and production. International Journal of Production Economics，181：262-272.

Dechenaux E，Goldfarb B，Shane S，et al. 2008. Appropriability and commercialization：Evidence from MIT inventions. Management Science，54（5）：893-906.

Demeter K，Szasz L，Racz B G. 2016. The impact of subsidiaries' internal and external integration on operational performance. International Journal of Production Economics，182：73-85.

Ernst H，Conley J，Omland N. 2016. How to create commercial value from patents：The role of patent management. R & D Management，46：677-690.

Etzkowitz H. 2013. StartX and the ‘Paradox of Success’：Filling the gap in Stanford's entrepreneurial culture. Social Science Information Sur Les Sciences Sociales，52（4）：605-627.

Fischer T，Leidinger J. 2014. Testing patent value indicators on directly observed patent value-an empirical analysis of Ocean Tomo patent auctions. Research Policy，43（3）：519-529.

George G. 2005. Learning to be capable：Patenting and licensing at the Wisconsin Alumni Research Foundation 1925-2002. Industrial and Corporate Change，14（1）：119-151.

Giereth M，Ertl T. 2008. Visualization enhanced semantic wikis for patent information// Banissi E，Stuart L，Jern M，et al. Proceedings of the 12th International Information Visualisation. London：IEEE ：185-190.

Haier J. 2014. Current legal framework conditions for running and utilization of biobanks：Part 3：Ownership and rights of use. Chirurg，85（10）：918-928.

Hall B H. 2002. The financing of research and development. Oxford Review of Economic Policy，18（1）：35-51.

Hsieh C H. 2013. Patent value assessment and commercialization strategy. Technological Forecasting and Social Change，80（2）：307-319.

Jain S，George G. 2007. Technology transfer offices as institutional entrepreneurs：The case of

Wisconsin Alumni Research Foundation and human embryonic stem cells. Industrial and Corporate Change，16（4）：535-567.

Jensen R A . 2016. University-industry linkages in the support of biotechnology discoveries. Annual Review of Resource Economics，8：377-396.

Johnson J D. 1987. Ucinet：A software tool for network analysis. Communication Education，36（1）：92-94.

Kitagawa T，Masuda Y，Umezawa M. 2014. Patent strength and optimal two-part tariff licensing with a potential rival. Economics Letters，123（2）：227-231.

Leute K. 2005. Patenting and licensing of university-based genetic inventions：A view frorn experience at Stanford University's Office of Technology Licensing. Community Genetics，8（4）：217-222.

Maresch D，Fink M，Harms R. 2016. When patents matter：The impact of competition and patent age on the performance contribution of intellectual property rights protection. Technovation，57-58：14-20.

Máté D，Kun A I，Fenyves V. 2016. The impacts of trademarks and patents on labour productivty in the knowledge-intensive business service sectors. Amfiteatru Economic Journal，18（41）：104-119.

Martin M S，Saracho A I. 2016. Patent strength and optimal two-part tariff licensing with a potential rival incorporating ad valorem royalties. Economics Letters，143：28-31.

McGrath R G，Nerkar A. 2004. Real options reasoning and a new look at the R&D investment strategies of pharmaceutical firms. Strategic Management Journal，25（1）：1-21.

Panopoulos A D，D'Antonio M，Benaglio P，et al. 2017. iPSCORE：A resource of 222 iPSC lines enabling functional characterization of genetic variation across a variety of cell types. Stem Cell Reports，8（4）：1086-1100.

Petrou A D. 2001. UCINET 5.0，version 1.00. Library Quarterly，71（2）：285-288.

Pop F，Dobre C，Mocanu B C，et al. 2016. Trust models for efficient communication in mobile cloud computing and their applications to e-commerce. Enterprise Information Systems，10（9）：982-1000.

Reitzig M. 2003. What determines patent value? Insights from the semiconductor industry. Research Policy，32（1）：13-26.

Sale R S，Mesak H I，Inman R A. 2017. A dynamic marketing-operations interface model of new product updates. European Journal of Operational Research，257（1）：233-242.

Sapsalis E，de la Potteriea B V，Navon R. 2006. Academic versus industry patenting：An in-depth analysis of what determines patent value. Research Policy，35（10）：1631-1645.

Swamidass P. 2013. University startups as a commercialization alternative：Lessons from three contrasting case studies. Journal of Technology Transfer，38（6）：788-808.

Trujillo H M，Manas F M，Gonzalez-Cabrera J. 2010. Assessment the explanatory power of clandestine social networks graphs with UciNet and NetDraw. Universitas Psychologica，9（1）：67-78.

Wagner S，Wakeman S. 2016. What do patent-based measures tell us about product commercialization? Evidence from the pharmaceutical industry. Research Policy，45（5）：1091-1102.

第二章　产学研整体创新趋势与创新网络

第一节　产学研整体创新发展趋势

产学研即产业、学校、科研院所。三个部分相互配合，发挥着各自优势，形成了强大的研究、开发、生产一体化先进系统，并在系统运行过程中体现出综合优势（宋曼祺等，2018）。产学研相结合，是生产、教育、科研不同社会分工在功能与资源优势上的协同与集成化，是技术创新下、中、上游的对接与耦合。

随着技术发展和创新的形态演变，政府在创新平台搭建中的作用及用户在创新进程中的特殊地位进一步凸显（张明霞和可星，2016）。知识社会环境下的“创新 2.0”形态正推动科技创新从产学研向政产学研用，再向政产学研用协同发展转变。

本节将分别通过对产业、大学、科研院所的发明授权专利发展趋势数据的分析，来展现产学研整体创新发展趋势。

一、产业创新发展趋势

（一）产业发明授权专利发展趋势

产业发明授权专利发展趋势与企业创新能力息息相关。企业创新能力的显著提高，象征着其主导产业的规模和市场竞争优势的大幅提升。图 2-1 给出了自 1985 年《中华人民共和国专利法》（以下简称《专利法》）施行之后，国家知识产权局授权的产业发明专利数量上升趋势和年度增长率的上升趋势。

由图 2-1 可知，在《专利法》刚刚施行、一小部分产业发明创造取得了授权之后，1989～1997 年，每年我国产业发明授权专利数量并没有出现明显的增长甚至还出现了稍稍回落的状态。随着 21 世纪的到来，产业发明授权专利数量开始有了较可观的增长，并且在此之后，年度增长率基本保持正增长。2011 年，产业发明授权专利数量突破了 50 000 件，2017 年突破了 200 000 件。

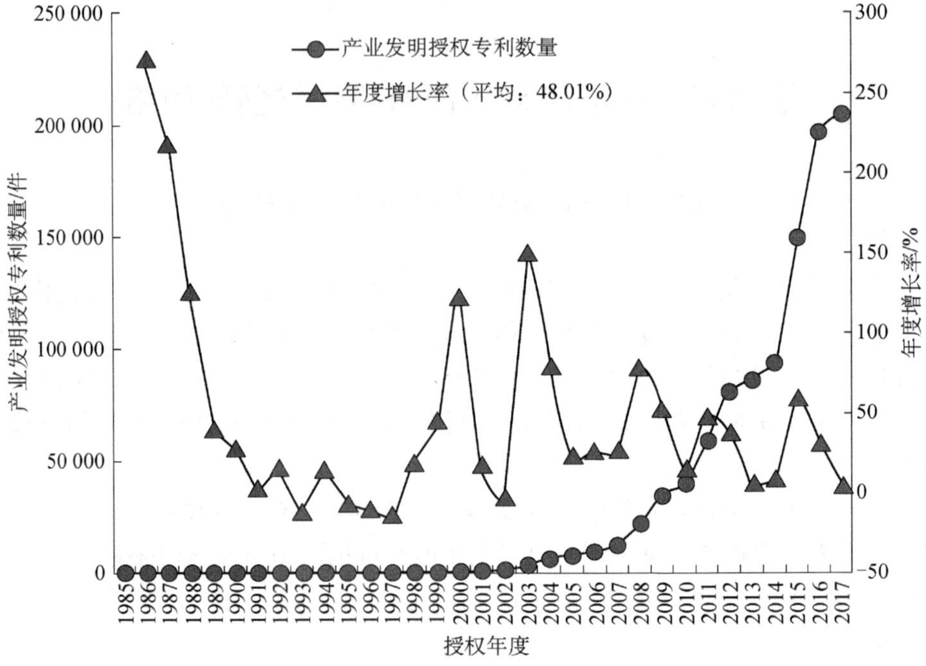

图 2-1　1985～2017 年产业发明授权专利发展趋势

从图 2-2 中我们可以看出，从 1985 年一直到 2000 年左右，产业发明授权专利的年度占总和比例几乎微乎其微。2007 年以后，年度占总和比例每年都有大幅上升，并于 2011 年突破了 5%，2017 年甚至达到 20.17%。

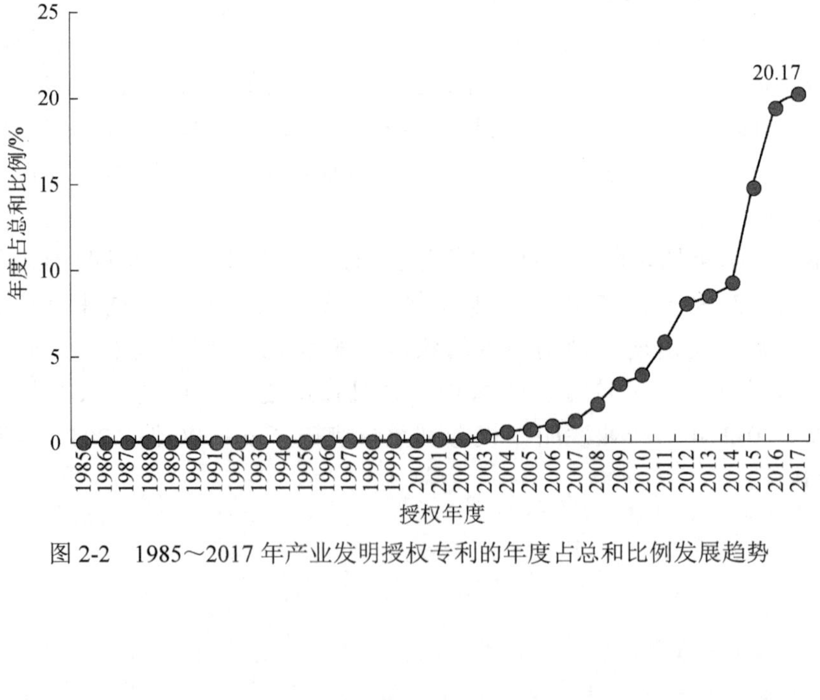

图 2-2　1985～2017 年产业发明授权专利的年度占总和比例发展趋势

（二）产业有效发明授权专利发展趋势

事实上，在全部已被授权的产业发明专利中，存在着一部分发明专利，它们在被授权之后由于种种原因而被宣告无效。

《专利法》第四十五条规定：自国务院专利行政部门公告授予专利权之日起，任何单位或者个人认为该专利权的授予不符合该法有关规定的，可以请求专利复审委员会宣告该专利权无效。

《专利法》第四十六条进一步规定：专利复审委员会对宣告专利权无效的请求应当及时审查和做出决定，并通知请求人和专利权人；宣告专利权无效的决定，由国务院专利行政部门登记和公告。

因此，分析产业有效发明授权专利（简称有效专利）的发展趋势就显得十分必要。产业有效发明授权专利的数量真正代表着企业的创新能力和专利创造价值的能力。通过对有效发明授权专利发展趋势的分析，能更准确地把握产业创新发展趋势。图 2-3 展示了 2001～2017 年产业有效发明授权专利发展数量及年度增长率趋势。

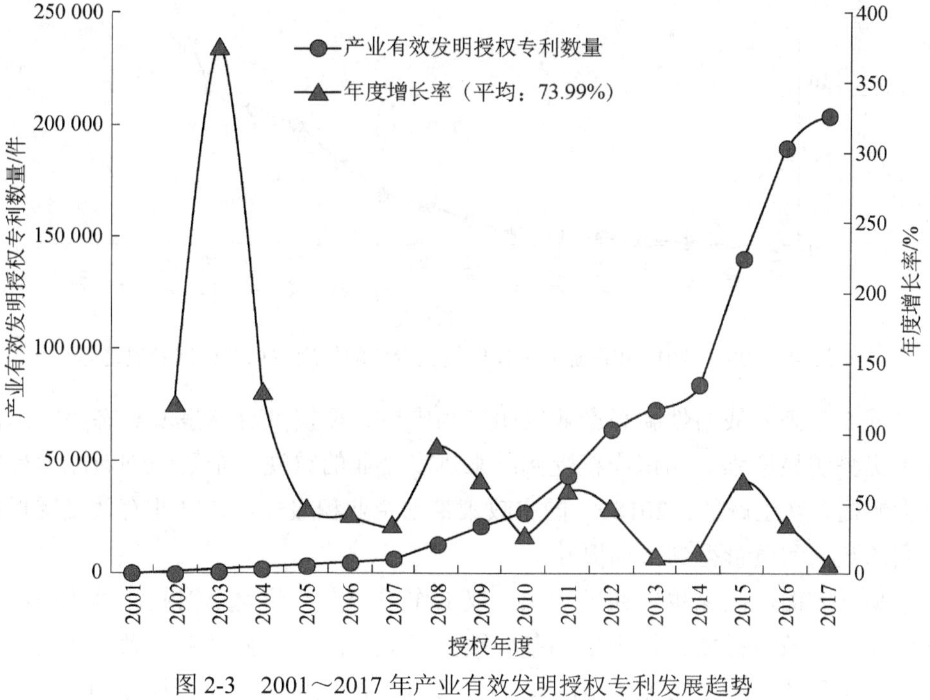

图 2-3　2001～2017 年产业有效发明授权专利发展趋势

从图 2-3 中可以看出，产业有效发明授权专利的年度增长率在 2003 年有巨幅增长，并且在数量上在 2001～2017 年每年都保持着正增长的态势。在踏入

2010 年以后，产业有效发明授权专利数量更是突飞猛进。

大体来看，产业有效发明授权专利的发展趋势和产业发明授权专利的发展趋势相近，但产业有效发明授权专利能够更准确、更真实地体现产业创新发展的趋势。

图 2-4 显示了 2001～2017 年产业有效发明授权专利的年度占总和比例发展趋势。由图 2-4 可知，2001～2007 年，产业有效发明授权专利的年度占总和比例较低，增长速度不快，较为平稳；在 2008 年开始加速增长，并在 2015 年超过 15%，到 2017 年，年度占总和比例已经暴增到 23.19%。这说明，近年来，国家开始重视并鼓励企业科研项目保护企业知识产权，由此推动了产业有效发明授权专利数量的增长。

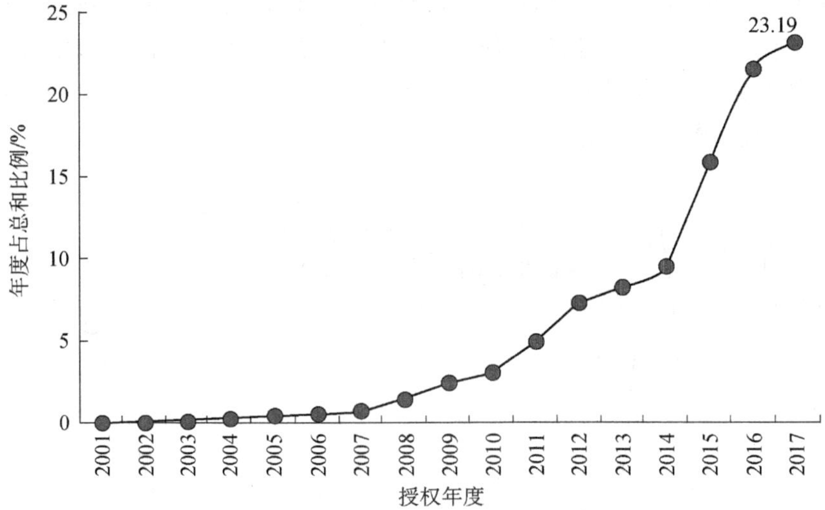

图 2-4　2001～2017 年产业有效发明授权专利的年度占总和比例发展趋势

近 5 年来，战略性新兴产业发明专利申请、授权量总体呈增长态势，国内本土优势明显增强。知识产权受到越来越多企业的重视，企业的创新能力也得到大幅提升（王耀德，2018）。国家政策带动企业积极性，让产业有效发明授权专利的数量和质量得到大幅提升。

另一方面，国家也要通过知识产权工作进一步推动大众创业，落实小微企业知识产权政策措施，扩大专利基础数据开放范围，加强对中小微企业的专利信息推送服务（朱宗伟等，2017），进一步提升产业有效发明授权专利数量，加快创新成果向现实生产力和企业竞争力的转化。

二、大学创新发展趋势

（一）大学发明授权专利发展趋势

经过多年的努力，我国大学发明授权专利的发展取得显著的成效。今后，随着我国综合国力的提升，国家和区域之间的竞争必定更加激烈，知识产权支撑经济发展方式转变的任务十分艰巨。大学拥有着智力优势和技术优势，加之国家的资金支持，使大学的创新发展在国家创新战略中占据了重要地位，对增强国家核心竞争力、建设创新型国家的责任十分重大。

现根据 1985～2017 年大学发明授权专利，绘制了在此期间大学发明授权专利的发展趋势及其年度增长率的变化趋势（图 2-5）。

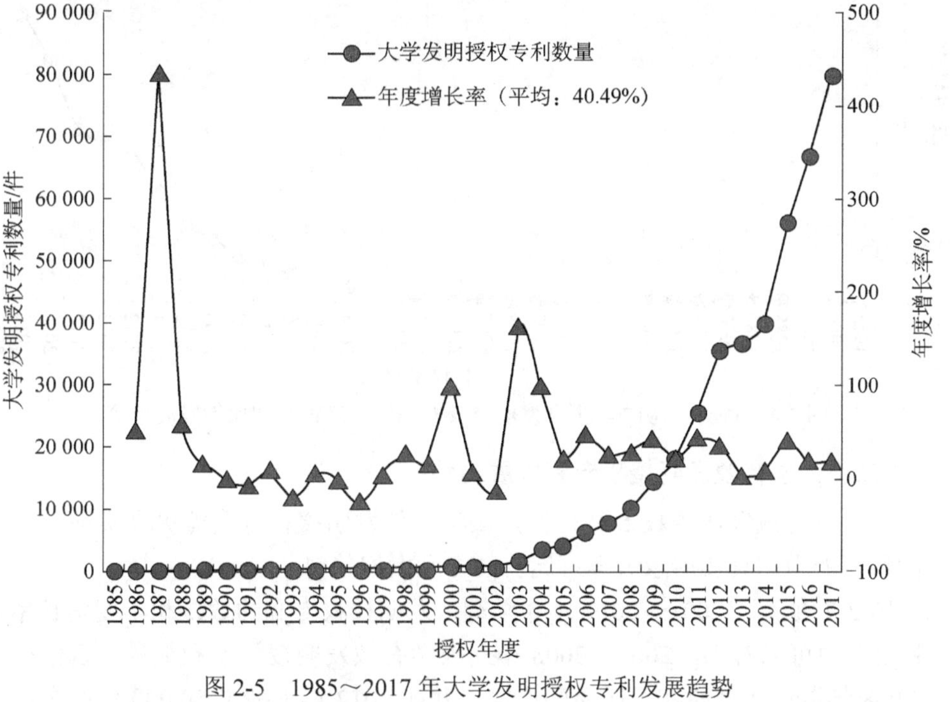

图 2-5　1985～2017 年大学发明授权专利发展趋势

由图 2-5 可知，1985～2003 年，大学发明授权专利数量极少；2003 年以后，大学发明授权专利数量开始增长，至 2009 年，大学发明授权专利数量突破了 10 000 件。2009 年以后，大学发明授权专利数量得到井喷式的增长，至 2017 年时已经攀升到 80 000 件。但从其年度增长率来看，2002～2003 年，年度增长率升高，但是在 2005 年以后，年度增长率基本维持在 40%左右，并没有再增长。

图 2-6 绘制的是 1985～2017 年大学发明授权专利的年度占总和比例发展

趋势。由图 2-6 可知，1985～2003 年，大学发明授权专利的年度占总和比例微乎其微。2003 年以后，大学发明授权专利的年度占总和比例有了明显提升。2003～2012 年，其年度占总和比例的提升速度加快。2012～2014 年，其年度占总和比例的提升速度放缓，但其年度占总和比例仍在缓慢增加。2014 年以后，大学发明授权专利数量又迎来了一个大的提升。2017 年，大学发明授权专利的年度占总和比例达到 19.28%。

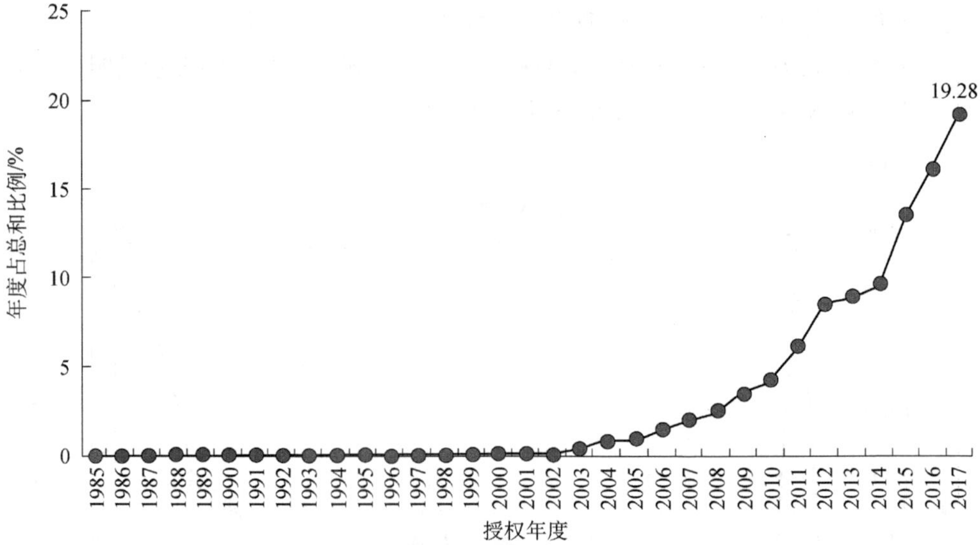

图 2-6　1985～2017 年大学发明授权专利的年度占总和比例发展趋势

（二）大学有效发明授权专利发展趋势

与产业有效发明授权专利相似，大学有效发明授权专利能更真实地反映大学的科研能力，真实展示大学可运营的专利发展趋势。

图 2-7 展示了 2001～2017 年大学有效发明授权专利的数量和年度增长率。从图 2-7 中可以看出，2001～2008 年，大学有效发明授权专利数量一直偏少，在 2008 年以后才开始有了明显的增加，并在 2012 年突破了 10 000 件。之后的大学有效发明授权专利数量每年都有大幅增长，直至 2017 年已多达近 80 000 件。这表明，大学对科研发展越来越重视，积极响应国家号召，增大科研投入，招揽科研人才，不断产出科研成果。其年度增长率在 2003 年有一个激增之后便开始回落。自 2005 年开始，其年度增长率一直波动在 50%上下。总体来讲，2001～2017 年的平均年度增长率为 89.12%。但从趋于稳定的情况看，2005 年以后的平均年度增长率大约在 50%。

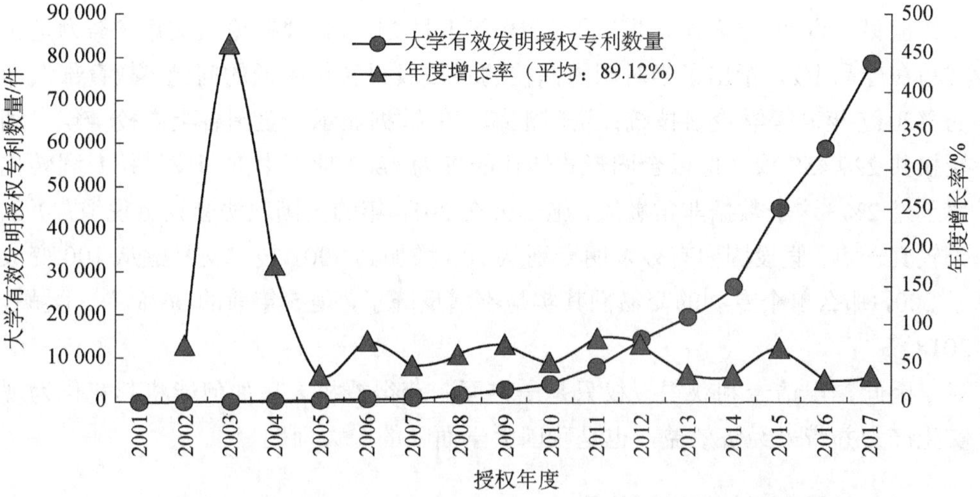

图 2-7　2001～2017 年大学有效发明授权专利发展趋势

图 2-8 绘制的是 2001～2017 年大学有效发明授权专利的年度占总和比例发展趋势。由图 2-8 可知，2001～2006 年，大学有效发明授权专利的年度占总和比例微乎其微，这是由于其间大学有效发明授权专利的数量很少。2006 年以后，大学有效发明授权专利的年度占总和比例的曲线有了上扬的趋势，而且斜率在不断加大。2012 年时，大学有效发明授权专利的年度占总和比例突破了 5%。2012 年以后，大学有效发明授权专利的年度占总和比例继续上涨，到 2017 年已经达到 29.81%。这说明，近几年大学对有效发明授权专利十分重视，大幅度增大了科研投入力度，鼓励开发创新。

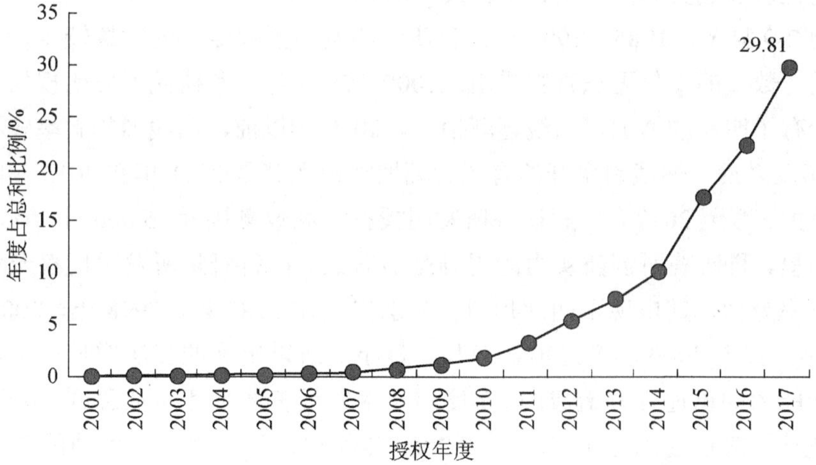

图 2-8　2001～2017 年大学有效发明授权专利的年度占总和比例发展趋势

但另一方面，《人民日报》于2019年1月21日刊登评论员文章《努力把论文写在产品上》，指出了当时国内高校的科技成果转化率低的问题。教育部发布的《2017年高等学校科技统计资料汇编》的数据显示，全国各类高校全年专利授权共229 458项，但以合同形式转让的仅为4803项，中国高校科技专利转化率刚过2%。这个数据非常尴尬，施一公在2018年的全国政协会议上说道："如果较真一点，假设国内有效发明专利从100增加到300，技术交易额从100变成了200，那么单个专利的交易额其实是不增反降了，是5年前的66%。"（吴頔，2018）

因此，申请专利获得授权只是一方面，获得授权之后如何能将其转化为现实生产力并带来经济效益，也是我国大学面临的一大问题。

三、科研院所创新发展趋势

在经济与信息全球化的背景下，科研院所是科技创新的重要主体，是国家创新体系的重要组成部分。随着市场经济体制的不断完善，科技体制改革不断深入，科研院所也在努力提高自己的核心竞争力，加强创新工作。科研院所作为知识产权的重要输出单位，其发明授权专利发展趋势在一定意义上可以反映科研院所核心竞争力的变化。

（一）科研院所发明授权专利发展趋势

本书收集了1985～2017年科研院所发明授权专利的数据信息，绘制了其数量的变化发展趋势和年度增长率曲线（图2-9）。

图2-9显示，1985～1999年，科研院所发明授权专利的数量较少，曲线贴近零线，数量的变化无法直观看出。2000～2017年，科研院所发明授权专利数量开始有了明显的增加，曲线逐渐抬升。2009年以前，曲线增长斜率较小，在2009年及之后，曲线斜率开始有了大幅增加，尤其是2011年和2015年的上升幅度巨大。截至2017年，科研院所发明授权专利数量接近25 000件。在三十几年时间里，科研院所创新实力的提升是显著的。在科研院所发明授权专利的年度增长率方面，其出现了四次顶点，分别出现在1987年、1998年、2000年及2003年。其中2000年及之前，专利总量小，所以出现的三次增长率高点并非由创新能力的迅速提升造成的。年度增长率曲线整体趋势是从急剧下降到平稳再到波动，最后逐渐趋于平稳。在2005年及以后，年度增长率曲线在15%线上徘徊。

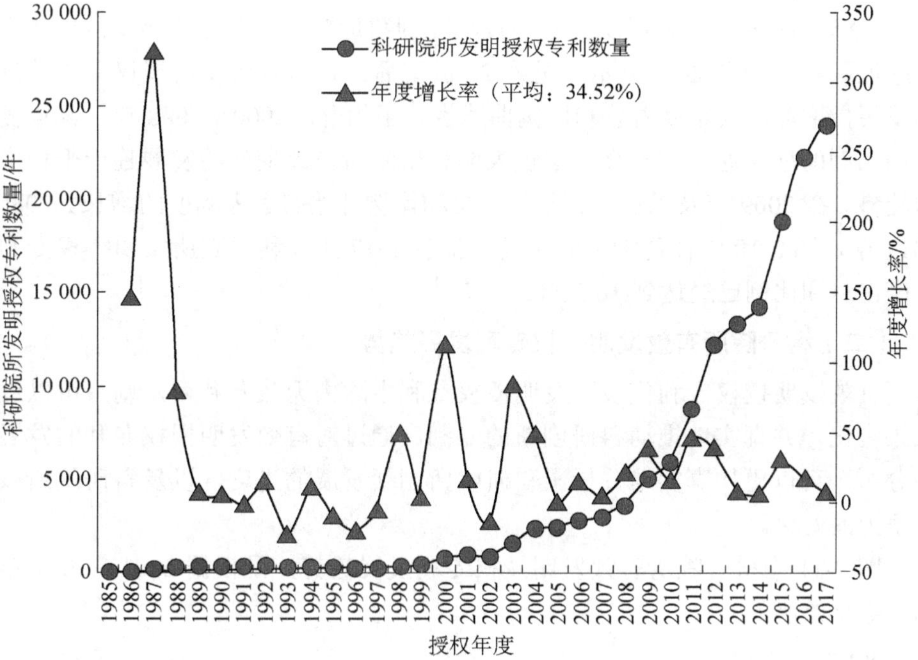

图 2-9 1985～2017 年科研院所发明授权专利发展趋势

图 2-10 绘制的是 1985～2017 年科研院所发明授权专利的年度占总和比例发展趋势。科研院所发明授权专利的年度占总和比例变化曲线与科研院所发明授权专利数量变化曲线相近。

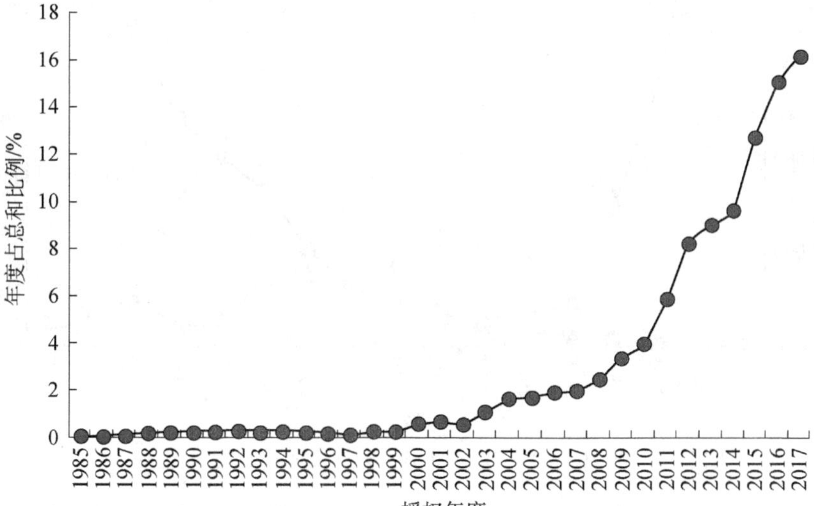

图 2-10 1985～2017 年科研院所发明授权专利的年度占总和比例发展趋势

1985～1999 年，科研院所发明授权专利数量较少，因此其年度占总和比例也趋近于零，如图 2-10 所示。进入 21 世纪后，科研院所发明授权专利数量才有了明显增加，其年度占总和比例曲线也有了抬升。2000～2008 年，其年度占总和比例的增长速率并不高，这也表明科研院所在此期间的发展趋于平稳增长的趋势。在 2009 年及以后，其年度占总和比例开始有了大幅度的增长。1985～2017 年，图 2-10 中体现为 J 形曲线。直至 2017 年，科研院所发明授权专利的年度占总和比例已经达到 16.21%。

（二）科研院所有效发明授权专利发展趋势

有效发明授权专利代表了发明授权专利中除去无效专利后，剩余可以进行成果转化，并真实地推动科研创新的专利。通过对有效发明授权专利的发展趋势分析，可以更加真实地分析出科研院所创新发展的进度，以及科研院所核心竞争力的变化。

图 2-11 为科研院所有效发明授权专利发展趋势，是根据 2001～2017 年的相关数据绘制的。

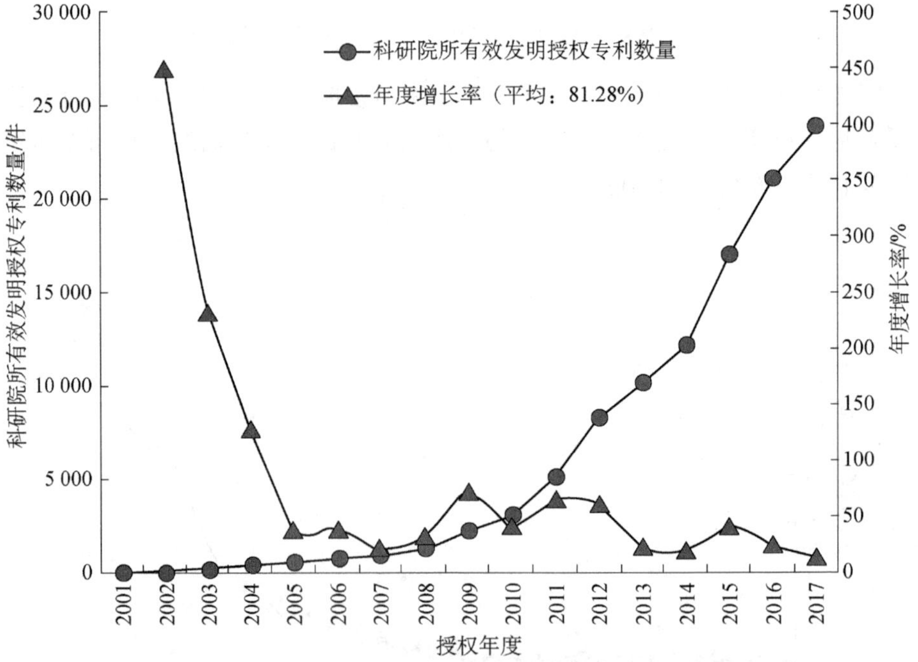

图 2-11　2001～2017 年科研院所有效发明授权专利发展趋势

由图 2-11 可知，科研院所有效发明授权专利数量与科研院所发明授权专利数量变化曲线相近，在 2001～2008 年数量增长得很少。2009 年及之后，科研院所有效发明授权专利数量总体呈指数级上升态势。2011 年，科研院所有效发明授权专利数量突破了 5000 件，2013 年迅速地超过 10 000 件。到 2017 年时，科研院所有效发明授权专利数量已经逼近 25 000 件。由此可以看出，科研院所在 2001～2009 年发展较平稳，2010 年前后开始大力促进科研创新成果的产出，效果十分显著。

在科研院所有效发明授权专利的年度增长率曲线上我们可以看出，2002 年的年度增长率超过 400%，而之后的几年里，年度增长率呈下降的趋势，至 2007 年跌至低于 50%的状态。2009～2017 年，年度增长率呈波动下降的趋势。总体来看，2001～2017 年，科研院所有效发明授权专利的平均年度增长率为 81.28%，且年度增长率一直保持在正数，这表示科研院所有效发明授权专利数量每年都在增加，说明我国科研院所科技创新能力逐渐增强，持续不断地为我国科技创新发展提供动力。

由图 2-12 可以看出，2001～2008 年，科研院所有效发明授权专利的年度占总和比例虽然较少，但一直处于增长的趋势；2009 年及之后，科研院所有效发明授权专利的年度占总和比例总体呈指数级增长趋势，直到 2016 年该增长趋势才变缓。2009～2017 年，科研院所有效发明授权专利的年度占总和比例一直处于快速增长阶段，在 2016 年接近 20%，在 2017 年达到 22.25%。

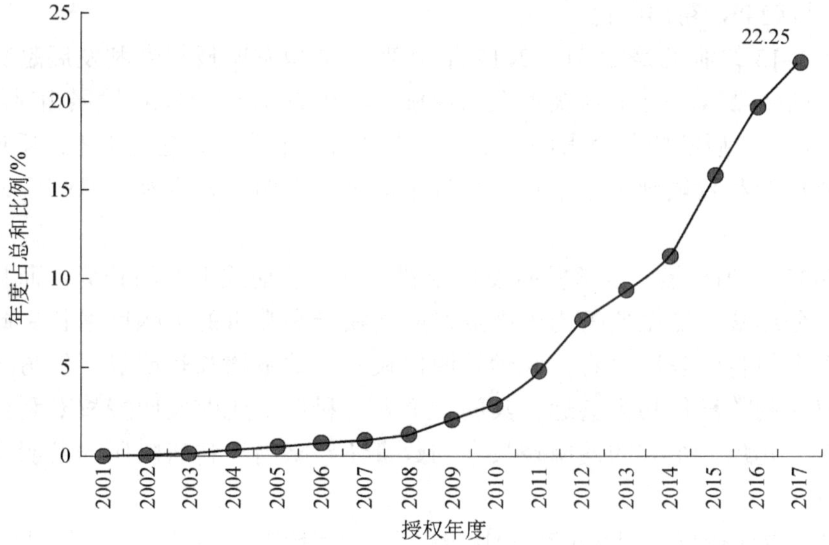

图 2-12　2001～2017 年科研院所有效发明授权专利的年度占总和比例发展趋势

经过转制早期的简单化发展之后，许多科研院所开始在创新发展模式上进行积极探索，如设立院（所）科技发展基金，加大科研投入；在商业模式上，更是尝试了各种做法。但真正建立起创新发展模式且在产研结合上真正走通的并不多。

近几年，国家实施“创新驱动发展战略”，很多科研院所抓住机会，建立起国家及各级地方政府的重点实验室、工程技术研究中心、工程研究中心等技术硬件系统和科研平台，获得的国家科研资金也逐年翻番。很多本已走入严重困境的科研院所重新获得了发展的机会。同时，生产制造企业也在构建研发体系，民营高科技创业团队正在大量涌现，科研院所面临前所未有的威胁。对于科研院所而言，其对创新发展模式进行深度构建，确保“十三五”期间切实建立起功能性的创新发展体系，真实步入产研循环的良性发展通道，如此才能让院所持续保持竞争力，不断地为国家科技创新建设贡献力量。

四、产学研创新发展比较

（一）全部/各类型申请人发明授权专利发展趋势

前文分别对产业、大学、科研院所的发明授权专利发展趋势进行了分析。由此，在这里做一个总结，将产业、大学、科研院所加上个人申请发明授权专利的数据进行横向比较分析，将不同类型的申请人放在一起比较，观察他们各自的发展趋势，得出结论。

图 2-13 绘制的是 2001～2017 年全部/各类型发明授权专利发展趋势的曲线图。图中显示，全部/各类型发明授权专利在 2001～2007 年发展相对缓慢，其中大学、科研院所与个人的发明授权专利数量非常少，趋近于零。反观产业发明授权专利数量则年年增长，成为带动全部发明授权专利数量攀升的绝对主力。

2007～2016 年，全部发明授权专利数量呈波动式上升的趋势，而且上涨势头十分迅猛，这主要得力于产业发明授权专利数量的大幅度增长。此时，相较个人与科研院所来看，大学发明授权专利数量增长较明显，但与产业发明授权专利数量仍相去甚远。其间，个人与科研院所的发明授权专利数量也稍稍有了起色，个人的发明授权专利数量还要略高于科研院所的发明授权专利数量。

产业发明授权专利数量在 2016 年以后开始下滑，直接导致全部发明授权专利数量的减少，而大学发明授权专利在这两年的增长速度开始加快，势头越来越猛。

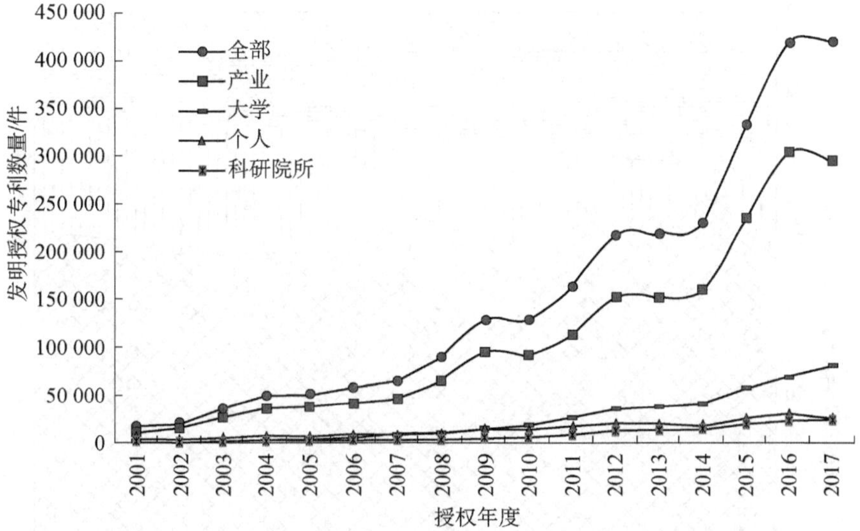

图 2-13　2001～2017 年全部/各类型发明授权专利发展趋势

通过图 2-13 可知，我国科研创新的主力一直是产业。这也与国家长久以来一直对企业进行政策扶持以及资金补助、充分发挥市场配置资源的基础性作用、强化企业创新功能、突出企业创新模式有关。尤其是在 20 世纪末，国家的宏观管理体制出现了变化，政府新制定了重大科技计划，确立了市场经济的目标，强化从企业做起，进行企业制度和产权制度的改革。这些变化在 21 世纪开始时便逐步显现出效果。

后来，国家开始重视大学的科研成果转化，而科研院所仍然处于较弱势的地位。各地、各单位的科研院所开始紧锣密鼓地准备或者进行模式改革。确定改革方向、全面认真落实改革计划是他们未来需要做的事情。

（二）各类型专利申请人比例发展趋势

各类型专利申请人的占比可以在一定程度上反映各类型专利申请人在科研创新方面的能力与积极性。图 2-14 绘制的是 2001～2017 年产学研私各类型专利申请人占比发展趋势。从总体上讲，产业专利申请人仍然占据主体地位，其平均专利申请人占比很大。个人和大学的平均专利申请人占比大致相近，而科研院所的专利申请人占比一直较低。

从产学研私各类型专利申请人占比发展趋势来看，科研院所逐年的申请占比曲线基本无变化，较为平稳，而个人申请的占比正在缓慢减少；与此同时，大学申请的占比在稳定增加，于 2009 年前后超过个人申请的占比。这说明，在国家宏观调控的政策影响以及现实情况的作用下，大学越来越重视科研创新工作的开展，并且正在积极利用资源促进成果产出。

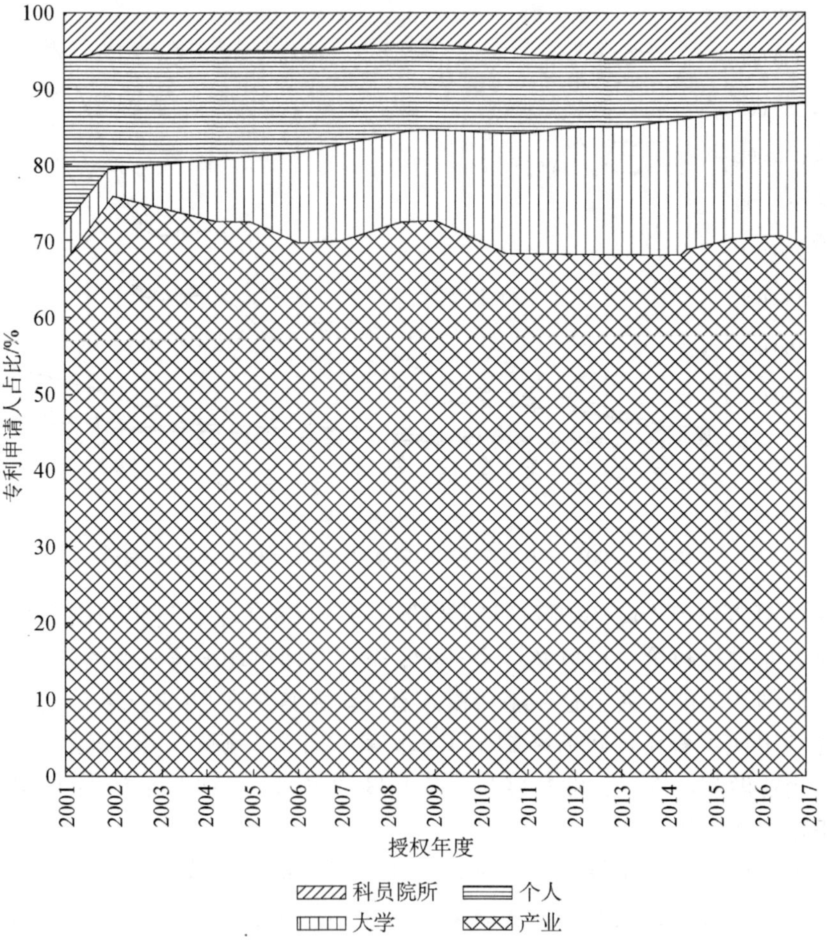

图 2-14　2001～2017 年产学研私各类型专利申请人占比趋势

在此引入三螺旋理论。三螺旋最早出现在 20 世纪 50 年代的生物学领域。20 世纪 90 年代中期，美国教授提出了政府、企业、大学创新三螺旋理论，用来分析知识经济时代政府、企业和大学之间的新型互动关系。这三个方面在履行传统的政策协调、财富生产和知识创造的职能之外（邢菁华和张洵君，2018），还像三条螺旋一样，互为因果（胡曙虹等，2016），最终孕育了以知识为基础的创新型社会。

目前，国内启迪控股股份有限公司正在探索三螺旋式的发展战略。启迪控股股份有限公司源于清华科技园的建设，成立之初是为了促进清华大学的科研成果转化。由于高校背景带来的特殊管理体制，其能够容忍产业更长时间的成长，已有中文在线集团等公司投资十多年最终带来数十亿元回报的多个经典案例。

启迪控股股份有限公司在多年的科技服务实践中，以创新为基点，以产业为抓手，提炼出“创新主体——政府+企业+大学、创新载体——园区+实业+金融、创新要素——技术+产业+资本”三个三螺旋多重交织的多重立体三螺旋模型，启迪控股股份有限公司的多重立体三螺旋模型是对原来“政府+产业+大学”三螺旋模型的重要升级和发展，将原来一个维度的三螺旋模型上升至多个维度，构成多重立体三螺旋体系，这个多重立体三螺旋体系从“创新主体、创新载体、创新要素”三个层面立体互动（郑银锐和王德亮，2017）。

在多重立体三螺旋体系基础上，启迪控股股份有限公司旗下的创新基地集群、科技产业集群以及汇聚的各路精英团队集群互相融合，形成新的三螺旋模式，这就是启迪控股股份有限公司创造与实践的“集群式创新”发展模式。启迪控股股份有限公司的“集群式创新”，就是启迪控股股份有限公司所属各基地群，依托所在地的区域优势，通过资源的聚集，形成了政府、大学、研究机构、企业、投资者等共同参与的创新网络，同时又利用“互联网+”、大数据云计算等先进技术，打破地理界限，实现集群与集群之间的互动、要素与要素之间的融合，在更大范围内推动创新资源和信息共享，最终促进产业创新发展。

各类申请人进行三螺旋式的发展，共同参与，互相合作，很可能是未来产学研创新发展的一个重要方向，对我国今后发展科技创新能力、研究经济发展的系统方法论都有着非常重要的意义。

第二节　产学研整体创新网络

一、产学研高产标准化申请人

随着有效发明授权专利数量日益增多，在产学研领域渐渐涌现出一批专利高产标准化申请人。这些标准化申请人拥有多次的专利成功被授权的经验，已经逐渐总结摸索出自己的一套科研创新运营模式，并在这个领域成为风向标，不断地为国家科技创新工作贡献者自己的力量。表 2-1 列出了产学研专利产出不少于 2000 件的高产标准化申请人。

表 2-1　产学研专利产出不少于 2000 件的高产标准化申请人情况

序号	标准化申请人	专利数量/件	占比/%	序号	标准化申请人	专利数量/件	占比/%
1	华为公司-C	34 616	1.96	3	中兴公司-C	21 953	1.24
2	中科院所-T	32 250	1.82	4	清华大学-E	20 764	1.17

续表

序号	标准化申请人	专利数量/件	占比/%	序号	标准化申请人	专利数量/件	占比/%
5	国家电网-C	20 548	1.16	35	南航大学-E	3 498	0.20
6	中国石化-C	20 485	1.16	36	中国电科-T	3 493	0.20
7	浙江大学-E	17 001	0.96	37	南京大学-E	3 409	0.19
8	鸿海科技-C	13 975	0.79	38	格力集团-C	3 373	0.19
9	中国石油-C	8 797	0.50	39	武汉理工-E	3 331	0.19
10	东南大学-E	8 386	0.47	40	西北工大-E	3 278	0.19
11	明基友达-C	8 115	0.46	41	中国矿大-E	3 196	0.18
12	北航大学-E	7 758	0.44	42	河海大学-E	3 148	0.18
13	京东方司-C	6 690	0.38	43	中山大学-E	3 100	0.18
14	天津大学-E	6 313	0.36	44	英业达司-C	3 054	0.17
15	中国航天-C	5 982	0.34	45	南方电网-C	3 015	0.17
16	中冶集团-C	5 885	0.33	46	人民解放-E	2 976	0.17
17	中芯国际-C	5 046	0.29	47	华东理工-E	2 961	0.17
18	美的集团-C	5 018	0.28	48	农业大学-E	2 932	0.17
19	大唐电信-C	4 965	0.28	49	奇瑞汽车-C	2 779	0.16
20	电子科大-E	4 879	0.28	50	武汉钢铁-C	2 743	0.16
21	乐金集团-C	4 732	0.27	51	昆明理工-E	2 622	0.15
22	江苏大学-E	4 458	0.25	52	中海石油-C	2 553	0.14
23	中国中车-C	4 419	0.25	53	陕西科大-E	2 540	0.14
24	腾讯公司-C	4 349	0.25	54	北邮大学-E	2 398	0.14
25	北京大学-E	4 324	0.24	55	攀钢集团-C	2 380	0.13
26	中航工业-C	4 247	0.24	56	中船重工-C	2 350	0.13
27	西安电科-E	4 175	0.24	57	华北电大-E	2 311	0.13
28	中国移动-C	3 972	0.22	58	三一重工-C	2 296	0.13
29	复旦大学-E	3 839	0.22	59	中科技大-E	2 198	0.12
30	宝钢集团-C	3 787	0.21	60	青岛海尔-C	2 168	0.12
31	比亚迪司-C	3 749	0.21	61	中国中铁-C	2 152	0.12
32	台积电司-C	3 680	0.21	62	中联重科-C	2 137	0.12
33	工研院所-T	3 670	0.21	63	联发科技-C	2 001	0.11
34	中石油大-E	3 508	0.20				

注：表中的 C 代表产业类公司；E 代表大学；T 代表科研院所。标准化申请人的全称参见附表 8。

表 2-1 显示，产学研高产标准化申请人中排第一名的是产业类的华为公司，该公司拥有 34 616 件专利，占比达到 1.96%。第二名是国家科研机构的翘楚——

中科院所，它拥有 32 250 件专利，占比为 1.82%。第三名同样是产业类的通信公司——中兴公司，拥有 21 953 件专利，占比达到 1.24%。第四名是我国著名高校——清华大学，它拥有 20 764 件专利，占比为 1.17%。前 10 名中有 3 所大学、一个科研院所、六个产业类公司，产业类公司中也包含国家电网、中国石油等国企。清华大学、浙江大学、东南大学作为国内排名极其靠前的 3 所大学，也十分积极地不断向国家进行科技创新成果输出，为我国科技创新事业做出了巨大的贡献。相比较而言，科研院所的创新成果数量已经远远落后于产业类公司与大学。

二、产学研创新网络绘制

（一）前 100 位高产标准化申请人

产学研创新网络是由各个主体作为网络结点，通过知识信息流在相关资源的基础上形成的一个动态的网络组织。在这个网络之中，任何一个主体都可能与其他所有主体以及网络之外同时产生多种不同的网络关系。同时，随着外界环境的不断变化以及产学研合作创新的不断深入，网络主体之间相互连接的方式都会发生相应改变，因此这是一个动态的网络系统。

在开放的环境下，产学研创新网络和网络外部也有千丝万缕的联系，知识信息不仅在网络内部进行传播和扩散，也会同外部进行交换，同时整个网络组织依靠着主体之间共同协定的网络协议运行，各个主体可以依照协议自由加入或退出，因此整个网络表现出很强的开放性。

各个创新主体之间的联系是网络状的，增强了网络整体的创新能力和组织能力，同时随着产学研合作创新的深入，网络的构成主体可以随着项目的进度随时进行变动，整个网络的组织能力和适应能力极强。

整个网络组织以达到创新目的以及提高创新能力为整体目标，各个主体之间实现知识、资源和信息的共享，创新成果的转化会激励各个主题之间深化信任、增强沟通，进而刺激新知识技术的传播速度，促进网络长期的稳定和运转（吴潍和陈莉平，2007）。图 2-15 为根据前 100 位高产标准化申请人绘制的产学研创新网络图。

图 2-15 显示，大学、产业、科研院所联系密切，其中以清华大学、浙江大学、北京大学为代表的大学类高产标准化申请人尤其处于核心位置。很多单位也互相建立了很好的联系。例如，清华大学与鸿海科技的这种大学与产业的战略合作发展，能够很好地促进科技成果向现实生产力的转化，更好地鼓励和促进创新性科研工作的顺利进行。图 2-15 中，中科院所等科研院所的数量较少，但也与其他机构建立起良好的联系。各类高产标准化申请人之间实现信息、资源共享，增进技术交流，对国家科研创新事业有很大的促进作用。

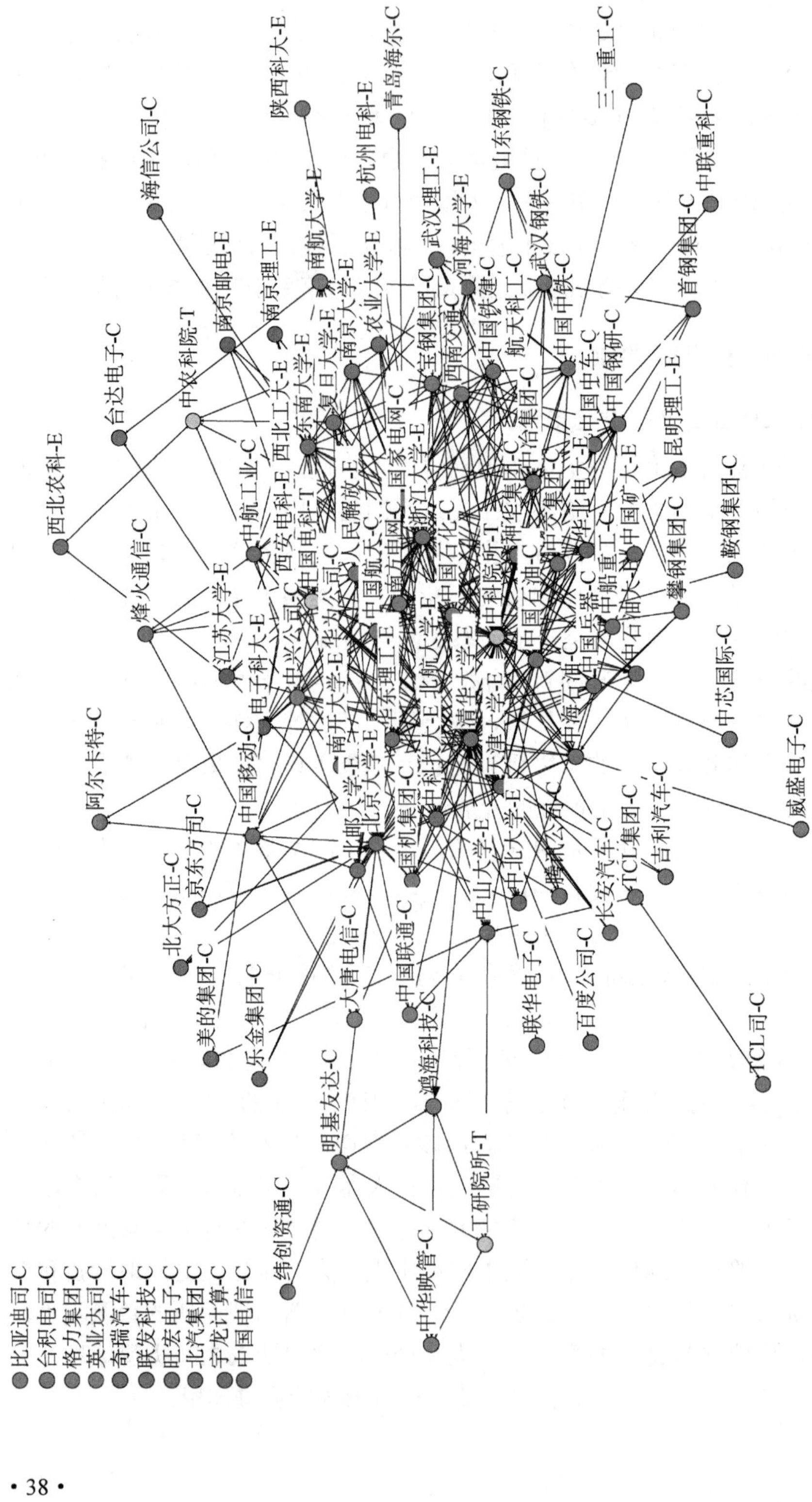

图 2-15　前 100 位高产标准化申请人产学研创新网络图

中介中心度（betweenness centrality）指标测度的是节点起衔接作用的次数或程度，节点充当“中介”的次数越多，它的中介中心度就越高。中介中心度高的受让方，在专利技术受让过程中发挥着重要的中介作用，促成了更多技术交易的发生和完成。

节点度（node degree）是指和该节点相关联的边的条数，又称关联度。对于有向图，节点的入度是指进入该节点的边的条数；节点的出度是指从该节点出发的边的条数。

度中心度（degree centrality）指标测度的是节点中心性，一个节点的节点度越大就意味着这个节点的度中心度越高，该节点在网络中就越重要。

接近中心度（closeness centrality）指标测度的是某一节点与其他节点之间的接近程度，一个节点距离其他节点越近，它的接近中心度就越大。

特征向量中心度（eigenvector centrality）指标既考量邻居节点的数量，也考量邻居节点的重要性。

表 2-2 是按照标准化申请人的中介中心度指标从高到低进行的排序。清华大学在各项中心度指标中都位居第一。它的中介中心度为 19.049，度中心度为 47.475，接近中心度为 8.730，特征向量中心度为 44.679。中科院所紧随其后，排在第二位，除了中介中心度之外，其余各项中心度数据与清华大学差距都不大。排在前列的标准化申请人来自大学的居多，说明大学申请人在产学研合作创新的过程中发挥了非常大的作用。产业申请人里有很大一部分来自国企，这表明在国家资源和政策的帮助下，产业能更好地发挥它们的创新能力。

表 2-2　中介中心度大于 1.0 的标准化申请人情况

序号	标准化申请人	中介中心度	度中心度	接近中心度	特征向量中心度
1	清华大学-E	19.049	47.475	8.730	44.679
2	中科院所-T	12.921	42.424	8.677	41.824
3	国家电网-C	11.265	39.394	8.654	37.876
4	北京大学-E	7.885	23.232	8.512	24.918
5	浙江大学-E	3.957	28.283	8.542	33.496
6	中国中铁-C	3.892	14.141	8.383	16.268
7	东南大学-E	3.005	18.182	8.354	18.335
8	电子科大-E	2.709	13.131	8.369	16.459
9	明基友达-C	2.475	5.051	7.977	1.747
10	中国航天-C	2.293	24.242	8.498	29.049
11	南方电网-C	2.273	21.212	8.469	25.238
12	中山大学-E	2.272	10.101	8.291	9.539

续表

序号	标准化申请人	中介中心度	度中心度	接近中心度	特征向量中心度
13	南京大学-E	2.044	11.111	8.305	13.507
14	中海石油-C	2.044	13.131	8.361	17.384
15	中国石化-C	1.966	21.212	8.476	24.698
16	南开大学-E	1.931	13.131	8.383	15.925
17	华为公司-C	1.881	20.202	8.462	23.694
18	鸿海科技-C	1.852	4.040	8.162	2.861
19	中国石油-C	1.834	21.212	8.454	24.251
20	TCL 集团-C	1.831	4.040	8.229	5.790
21	天津大学-E	1.486	18.182	8.440	21.910
22	中冶集团-C	1.471	14.141	8.397	16.070
23	江苏大学-E	1.392	6.061	8.278	8.035
24	北航大学-E	1.363	19.192	8.440	22.940
25	西安电科-E	1.123	16.162	8.433	21.385
26	中国移动-C	1.015	9.091	8.298	10.174

注：表中的 C 代表产业类公司；E 代表大学；T 代表科研院所。标准化申请人的全称参见附表 8。

（二）前 50 位高产标准化申请人

为了得到更加清晰的网络图谱，我们进一步将范围缩小，绘制了前 50 位高产标准化申请人产学研创新网络图（图 2-16）。

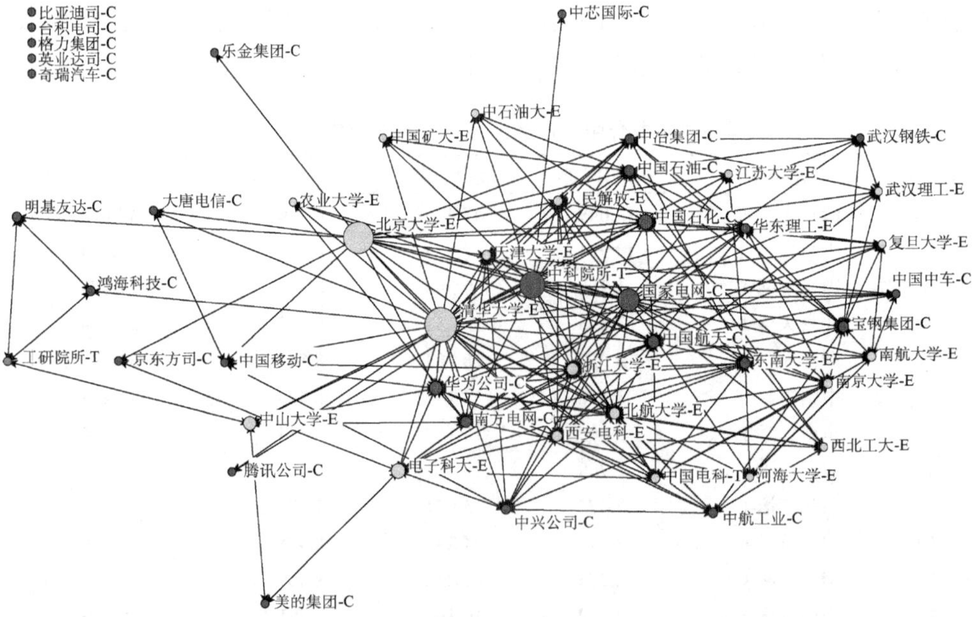

图 2-16　前 50 位高产标准化申请人产学研创新网络图

由图 2-16 我们可以看出，清华大学仍然稳稳占据主要地位。前 50 位基本都是大学与产业申请人，科研院所则寥寥无几。图 2-16 中显示，清华大学与鸿海科技的合作关系极为紧密。

说起鸿海科技，大家可能较陌生，但提到富士康科技集团，大家都比较熟悉。富士康科技集团是台湾鸿海精密工业股份有限公司投资兴办的专业研发生产精密电气连接器、精密线缆及组配、电脑机壳及准系统、电脑系统组装、无线通信关键零组件及组装、光通信元件、消费性电子、液晶显示设备、半导体设备、合金材料等产品的高新科技企业。清华大学作为科研成果产出的大机构，与鸿海科技这种擅长转化科研成果，并将其产业化的企业合作，一定能带来不错的效果。

图 2-16 中还显示，中科院所与产业中的几个国企合作十分紧密。国有科研院所与国企对接科研成果，可以让科研成果从研发到投入生产，再到进入市场，都能有很好的保障，可以更好地让科研成果发挥价值，为国家科技创新事业助力。

总体来看，在高产标准化申请人数量上，产业还是占了大多数，大学也占据了很可观的一部分比例，而科研院所则寥寥无几。但根据近年专利申请量的发展趋势来看，大学的科技创新成果数量在不断地增加，越来越多的高新科技产业要依靠运用大学科研成果来发展。

增强产学研机构之间的互动、增加资源互通、形成三螺旋式的发展对国家整体的科技创新发展的好处不言而喻。目前“以产业为主体，大学（高校）发展迅猛”的现状需要做出改变。更重要的是，科研院所如何进行改革才能更多地融入这个网络中、产出更多的科研成果，是未来要努力解决的问题。

（三）前 20 位高产标准化申请人

图 2-17 对前面的创新网络图又进行了更高阶的分析，选取了前 20 位高产标准化申请人绘制产学研创新网络图。从图中可以看出，每位高产标准化申请人都与其他高产标准化申请人有合作，全图没有孤立节点，说明前 20 位高产标准化申请人相互之间都以一个开放的态度将资源共享，互相进行战略合作，努力提高自身创新能力，做到双赢。

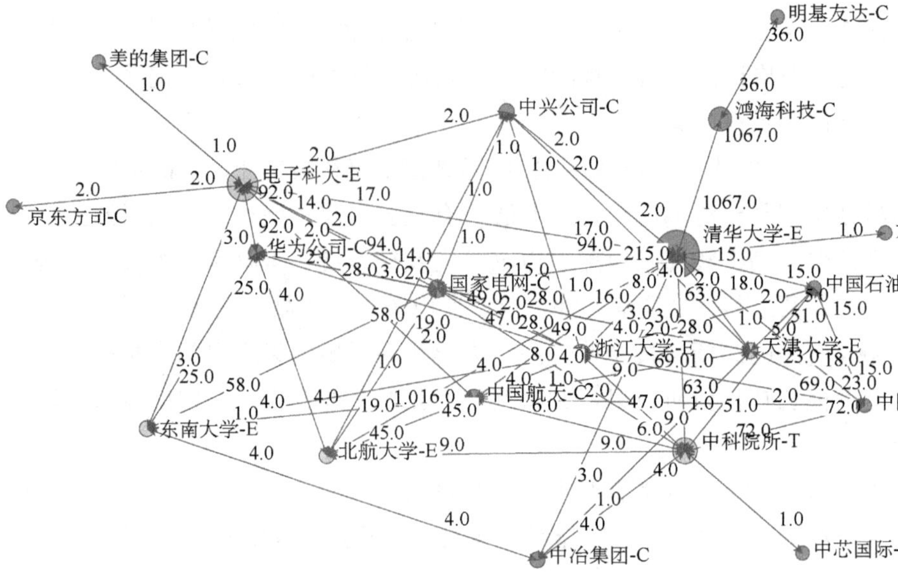

图 2-17　前 20 位高产标准化申请人产学研创新网络图

图 2-17 在节点之间的连线上标注了影响因数的具体数值，数值大小和线条的粗细体现联系的密切程度。鸿海科技与清华大学之间联系密切，影响因数达到 1067.0，而且是双向箭头，表明这两者之间互为专利研发者和接收者，合作非常深入。

从总体情况来看，产业占到 65%，大学占到 30%，科研院所中仅有中科院所进入前 20 位高产标准化申请人名单。各所大学处于网络关键节点之中，尤其是清华大学、电子科大和浙江大学。清华大学、电子科大和浙江大学与相邻节点的密切程度很高。说明大学在自身发展的过程中与产业开展合作取得了非常好的效果。

在产业中，居于核心地位的是国家电网。作为中国能源业的中流砥柱，国家电网在创新发展中起着引领作用，拥有庞大的资源。与中科院所联系最密切的是中国石化，影响因数为 72.0。另外，在相同领域的产业之间合作会非常密切，如华为公司和国家电网等。某些领域实力靠前的大学和产业也不乏强强联手的现象。

（四）前 10 位高产标准化申请人

图 2-18 绘制的是前 10 位高产标准化申请人产学研创新网络图，产业类有中国石油、中国石化、鸿海科技、中兴公司、国家电网、华为公司 6 个，分别是能源领域和电子科技类领域的龙头企业。大学有 3 所，分别为清华大

学、浙江大学、东南大学。科研院所仍然是中科院所。图 2-18 显示，前 10 位高产标准化申请人之间仍然有很多的战略合作关系，尤其是清华大学。

清华大学在网络中的地位非常重要，在科技创新合作方面与产业、科研院所、其他大学之间都有紧密的联系，与其他的高产标准化申请人保持着很好的关系，互相交换资源，提高双方的科研创新实力。清华大学与鸿海科技的连线影响因数达到 1067.0，是所有连线影响因数中最高的。清华大学与国家电网的连线影响因数也达到 215.0，而其与浙江大学之间的合作较少，连线影响因数仅有 4.0。

中科院所与中国石油、国家电网、中国石化这三个能源类产业联系密切，专利相关性较强，可以看出科研院所与能源产业之间的合作交流是比较广泛的。同时，其与清华大学也有着密切合作，说明中科院所在科研院所的角色上发挥着它强劲的影响。

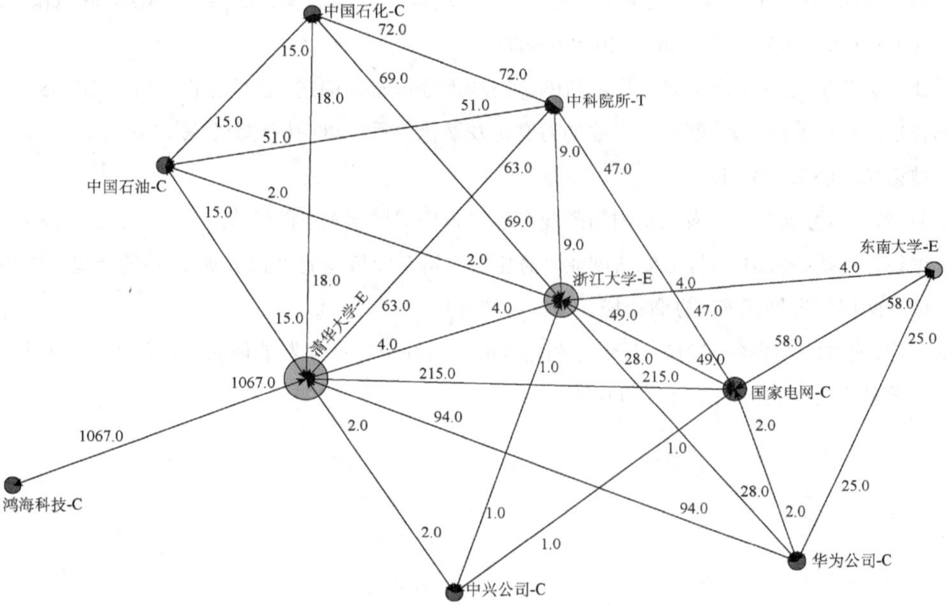

图 2-18　前 10 位高产标准化申请人产学研创新网络图

中国石化和中国石油作为业务领域非常明确的产业，是实力强劲的国企，它们与大学、科研院所都有着合作关系。在创新发展上，主要依靠相关的行业的支持，而不寻求跨行业的创新发展。

同样，华为公司也在其所从事的业务领域与其他类型的机构建立了深厚的合作友谊，但也并未跨越行业，进行科技创新方面的合作。

总体来看，前10位高产标准化申请人互相之间都有着很好的联系。大学作为综合机构，与各领域产业和科研院所联系密切，而科研院所主要的合作对象是大学和国企。产业方面，几个申请人也在各自擅长的领域进行交流，没有发生跨领域合作的现象。

本章参考文献

胡曙虹，黄丽，杜德斌. 2016. 全球科技创新中心建构的实践——基于三螺旋和创新生态系统视角的分析：以硅谷为例. 上海经济研究，(3)：21-28.

宋曼祺，徐一旻，吕伟，等. 2018. 政用产学研战略联盟知识价值链的研究. 软科学，32（2）：96-100.

王耀德，谭长国，王忠诚. 2018. 技术发展的历史分期与“后现代技术”：从技术与科学的关系看. 中国人民大学学报，32（1）：165-172.

吴帧. 2018. 中国论文数超过美国 施一公：“垃圾文章”太多. http：//news.sciencenet.cn/htmlnews/2018/3/404733.shtm[2018-03-07].

吴滩，陈莉平. 2007. 产学研合作创新网络的结点分析及其构建. 价值工程，(1)：32-35.

邢菁华，张洵君. 2018. 创新与产业动态变化及演化关系：以中国体外诊断产业为例. 中国科技论坛，(5)：23-31.

张明霞，可星. 2016. 云南生物制药产业产学研合作问题研究. 科研管理，(S1)：275-280.

郑银锐，王德亮. 2017. 打造创新创业“孵化器”培育经济发展“新引擎”：启迪之星（郑州）成立两周年发展纪实. 协商论坛，(12)：42-43.

朱宗伟，李力，吴群华. 2017. 基于专利角度的战略性新兴产业发展现状分析：以桂林市为例. 中国发明与专利，14（11）：47-54.

第三章　主体–专利价值度分析

第一节　背景与意义

一、背景

国外很早就认识到专利价值的重要作用，将专利价值运用在企业技术创新、科技竞争力评价、经济走向预测等领域。国内主要分析了专利价值的具体评估方法。

李冰（2015）研究了高新技术企业专利证券化以及价值评估方面的理论，结合实际情况，大胆尝试建立了高新技术企业证券化专利收益波动率评估指标体系与基于二叉树期权定价的评估模型。李睿等（2015）分析了高价值专利的被引特征，以世界500强企业的专利为高价值专利的代表，发现："被引率"与专利价值基本无关；"高自引"是高价值专利的普遍而显著的特征；同被引网络的不同演化规律呈现不同行业的垄断或竞争特质。

国内学者对高校专利的研究主要集中在高校专利转化的问题上，针对高校专利运营模式、高校专利转化水平低位运行原因和高校专利转化提升对策等问题展开了广泛的研究。例如，张平和黄贤涛（2011a）认为，专利质量和高校的激励政策都是影响专利技术转化的重要影响因素。万晓玲等（2009）认为，高校科技成果衡量指标导致重专利申请而轻转化。Bercovitz 等（2001）研究发现，高校对专利转化的奖励制度及科研部门人员的素质水平等对专利转化有重要影响。Siegel 等（2003）、徐晓亮（2007）认为，高校可以通过制定技术转化战略、强化技术转移办公室的服务水平等方式来提高其专利转化水平。张平和黄贤涛（2011b）认为，高校专利的成功转化没有统一的模式，但不同模式的共性特征总结如下：专业化的技术转移机构、配套的专利转化政策、合理的利益分配机制、必要的研发投入和产出、科学的专利申请和管理等。

刘卓荣和陈志宝（2018）阐述了科研院所知识产权的发展现状，分析了当前公益性科研院所知识产权转移形势，同时结合目前的发展趋势，对专利权私有特性与公益性的矛盾统一进行了简单的探讨并提出了几点建议。

二、意义

当前，中国知识产权事业迅速发展，取得的巨大成就令世界瞩目。中国政府将创新驱动发展作为国家战略，并高度重视发挥知识产权制度的激励和保障作用。中国正加快推进知识产权强国建设，将知识产权保护和运用列入国家“十三五”重点专项规划，并开展知识产权综合管理改革试点。

在这样的背景之下，研究公司、大学、科研院所这些不同专利主体的专利价值对中国进一步发展和完善知识产权制度、建设知识产权强国具有重大意义。

研究高产公司专利数量、专利年度发展趋势和专利价值，可以更具体和清晰地了解我国企业创新能力，了解企业专利管理现状并发现存在的问题，对促进企业专利产出和发展具有指导意义。

大学在国家创新体系中扮演着重要的角色，为国家科技进步和经济发展做出了重要贡献。探究大学科技的专利情况，有助于准确判断大学专利价值，合理量化资金投入，促进高校资源的合理配置；对高校专利价值进行评估，为高校和企业提供参考，可以具体和清晰地了解我国大学的创新能力，有利于吸引社会资本，有助于健全高校专利运营管理体系、提高高校专利转化水平。

科研院所是我国科学技术创新的主要力量，分析高产科研院所的专利数量、专利年度发展趋势和专利价值，有助于更清晰地了解科研院所的创新水平，进一步分析原因，有助于提升我国科研院所的专利质量。

第二节　产业的主体–专利价值度分析

产业是创新主体，高产公司对产业专利技术的创新发展发挥着重要的引领和带动作用，高产公司的专利成果极大地促进了我国经济和社会发展。2017年，我国国内发明专利申请量和拥有量中，企业所占比重分别达到63.3%和66.4%，较2016年提高1.6个百分点和0.9个百分点；企业对我国国内发明专利申请增长的贡献率达到73.5%。[①]国内企业作为创新主体的地位进一步巩固与扩大。

科技是第一生产力，科技创新促进企业发展。专利技术不断为企业注入新鲜血液，专利对高新技术企业发展具有重要意义。作为创新的一种表现形式，专利已经是衡量企业创新能力以及企业之间竞争力的指标之一。研究高产公司专利数量、专利年度发展趋势和专利价值，可以更具体和清晰地了解我国企业创新能力，了解企业专利管理现状并发现存在的问题，对促进企业专利产出和发展具有指导意义。

① 中华人民共和国中央政府：“2017年国内发明专利授权32.7万件.” http：//www.gov.cn/xinwen/2018-01/19/content_5258299.htm[2020-04-27].

一、高产公司的专利数量

表 3-1 列出了授权专利数量超过 600 件的前 93 位高产公司。表 3-1 显示，中国专利数量最多的公司是华为公司，共拥有 36 921 件专利，占总数的 3.50%，是专利数量排第二位的国家电网的 1.5 倍多。排在第二位和第三位的分别是国家电网和中兴公司：国家电网的专利数量为 23 768 件，占比为 2.25%；中兴公司的专利数量为 23 330 件，占比为 2.21%。中国石化的专利数量为 22 588 件，占比为 2.14%，排在第四位。排在第五位的鸿海科技的专利数量为 12 231 件，占比为 1.16%。排在第六位的中国石油的专利数量为 9851 件，占比为 0.93%。专利数量超过 4000 件的公司还有明基友达、京东方司、美的集团、中冶集团、中国中车、格力集团、中国移动、中航工业和比亚迪司。专利产出超出 2000 件的还有台积电司、宝钢集团、南方电网、奇瑞汽车、大唐电信、中国航天、青岛海尔、中海石油、中船重工、攀钢集团、英业达司、三一重工、中联重科、联发科技、中国中铁和北大方正。

表 3-1　授权专利数量多于 600 件的前 93 位高产公司情况

序号	标准化申请人	专利数量/件	占比/%	序号	标准化申请人	专利数量/件	占比/%
1	华为公司-C	36 921	3.50	17	宝钢集团-C	3 937	0.37
2	国家电网-C	23 768	2.25	18	南方电网-C	2 972	0.28
3	中兴公司-C	23 330	2.21	19	奇瑞汽车-C	2 939	0.28
4	中国石化-C	22 588	2.14	20	大唐电信-C	2 794	0.26
5	鸿海科技-C	12 231	1.16	21	中国航天-C	2 745	0.26
6	中国石油-C	9 851	0.93	22	青岛海尔-C	2 647	0.25
7	明基友达-C	8 325	0.79	23	中海石油-C	2 611	0.25
8	京东方司-C	7 929	0.75	24	中船重工-C	2 556	0.24
9	美的集团-C	6 449	0.61	25	攀钢集团-C	2 537	0.24
10	中冶集团-C	6 245	0.59	26	英业达司-C	2 517	0.24
11	中国中车-C	4 744	0.45	27	三一重工-C	2 354	0.22
12	格力集团-C	4 566	0.43	28	中联重科-C	2 205	0.21
13	中国移动-C	4 467	0.42	29	联发科技-C	2 151	0.20
14	中航工业-C	4 257	0.40	30	中国中铁-C	2 041	0.19
15	比亚迪司-C	4 012	0.38	31	北大方正-C	2 026	0.19
16	台积电司-C	4 000	0.38	32	北汽集团-C	1 903	0.18

续表

序号	标准化申请人	专利数量/件	占比/%	序号	标准化申请人	专利数量/件	占比/%
33	吉利汽车-C	1 894	0.18	64	星网锐捷-C	1 114	0.11
34	小米科技-C	1 839	0.17	65	烽火通信-C	1 105	0.10
35	鞍钢集团-C	1 806	0.17	66	上海电气-C	1 098	0.10
36	纬创资通-C	1 800	0.17	67	三星集团-C	1 078	0.10
37	威盛电子-C	1 784	0.17	68	江淮汽车-C	1 000	0.09
38	中国电信-C	1 776	0.17	69	威创视讯-C	993	0.09
39	航天科工-C	1 772	0.17	70	华润集团-C	987	0.09
40	台达电子-C	1 732	0.16	71	上海微电-C	945	0.09
41	腾讯公司-C	1 692	0.16	72	宏基公司-C	920	0.09
42	旺宏电子-C	1 677	0.16	73	宝时得司-C	872	0.08
43	国机集团-C	1 580	0.15	74	百度公司-C	872	0.08
44	首钢集团-C	1 518	0.14	75	华硕公司-C	863	0.08
45	中国联通-C	1 517	0.14	76	神达电脑-C	857	0.08
46	中国铁建-C	1 517	0.14	77	中国兵器-C	854	0.08
47	山东钢铁-C	1 454	0.14	78	天士力司-C	852	0.08
48	神华集团-C	1 423	0.13	79	乐金集团-C	834	0.08
49	联华电子-C	1 382	0.13	80	瑞昱公司-C	833	0.08
50	长安汽车-C	1 354	0.13	81	上海贝岭-C	822	0.08
51	TCL 集团-C	1 350	0.13	82	创维数码-C	818	0.08
52	海信公司-C	1 323	0.13	83	许继电气-C	813	0.08
53	上汽集团-C	1 293	0.12	84	东风汽车-C	808	0.08
54	中国建筑-C	1 270	0.12	85	中船集团-C	806	0.08
55	中交集团-C	1 260	0.12	86	中芯国际-C	803	0.08
56	阿尔卡特-C	1 240	0.12	87	晨星公司-C	747	0.07
57	徐工集团-C	1 237	0.12	88	新兴际华-C	746	0.07
58	中华映管-C	1 182	0.11	89	金发科技-C	732	0.07
59	浪潮集团-C	1 159	0.11	90	中国南方-C	718	0.07
60	长城汽车-C	1 158	0.11	91	湖南有色-C	710	0.07
61	中国电子-C	1 155	0.11	92	中国铝业-C	703	0.07
62	四川长虹-C	1 129	0.11	93	太钢不锈-C	698	0.07
63	宏达电司-C	1 115	0.11				

注：表中的 C 代表产业类公司。标准化申请人的全称参见附表 8。

二、高产公司的专利年度发展趋势

高产公司的发展趋势怎么样呢？我们选取了专利数量排名前 10 的公司，绘制了其在 1985～2017 年的发展趋势（图 3-1）。

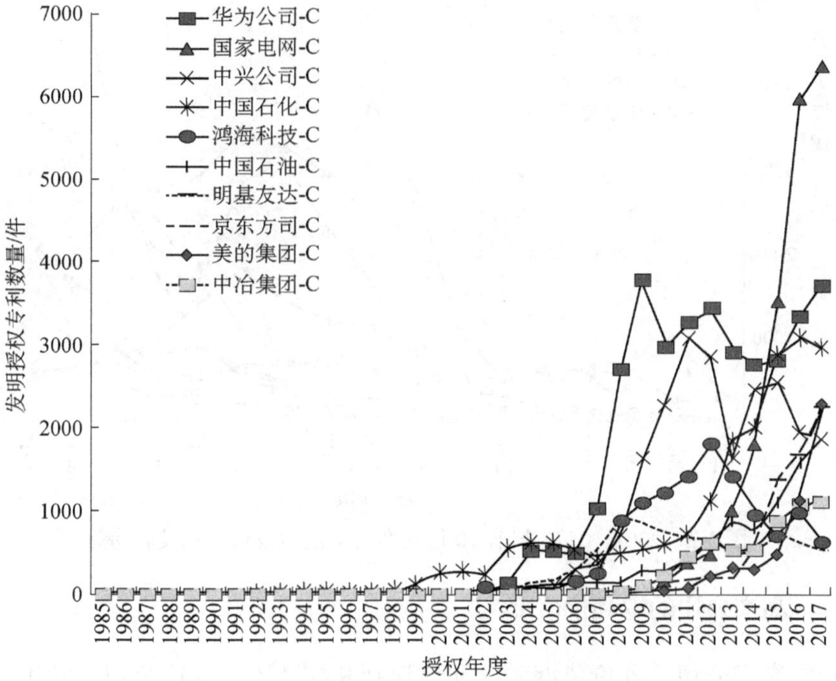

图 3-1　1985～2017 年前 10 位高产公司发明授权专利发展趋势

图 3-1 显示，各公司发明专利产出在相当长的一段历史时期内的发展速度是比较缓慢的。各公司在 1985～2000 年的专利产出速度低缓，而在 2001～2017 年的专利产出总体呈上升的发展趋势。所以整体上我们将其划分为两个阶段：第一阶段为 1985～2000 年缓慢发展阶段，第二阶段为 2001～2017 年快速发展阶段。图 3-1 显示出我国公司专利产出在近些年突飞猛进的发展趋势。

为了更清晰地显示前 10 位高产公司在 2001～2017 年的发展趋势，我们绘制了图 3-2。图 3-2 显示，华为公司和中兴公司分别在 2007～2009 年和 2008～2011 年这两个时期的专利数量骤增，华为公司在 2007 年专利增长约 500 件，在 2008 年增长 1500 多件，在 2009 年增长 1000 多件；中兴公司在 2008 年专利增长 200 多件，在 2009 年增长约 1000 件，在 2010 年增长 500 多件，在 2011 年增长 800 多件。国家电网在 2010 年以后，专利数量一直在增长，2014 年专利增长 800 件，2015 年增长 1500 多件，2016 年增长 2200 多件。

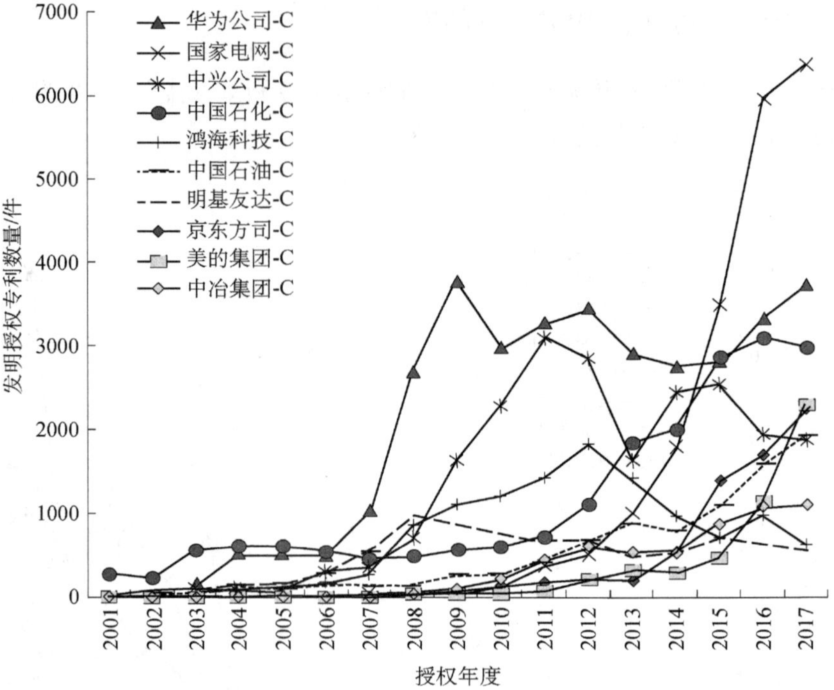

图 3-2　2001～2017 年前 10 位高产公司发明授权专利发展趋势

三、高产公司的专利价值度

研究高产公司专利价值度时，通过识别和判断不同高产公司专利价值度的差别，发现专利价值度数值比较高的高产公司，并探索其原因，可以为深入探讨企业研究热点和企业发展方向提供重要的参考信息和比较明确的指引方向，对提高其他公司乃至整个国家的专利价值度具有重大意义。通过 incoPat 数据库，得出中国专利数量排前 93 位的公司专利价值度（表 3-2）。

表 3-2　中国专利数量排前 93 位的高产公司专利价值度

序号	高产公司	专利价值度	序号	高产公司	专利价值度
1	上海贝岭-C	9.00	7	金发科技-C	8.43
2	台积电司-C	8.97	8	联发科技-C	8.42
3	天士力司-C	8.77	9	宏达电司-C	8.35
4	威盛电子-C	8.73	10	大唐电信-C	8.32
5	旺宏电子-C	8.67	11	中兴公司-C	8.27
6	阿尔卡特-C	8.62	12	比亚迪司-C	8.23

续表

序号	高产公司	专利价值度	序号	高产公司	专利价值度
13	华硕公司-C	8.23	44	神华集团-C	7.49
14	华为公司-C	8.21	45	上海电气-C	7.47
15	上海微电-C	8.19	46	中国石油-C	7.44
16	纬创资通-C	8.16	47	中联重科-C	7.43
17	京东方司-C	8.15	48	中国中铁-C	7.43
18	瑞昱公司-C	8.14	49	鞍钢集团-C	7.43
19	中国移动-C	8.08	50	中国中车-C	7.43
20	晨星公司-C	8.07	51	上汽集团-C	7.39
21	中国铝业-C	8.06	52	威创视讯-C	7.38
22	中华映管-C	8.05	53	三星集团-C	7.34
23	中国电信-C	8.02	54	湖南有色-C	7.34
24	明基友达-C	8.01	55	中国航天-C	7.34
25	腾讯公司-C	7.92	56	四川长虹-C	7.33
26	台达电子-C	7.88	57	百度公司-C	7.31
27	TCL 集团-C	7.81	58	许继电气-C	7.28
28	青岛海尔-C	7.79	59	国机集团-C	7.25
29	首钢集团-C	7.76	60	英业达司-C	7.24
30	宝时得司-C	7.71	61	吉利汽车-C	7.23
31	华润集团-C	7.70	62	三一重工-C	7.20
32	烽火通信-C	7.68	63	北汽集团-C	7.20
33	中国石化-C	7.68	64	徐工集团-C	7.20
34	海信公司-C	7.66	65	中船重工-C	7.20
35	奇瑞汽车-C	7.64	66	中交集团-C	7.19
36	北大方正-C	7.62	67	鸿海科技-C	7.19
37	小米科技-C	7.60	68	中国铁建-C	7.18
38	中海石油-C	7.60	69	中冶集团-C	7.17
39	星网锐捷-C	7.60	70	东风汽车-C	7.17
40	宏基公司-C	7.60	71	中航工业-C	7.16
41	中国联通-C	7.59	72	创维数码-C	7.15
42	联华电子-C	7.52	73	长安汽车-C	7.15
43	宝钢集团-C	7.49	74	美的集团-C	7.11

续表

序号	高产公司	专利价值度	序号	高产公司	专利价值度
75	国家电网-C	7.10	85	中国建筑-C	6.86
76	南方电网-C	7.10	86	长城汽车-C	6.83
77	格力集团-C	7.05	87	中国南方-C	6.79
78	中芯国际-C	7.05	88	新兴际华-C	6.78
79	航天科工-C	7.04	89	中国电子-C	6.78
80	太钢不锈-C	7.04	90	山东钢铁-C	6.69
81	浪潮集团-C	7.00	91	攀钢集团-C	6.41
82	中船集团-C	6.98	92	神达电脑-C	6.07
83	江淮汽车-C	6.96	93	乐金集团-C	5.84
84	中国兵器-C	6.94			

注：表中的 C 代表产业类公司。标准化申请人的全称参见附表 8。

表 3-2 显示，高产公司专利价值度排第一位的是上海贝岭，其专利价值度为 9.00。上海贝岭是中国微电子行业第一家上市公司，创建于 1988 年 9 月，在 1998 年 9 月改制上市。上海贝岭作为国家改革开放初期成功吸引外资和引进国外先进技术的标志性企业，依靠科技发展与专利领先，为我国集成电路产业的发展树立了楷模。

排第二位的是台积电司，其专利价值度为 8.97。台积电司（即台湾积体电路制造股份有限公司）是一家半导体制造公司。该公司成立于 1987 年，是全球第一家专业集成电路制造服务企业，总部与主要工厂位于台湾新竹科学园区。截至 2017 年 3 月 20 日，台积电司市值超英特尔（Intel）公司成全球第一半导体企业。

天士力司排名第三，其专利价值度为 8.77。天士力司成立于 1994 年 5 月，现已发展成为以大健康产业为主线，以制药业为中心，涵盖科研、种植、生产、营销等领域的高科技企业集团。

专利价值度超过 8.50 的高产公司还有威盛电子（专利价值度为 8.73）、旺宏电子（专利价值度为 8.67）和阿尔卡特（专利价值度为 8.62）。表 3-2 列出的 93 个高产公司中，专利价值较高的公司主要集中在微电子技术、生物医药、电信设备制造、无线通信和化工新材料等行业领域。

第三节　大学的主体–专利价值度分析

大学在国家创新体系中扮演着重要角色，为国家科技进步和经济发展做出了重要贡献。探究大学科技的专利情况，可以具体和清晰地了解我国大学的创新能力，有助于健全高校专利运营管理体系，提高大学专利转化水平。

一、高产大学的专利数量

我们根据 incoPat 数据库，得出中国专利数量排前 79 位的大学（表 3-3）。表 3-3 显示，中国专利数量最多的大学是浙江大学，共有 18 133 件专利，占全国大学专利数量的 4.23%。排在第二位的是清华大学，共有 16 997 件专利，占比为 3.96%。东南大学专利数量为 9308 件，占比为 2.17%，排在第三位。专利数量超过 5000 件的还有：北航大学，共 8442 件专利，排在第四位；天津大学，共 6890 件专利，排在第五位；电子科大，共 5635 件专利，排在第六位；江苏大学，共 5092 件专利，排在第七位。接下来是西安电科和北京大学，它们的专利数量均超过 4000 件，分别排在第八位和第九位。

表 3-3　中国专利数量排前 79 位的大学情况

序号	标准化申请人	数量/件	占比/%	序号	标准化申请人	数量/件	占比/%
1	浙江大学-E	18 133	4.23	13	河海大学-E	3 660	0.85
2	清华大学-E	16 997	3.96	14	西北工大-E	3 658	0.85
3	东南大学-E	9 308	2.17	15	南京大学-E	3 570	0.83
4	北航大学-E	8 442	1.97	16	中山大学-E	3 290	0.77
5	天津大学-E	6 890	1.61	17	农业大学-E	3 157	0.74
6	电子科大-E	5 635	1.31	18	昆明理工-E	2 967	0.69
7	江苏大学-E	5 092	1.19	19	中国矿大-E	2 889	0.67
8	西安电科-E	4 815	1.12	20	陕西科大-E	2 789	0.65
9	北京大学-E	4 639	1.08	21	北邮大学-E	2 674	0.62
10	南航大学-E	3 981	0.93	22	华东理工-E	2 656	0.62
11	武汉理工-E	3 740	0.87	23	中科技大-E	2 301	0.54
12	复旦大学-E	3 725	0.87	24	南京理工-E	2 171	0.51

续表

序号	标准化申请人	数量/件	占比/%	序号	标准化申请人	数量/件	占比/%
25	华北电大-E	2 027	0.47	53	北信息大-E	365	0.09
26	南开大学-E	1 935	0.45	54	河南中医-E	352	0.08
27	上海交大-E	1 927	0.45	55	首医科大-E	343	0.08
28	杭州电科-E	1 801	0.42	56	东北电大-E	316	0.07
29	南京邮电-E	1 674	0.39	57	东北师大-E	309	0.07
30	山东科技-E	1 425	0.33	58	香港理工-E	301	0.07
31	中北大学-E	1 394	0.32	59	淮阴工学-E	290	0.07
32	西北农科-E	1 261	0.29	60	天津商大-E	288	0.07
33	西南大学-E	1 177	0.27	61	华东交大-E	253	0.06
34	青岛科大-E	1 159	0.27	62	湖南师范-E	243	0.06
35	南京信息-E	1 070	0.25	63	香港中大-E	222	0.05
36	南京师范-E	882	0.21	64	兰州交通-E	176	0.04
37	桂林电子-E	861	0.20	65	南阳师范-E	161	0.04
38	青岛农业-E	743	0.17	66	重庆医科-E	159	0.04
39	西北大学-E	715	0.17	67	香港科大-E	157	0.04
40	南昌航大-E	668	0.16	68	广西中医-E	149	0.03
41	浙江农林-E	629	0.15	69	淮阴师范-E	145	0.03
42	中石油大-E	577	0.13	70	天津农学-E	142	0.03
43	重庆理工-E	561	0.13	71	北服学院-E	139	0.03
44	重庆交大-E	493	0.11	72	河南城建-E	130	0.03
45	上海海大-E	472	0.11	73	贵州师范-E	129	0.03
46	哈工大学-E	445	0.10	74	广州中医-E	109	0.03
47	南京中医-E	406	0.09	75	香港大学-E	100	0.02
48	华中师范-E	401	0.09	76	香港城大-E	96	0.02
49	北工商大-E	400	0.09	77	镇江高专-E	88	0.02
50	太原科大-E	395	0.09	78	人民解放-E	80	0.02
51	江西理工-E	387	0.09	79	东莞电子-E	77	0.02
52	吉林农业-E	383	0.09				

注：表中的 E 代表大学。标准化申请人的全称参见附表 8。

二、高产大学的专利年度发展趋势

我们选取了专利数量排前10位的大学，绘制了其在1985～2017年的发展趋势（图3-3）。图3-3显示，各大学发明专利产出在相当长一段历史时期内发展速度是比较缓慢的，这和高产公司专利年度发展趋势是一致的。各大学在1985～2000年的专利产出速度低缓，而在2001～2017年的专利产出总体呈上升的发展趋势。所以整体上我们将其划分为两个阶段：第一阶段为1985～2000年缓慢发展阶段；第二阶段为2001～2017年快速发展阶段。该图显示出我国大学专利产出在近17年突飞猛进的发展趋势。

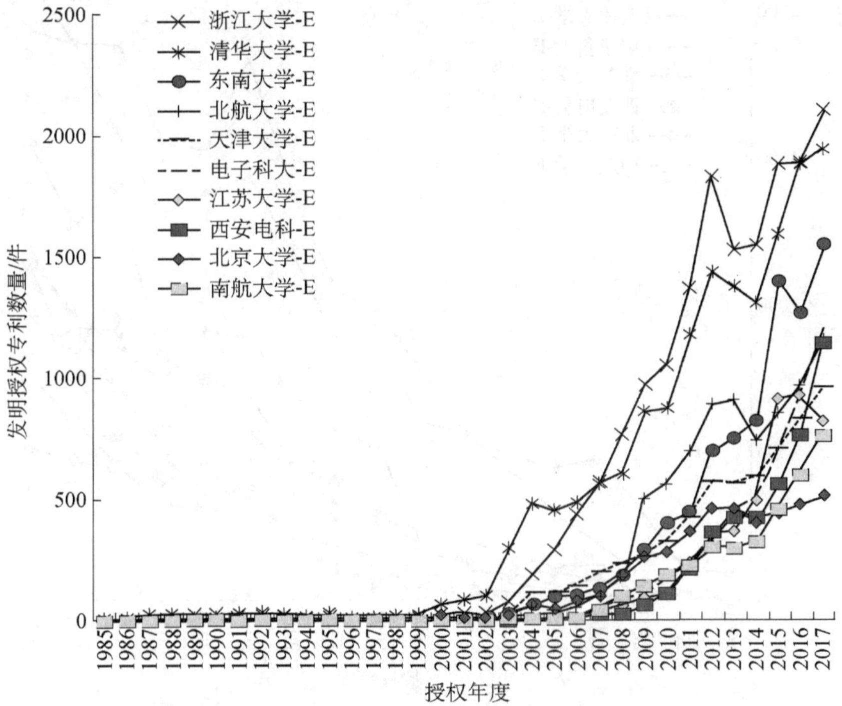

图3-3　1985～2017年前10位高产大学发明授权专利发展趋势

1997年，国家科学技术委员会（现科学技术部）设立“国家重点基础研究发展计划”（973计划），显著提升了中国基础研究水平。1998年，中国共产党第十五次全国代表大会提出“面向21世纪教育振兴行动计划”，实施“高层次创造性人才工程”，加强了高校科研工作，提高了高校在国家创新体系建设中的参与度。这些计划的实施，对高校科研创新水平的提高具有重要意义。2001年以来，高校的专利数量呈现快速提升的趋势。

为了更清晰地显示前10位高产大学在2001～2017年的发展趋势，我们绘制了图3-4。图3-4显示，在2001～2017年，浙江大学和清华大学专利产出速度较其他大学快。2002～2004年，清华大学增加了约400件专利；2003～2007年，浙江大学增加了500多件专利。2001年以后，各大学的专利数量总体上稳步增长。

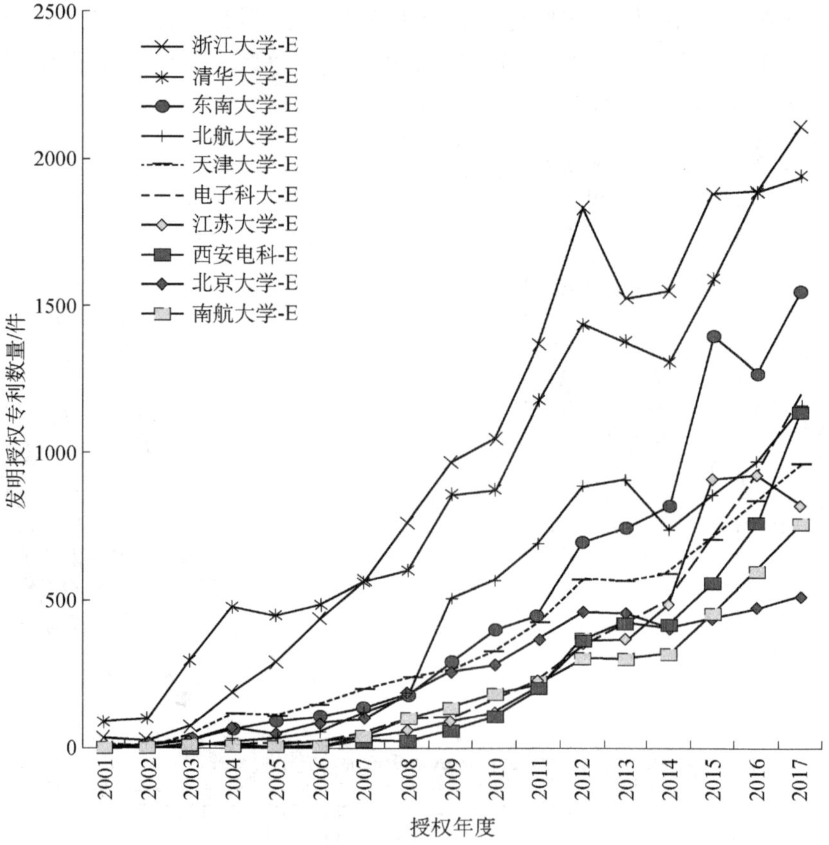

图3-4　2001～2017年前10位高产大学发明授权专利发展趋势

三、高产大学的专利价值度

高校的专利价值体现了高校的创新水平，体现了高校专利对经济增长的贡献能力。研究高校的专利价值度，可以具体和清晰地了解我国高校的专利价值度排名和创新能力排名，进一步研究其原因，有助于提升高校专利价值度。

表3-4为中国专利数量排前79位的高产大学专利价值度。表3-4显示，高产大学中专利价值度最高的是香港大学，专利价值度为8.76。排在第二位和第

三位的分别是香港科大和香港理工：香港科大的专利价值度为8.56；香港理工的专利价值度为8.18。高产大学的专利价值度超过8.00的还有南京邮电、香港城大和香港中大：南京邮电和香港城大的专利价值度为8.04，并列排在第四位；香港中大的专利价值度为8.01，排在第六位。哈工大学的专利价值度为7.16，排在第七位。北京大学和清华大学分别排在第八位和第九位，专利价值度分别为7.13和7.12。

表3-4 中国专利数量排前79位的高产大学专利价值度

序号	高产大学	专利价值度	序号	高产大学	专利价值度
1	香港大学-E	8.76	25	桂林电子-E	6.67
2	香港科大-E	8.56	26	东北电大-E	6.66
3	香港理工-E	8.18	27	人民解放-E	6.64
4	南京邮电-E	8.04	28	浙江农林-E	6.64
4	香港城大-E	8.04	29	河海大学-E	6.63
6	香港中大-E	8.01	30	中山大学-E	6.63
7	哈工大学-E	7.16	31	湖南师范-E	6.61
8	北京大学-E	7.13	32	上海交大-E	6.57
9	清华大学-E	7.12	33	天津农学-E	6.56
10	西安电科-E	7.04	34	南京中医-E	6.54
11	广州中医-E	6.99	35	淮阴师范-E	6.52
12	广西中医-E	6.98	36	北服学院-E	6.48
13	天津大学-E	6.93	37	中石油大-E	6.48
14	南京信息-E	6.91	38	山东科技-E	6.47
15	江西理工-E	6.88	39	中国矿大-E	6.46
16	华东理工-E	6.86	40	南京师范-E	6.43
17	北邮大学-E	6.84	41	兰州交通-E	6.41
18	陕西科大-E	6.81	42	杭州电科-E	6.40
19	首医科大-E	6.79	43	华中师范-E	6.40
20	中科技大-E	6.75	44	浙江大学-E	6.38
21	青岛科大-E	6.71	45	上海海大-E	6.38
22	南航大学-E	6.70	46	镇江高专-E	6.37
23	南京理工-E	6.69	47	东莞电子-E	6.35
24	东南大学-E	6.67	48	天津商大-E	6.35

续表

序号	高产大学	专利价值度	序号	高产大学	专利价值度
49	华北电大-E	6.34	65	重庆医科-E	6.16
50	武汉理工-E	6.34	66	南开大学-E	6.13
51	农业大学-E	6.34	67	北信息大-E	6.12
52	江苏大学-E	6.34	68	重庆交大-E	6.11
53	昆明理工-E	6.32	69	吉林农业-E	6.09
54	复旦大学-E	6.32	70	太原科大-E	6.04
55	西南大学-E	6.29	71	中北大学-E	5.94
56	电子科大-E	6.29	72	淮阴工学-E	5.94
57	南阳师范-E	6.28	73	西北大学-E	5.87
58	北工商大-E	6.27	74	重庆理工-E	5.85
59	北航大学-E	6.27	75	南昌航大-E	5.83
60	西北工大-E	6.25	76	东北师大-E	5.68
61	河南城建-E	6.22	77	华东交大-E	5.63
62	贵州师范-E	6.20	78	河南中医-E	5.46
63	南京大学-E	6.18	79	西北农科-E	5.25
64	青岛农业-E	6.17			

注：表中的 E 代表大学。标准化申请人的全称参见附表 8。

高产大学专利价值度排前三位的都是位于香港的大学——香港大学、香港科大和香港理工。香港大学和香港科大都是亚洲顶尖大学，都为英语教学体系。2018 年，QS 世界大学排名[①]中，香港大学在亚洲排第五位，香港科大在亚洲排第三位，香港理工在亚洲排第 27 位。

专利价值度排第四位的南京邮电，在通信和信息领域的技术研发能力强，国内该领域的企业都在密切关注其专利申请情况，以适时进行购买或者获得许可（桑芝芳和王向红，2017）。专利价值度排第五位的香港城大和第六位的香港中大，分别在 2018 年 QS 亚洲大学排行榜中排第八位和第十位；专利价值度排第七位的哈工大学，在 2018 年 QS 亚洲大学排行榜中排第 63 位；专利价值度排第八位的北京大学和第九位的清华大学，在 2018 年 QS 亚洲大学排行榜中分别排第九位和第六位。

① QS 世界大学排名（QS World University Rankings）是由英国的一家国际教育市场咨询公司（Quacquarelli Symonds，QS）发表的年度世界大学排名。其与泰晤士高等教育世界大学排名、美国新闻（USNews）世界大学排名等被认为是较为权威的世界大学排名。QS 世界大学排名的调查形式主要为问卷形式，其公开透明的评选方式使得评选结果很具有认可度。

第四节　科研院所的主体–专利价值度分析

科研院所是我国科学技术创新的主要力量，分析高产科研院所的专利数量、专利年度发展趋势和专利价值，有助于更加清晰地了解科研院所创新水平，进一步分析原因，有助于提升我国科研院所的专利质量。

一、高产科研院所的专利数量

根据 incoPat 数据库，得出我国专利数量排前 36 位的高产科研院所（表 3-5）。表 3-5 显示，专利数量超过 30 000 件的中国科研院所只有一所，即中科院所，共产出专利 33 227 件，占比为 21.63%。中科院所是中国自然科学最高学术机构、科学技术最高咨询机构、自然科学与高技术综合研究发展中心。专利数量超过 3000 件的，还有排在第二位的工研院所（现台湾工业技术研究院），共产出专利 3798 件，占比为 2.47%。排在第三位的是中农科院，共产出专利 1466 件，占比为 0.95%。中农科院，即中国农业科学院，成立于 1957 年，是中央级综合性农业科研院所。专利产出超过 300 件的，还有：上海药研，产出专利 891 件，占比为 0.58%，排在第四位；中国水产，产出专利 821 件，占比为 0.53%，排在第五位；水电科研，产出专利 465 件，占比为 0.30%，排在第六位；矿冶研究，产出专利 391 件，占比为 0.25%，排在第七位；中国计量，产出专利 388 件，占比为 0.25%，排在第八位；天津药研，产出专利 349 件，占比为 0.23%。

表 3-5　专利数量排前 36 位的高产科研院所情况

序号	高产科研院所	专利数量/件	占比/%	序号	高产科研院所	专利数量/件	占比/%
1	中科院所-T	33 227	21.63	11	中热科院-T	244	0.16
2	工研院所-T	3 798	2.47	12	GAMI-T	237	0.15
3	中农科院-T	1 466	0.95	13	无线通信-T	188	0.12
4	上海药研-T	891	0.58	14	国家海洋-T	185	0.12
5	中国水产-T	821	0.53	15	山东农科-T	162	0.11
6	水电科研-T	465	0.30	16	黑龙江科-T	138	0.09
7	矿冶研究-T	391	0.25	17	车辆研究-T	129	0.08
8	中国计量-T	388	0.25	18	江苏原子-T	123	0.08
9	天津药研-T	349	0.23	19	隧道工程-T	111	0.07
10	中国工程-T	294	0.19	20	湖北农科-T	105	0.07

续表

序号	高产科研院所	专利数量/件	占比/%	序号	高产科研院所	专利数量/件	占比/%
21	中医科学-T	97	0.06	29	中央研究-T	58	0.04
22	山东科学-T	90	0.06	30	上海消防-T	56	0.04
23	云南农科-T	87	0.06	31	材保研究-T	56	0.04
24	湖南化工-T	84	0.05	32	广东自动-T	54	0.04
25	长沙矿冶-T	84	0.05	33	农业部环-T	53	0.03
26	总装备部-T	75	0.05	34	本草天源-T	51	0.03
27	上海材研-T	70	0.05	35	京市政院-T	47	0.03
28	食品工业-T	64	0.04	36	上海纺织-T	43	0.03

注：表中的 T 代表科研院所。标准化申请人的全称参见附表 8。

二、高产科研院所的专利年度发展趋势

我们选取了专利数量排前 10 位的科研院所，绘制了其在 1985～2017 年的发展趋势（图 3-5）。

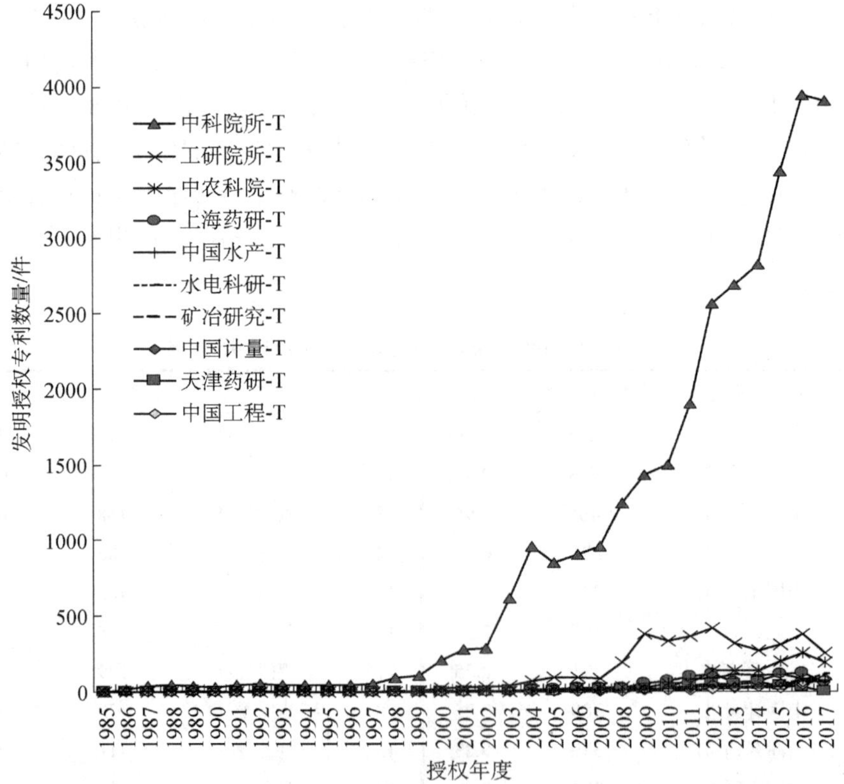

图 3-5　1985～2017 年前 10 位高产科研院所发明授权专利发展趋势

图 3-5 显示，各高产科研院所发明专利产出在相当长一段历史时期内的发展速度是比较缓慢的，这与高产公司和高产大学的年度发展趋势是一致的。各科研院所在 1985～2000 年专利产出速度低缓，而在 2001～2017 年专利产出总体呈加速的发展趋势。所以整体上我们将其划分为两个阶段：第一阶段为 1985～2000 年缓慢发展阶段；第二阶段为 2001～2017 年快速发展阶段。该图显示了中科院所专利产出在近 17 年突飞猛进的发展趋势。2001～2017 年，中科院所的专利数量远高于国内其他科研院所，其专利产出速度远快于国内其他科研院所。

1998 年，党中央、国务院做出建设国家创新体系的重大决策，决定由中国科学院开展“知识创新工程”试点工作。自 1998 年实施“知识创新工程”以来，中国科学院专利产出持续快速增长。

为了更清晰地显示第 2～第 10 位高产科研院所在 2001～2017 年的发展趋势，我们绘制了图 3-6。

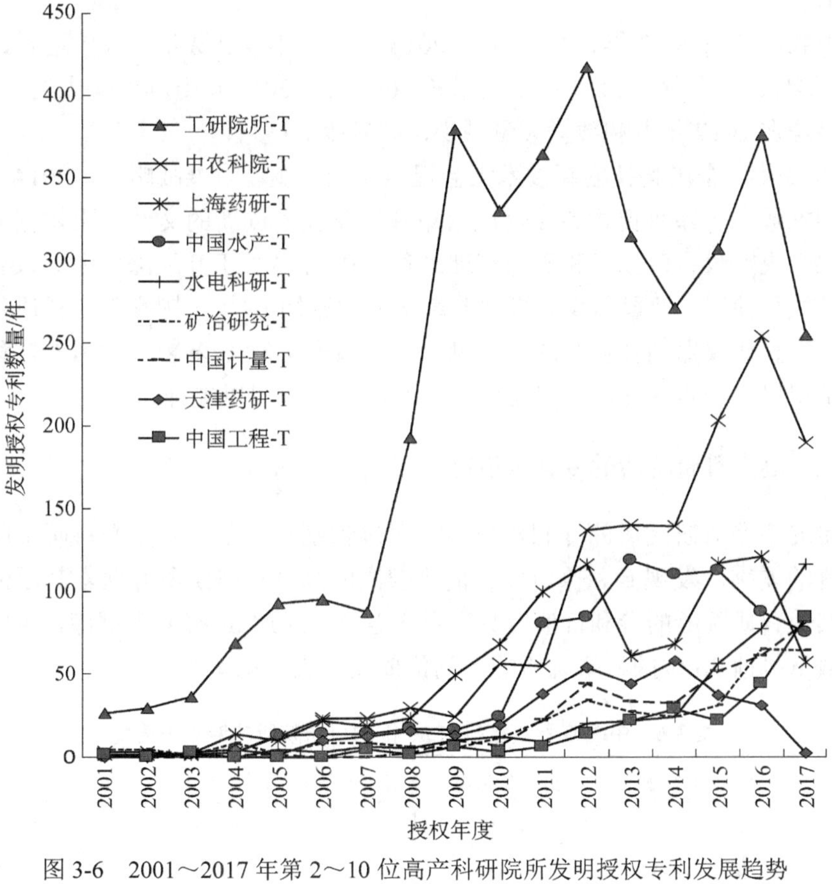

图 3-6　2001～2017 年第 2～10 位高产科研院所发明授权专利发展趋势

图3-6显示，2001～2017年，工研院所的专利数量比国内其他科研院所高。工研院所在2008～2009年，专利数量骤增，其中2008年专利增长100多件，2009年专利增长180多件。工研院所在2010年、2013年、2014年和2017年这四年专利数量大量减少，其中2010年专利减少大约50件，2013～2014年专利减少130多件，2017年专利减少120多件。

2008年，全球金融海啸给台湾经济特别是其高科技产业造成沉重打击，出现大量企业裁员、大量失业等社会问题。电子信息制造业作为台湾高科技产业的支柱产业，必须尽快转型升级。2009年，第八次“全台科技会议”提出“结合人文科技，提升生活品质；培育科技人力，有效运用人才；完备法规制度，整合科技资源；追求学术卓越，强化社会关怀；加强技术创新，完善产业环境；结合科技能量，促进可持续发展”六项策略（张起燕和费晓成，2016）。2009年以来，科研院所的技术创新能力得以提高，工研院所的专利数量也在2008～2009年骤增。

中农科院在2012年、2015年和2016年这三年专利数量有较大增长，2012年专利增长70多件，2015年专利增长50多件，2016年专利增长大约50件。中农科院在2017年专利数量大量减少，共减少60多件。

2012年，全国科技创新技术大会提出“创新驱动发展战略”。2014～2015年，国家颁布一系列促进科技体制改革和科学技术创新的文件，比如《关于改进加强中央财政科研项目和资金管理的若干意见》《关于开展深化中央级事业单位科技成果使用、处置和收益管理改革试点的通知》《关于国家重大科研基础设施和大型科研仪器向社会开放的意见》等一系列文件（汤晓瑜，2017）。科研院所改革得以进一步深化，科研院所的专利产出水平得以提升。

三、高产科研院所的专利价值度

研究高产科研院所的专利价值度，通过识别和判断不同高产科研院所专利价值度的差别，发现专利价值度数值比较高的高产科研院所并探索其原因，对提高其他科研院所的专利价值度具有重大意义。通过incoPat数据库，得出中国专利数量排前36位的科研院所的专利价值度（表3-6）。

表3-6　中国专利数量排前36位的科研院所的专利价值度

序号	高产科研院所	专利价值度	序号	高产科研院所	专利价值度
1	食品工业-T	8.95	3	中央研究-T	8.58
2	本草天源-T	8.85	4	湖南化工-T	8.52

续表

序号	高产科研院所	专利价值度	序号	高产科研院所	专利价值度
5	无线通信-T	8.38	21	中农科院-T	6.92
6	工研院所-T	8.35	22	长沙矿冶-T	6.84
7	天津药研-T	8.13	23	云南农科-T	6.43
8	车辆研究-T	7.84	24	山东科学-T	6.40
9	上海材研-T	7.66	25	材保研究-T	6.39
10	上海药研-T	7.63	26	中热科院-T	6.32
11	广东自动-T	7.43	27	中国工程-T	6.29
12	上海纺织-T	7.40	28	国家海洋-T	6.21
13	湖北农科-T	7.36	29	水电科研-T	6.17
14	京市政院-T	7.32	30	中国水产-T	6.14
15	中医科学-T	7.18	31	中国计量-T	6.14
16	上海消防-T	7.13	32	江苏原子-T	6.02
17	矿冶研究-T	7.08	33	山东农科-T	6.01
18	隧道工程-T	7.04	34	黑龙江科-T	5.55
19	GAMI-T	6.94	35	总装备部-T	5.45
20	中科院所-T	6.93	36	农业部环-T	5.38

注：表中的 T 代表科研院所。标准化申请人的全称参见附表 8。

表 3-6 显示，高产科研院所中专利价值度最高的是食品工业，专利价值度为 8.95。排在第二位和第三位的分别是本草天源和中央研究：本草天源专利价值度为 8.85；中央研究专利价值度为 8.58。高产科研院所专利价值度超过 8.00 的还有湖南化工、无线通信、工研院所和天津药研：湖南化工，专利价值度为 8.52，排在第四位；无线通信，专利价值度为 8.38，排在第五位；工研院所，专利价值度为 8.35，排在第六位；天津药研，专利价值度为 8.13，排在第七位。车辆研究，专利价值度为 7.84，排在第八位。上海材研和上海药研分别排在第九位和第十位，专利价值度分别为 7.66 和 7.63。

在专利数量排名前 36 位的科研院所当中，专利价值度较高的主要集中在食品工业、医药、化工、通信和微电子技术等行业领域。

本章参考文献

胡锦涛. 2006. 坚持走中国特色自主创新道路 为建设创新型国家而努力奋斗：在全国科学技术大会上的讲话. http：//www.gov.cn/ldhd/2006-01/09/content_152487.htm［2006-01-09］.

黄涛. 2010. 中国科技体制改革面临六大突出问题. 科技导报，28（2）：118-119.
李冰. 2015. 高新技术企业专利证券化的专利价值评估研究. 北京交通大学硕士学位论文.
李睿，周维，容军凤，等. 2015. 高价值企业专利的被引特征分析：以世界500强企业专利为例. 情报学报，34（9）：899-911.
刘卓荣，陈志宝. 2018. 公益性科研机构专利知识产权转移价值分析. 中国科技纵横，（1）：208-209.
桑芝芳，王向红. 2017. 南京邮电大学与江苏大学专利运营对比研究.中国发明与专利，14（9）：66-69.
汤晓瑜. 2017. 建国以来我国科技体制改革的历史与经验研究. 湘潭大学硕士学位论文.
万晓玲，陈宏民，周军. 2009. 上海高校专利转化率低下的瓶颈突破及对策. 上海交通大学学报（哲学社会科学版），（4）：77-82.
徐晓亮. 2007. 高校专利创造活动影响因素实证研究. 大连理工大学硕士学位论文.
张平，黄贤涛. 2011a. 高校专利技术转化问题研究. 中国高校科技与产业化，（4）：26-28.
张平，黄贤涛. 2011b. 高校专利技术转化模式研究. 中国高校科技，（7）：13-15.
张起燕，费晓成. 2016. 2008—2012年间台湾科技政策的转向. 海峡科技与产业，（6）：29-32.
Bercovitz J，Feldman M，Feller l，et al. 2001. Organizational structure as a determinant of academic patent and licensing behavior：An exploratory study of duke，Johns Hopkins，and Pennsylvania State Universities. Journal of Technology Transfer，26：21-35.
Siegel D S，Waldman D A，Atwater L E，et al. 2003. Commercial knowledge transfer from universities to firms：Improving the effectiveness of university-industry collaboration. Journal of High Technology Management Research，14（1）：111-133.

第四章　技术分类–专利价值度分析

专利作为无形资产的一种，越来越多地参与到经济行为中，专利权交易、知识产权投资、专利融资等活动都需要对专利价值进行科学合理准确的评估。专利价值受多方面因素的影响，其主要的影响因素分为技术因素、法律因素、经济和企业因素三类，不同专利的价值有很大的差别（Hall et al.，2005），而专利价值度的高低是专利维持、转化等经济决策的重要依据，更是科技创新产出客观、准确的度量（李清海等，2007）。

对专利价值度的分析可以从多个维度进行，比如时间–专利价值度、地域–专利价值度、技术分类–专利价值度等，本章将针对技术分类–专利价值度这一维度进行分析。分析不同技术分类的专利价值度，有助于我们了解各行各业中专利价值的分布情况，为研究各产业的发展态势提供参考，对理解中国经济增长特征具有重要的现实意义。

根据专利申报机构的不同，本章划分为三个小节，分别对产业、大学、科研院所三类申报单位的专利进行技术分类–专利价值度分析。

第一节　产业的技术分类–专利价值度分析

进入知识经济时代，以专利为核心的知识产权逐渐成为各企业保持持续创新能力和赢得竞争优势的重要资产（侯媛媛等，2012）。产业成为技术创新的主体，是创新活动的组织者、创新价值的创造者，也是促进科技成果向市场价值转化的直接推动者。对各产业的专利价值度进行分析，可以从整体上了解产业发展的状况（黄立业等，2015），从而为各创新主体进行科技决策和制定经济发展战略提供事实性数据支撑。

一、国民经济门类–专利价值度

（一）国民经济门类

《国民经济行业分类》（GP/T 4754—2017）是我国国家行业标准分类，分为门类、大类、中类和小类四个层次，其中门类是分类标准的第一个层次，共有 20 个门类（用字母 A 到 T 表示）。对产业的发明授权专利进行检索，并将其按照

《国民经济行业分类》（GP/T 4754—2017）中各门类分类，可以得到各门类的专利数量列表（表 4-1）。表 4-1 按照各门类专利数量由多到少的顺序，排列出各门类的专利数量及所占比例。

表 4-1　产业各国民经济各门类发明授权专利数量和占比

序号	国民经济门类	专利数量/件	比例/%
1	C	985 512	85.17
2	I	132 312	11.43
3	E	20 010	1.73
4	D	11 567	1.00
5	A	5 617	0.49
6	OTH	1 083	0.09
7	B	1 053	0.09

注：①表中代码含义详见附表 1；②因四舍五入原因，计算所得数值有时与实际数值有些微出入，特此说明。

表 4-1 显示，在国民经济的 20 个门类中，产业发明授权专利数量最多的门类是 C 门类，共 985 512 件，占所有专利的比例为 85.17%，占有绝对优势。排在第二位的门类是 I 门类，共 132 312 件，所占比例为 11.43%。这两个门类占据了产业发明授权专利的绝大部分，其他门类占比均不足 2%。

（二）不同国民经济门类的专利价值度

专利价值度是专利价值量化的表现形式，是对科技产出科学、准确的度量。专利价值度是一个 0～10 的数值，若数值为 0，则表示已申请专利没有价值，若得分为 10 则表示专利价值度达到最高级别。表 4-2 列出了不同国民经济门类对应不同专利价值度所拥有的产业发明授权专利数量。表格中第一行列出了国民经济各门类，第一列则是专利价值度数值由 1 到 10 的排列，如表格中第 4 行第 2 列对应的数字为 21 621，则表示 C 门类中专利价值度为 3 的产业发明授权专利为 21 621 件。

表 4-2　产业国民经济门类-专利价值度矩阵　　单位：件

专利价值度 \ 国民经济门类	C	I	E	D	A	OTH	B
1	101	0	3	4	3	0	0
2	9 910	188	260	150	178	3	17

续表

专利价值度 \ 国民经济门类	C	I	E	D	A	OTH	B
3	21 621	1 432	353	258	215	4	30
4	23 430	3 482	328	255	243	13	30
5	15 046	1 919	217	167	145	17	15
6	219 547	16 445	6 295	2 608	1 462	297	223
7	248 872	21 344	5 945	3 255	1 367	348	273
8	202 284	29 085	3 563	2 442	993	143	197
9	198 860	43 632	2 643	1 986	884	221	231
10	45 841	14 785	403	442	127	37	37

注：表中代码含义详见附表 1。

表 4-2 显示，产业发明授权专利的专利价值度多集中在 6～9。C 门类中，专利价值度为 7 的产业发明授权专利最多，共 248 872 件，C 门类专利价值度在 6～9 的分布较均匀，均对应 200 000 件左右的产业发明授权发明专利。在 I 门类中，专利价值度为 9 的产业发明授权专利最多，共 43 632 件，显著多于排在第二位的专利价值度为 8 的专利数量，该门类专利价值度在 7 及以上的产业发明授权专利超过 80%，大部分专利的专利价值度数值较高，说明该门类的产业处于高质量发展阶段。

表 4-3 列出了国民经济各门类的产业发明授权专利价值度，该项数值是以各专利价值度对应的专利数量为权重计算出的专利价值度加权平均值，反映各门类整体的专利价值度水平。表 4-3 显示，专利价值度最高的门类是 I 门类，专利价值度为 7.93，显著高于其他门类，排在第二位的是 C 门类，专利价值度为 7.29。

表 4-3　产业各国民经济各门类的专利价值度

序号	国民经济门类	专利价值度
1	I	7.93
2	C	7.29
3	OTH	7.27
4	B	7.21
5	D	7.19
6	E	6.98
7	A	6.80

注：表中代码含义详见附表 1。

二、国民经济大类-专利价值度

（一）国民经济大类

大类是《国民经济行业分类》（GP/T 4754—2017）的第二个层次，共有 97 个大类。表 4-4 选取了产业发明授权专利占比不少于 0.01%的 42 个大类，分别列出其专利数量和所占的比例。

表 4-4　产业各国民经济大类发明授权专利数量和占比（Top 42）

序号	国民经济大类	专利数量/件	占比/%
1	C39	138 234	11.93
2	I63	132 518	11.44
3	C38	132 427	11.43
4	C26	130 146	11.23
5	C34	129 252	11.16
6	C40	93 573	8.08
7	C35	71 426	6.16
8	C33	62 194	5.37
9	C27	45 369	3.92
10	C31/32	39 380	3.40
11	C36	22 350	1.93
12	C30	21 759	1.88
13	E48	14 473	1.25
14	C37	12 816	1.11
15	C14	11 890	1.03
16	C25	11 498	0.99
17	D46	10 726	0.93
18	C17	9 428	0.81
19	C23	8 756	0.76
20	C41	8 040	0.69
21	C24	7 495	0.65
22	C13	5 497	0.47
23	C15	5 132	0.44
24	C21	4 121	0.36

续表

序号	国民经济大类	专利数量/件	占比/%
25	A01	3 726	0.32
26	C22	3 532	0.30
27	E47	3 178	0.27
28	C16	2 949	0.25
29	C28	2 616	0.23
30	C29	2 081	0.18
31	E50	2 040	0.18
32	C20	1 873	0.16
33	C42	1 448	0.12
34	C19	1 340	0.12
35	B08/09	1 057	0.09
36	C18	989	0.09
37	D44	863	0.07
38	A04	756	0.07
39	A03	671	0.06
40	E49	387	0.03
41	A01/02	341	0.03
42	A02	136	0.01

注：表中代码含义详见附表 2。

表 4-4 显示，C39 大类拥有最多的产业发明授权专利，共计 138 234 件，所占比例为 11.93%。另外还有四个大类的产业发明授权专利占比超过 11%，分别是 I63 大类、C38 大类、C26 大类和 C34 大类。在企业发明授权专利数量排名前 10 的大类中，有 9 个属于 C 门类，说明了产业专利的发明授权绝大部分集中在 C 门类。

（二）不同国民经济大类的专利价值度

表 4-5 是国民经济各大类专利价值度列表。表中专利价值度数值按照从大到小的顺序排列，选取了位置靠前的 42 个大类列入表中。

表 4-5 产业各国民经济大类的专利价值度（Top 42）

序号	国民经济大类	专利价值度	序号	国民经济大类	专利价值度
1	I63	7.93	3	C28	7.60
2	C27	7.86	4	C39	7.60

续表

序号	国民经济大类	专利价值度	序号	国民经济大类	专利价值度
5	C26	7.53	24	C15	7.06
6	C13	7.51	25	C24	7.05
7	C25	7.49	26	C36	7.04
8	C22	7.43	27	C37	7.04
9	C17	7.39	28	C34	7.04
10	C38	7.31	29	E50	7.03
11	C41	7.30	30	C35	7.00
12	C23	7.26	31	C18	7.00
13	C42	7.26	32	E47	6.99
14	C14	7.25	33	E48	6.98
15	C16	7.23	34	C33	6.95
16	B08/09	7.21	35	C21	6.94
17	D46	7.20	36	A03	6.89
18	C31/32	7.18	37	A01	6.84
19	C40	7.15	38	A02	6.82
20	C29	7.15	39	E49	6.82
21	C30	7.11	40	A01/02	6.78
22	D44	7.11	41	C19	6.78
23	C20	7.11	42	A04	6.56

注：表中代码含义详见附表 2。

表 4-5 显示，产业专利价值度最高的大类是 I63 大类，专利价值度为 7.93，其次是 C27 大类，专利价值度为 7.86。专利价值度超过 7.5 的大类共有 6 个，分别是 I63、C27、C28、C39、C26 和 C13，专利价值度大于等于 7 的大类共有 31 个，约占大类总数的 32%。

三、IPC 部–专利价值度

（一）IPC 部

IPC 是国际专利分类（International Patent Classification）的缩写，IPC 以等级形式将与发明专利有关的全部技术和知识领域按照部、分部、大类、小类、大组和小组逐级分类，其中部处于最高等级，IPC 表中共有八个部，分别用 A～

H 的大写字母表示。将产业发明授权专利按照 IPC 部分类，所得到的各部专利数量和所占比例见表 4-6。

表 4-6　产业各 IPC 部发明授权专利数量和占比

序号	IPC 部	专利数量/件	占比/%
1	H	303 893	22.65
2	B	254 181	18.94
3	G	247 673	18.46
4	C	226 955	16.91
5	A	121 168	9.03
6	F	101 753	7.58
7	E	57 939	4.32
8	D	28 262	2.11

注：表中代码含义详见附表 3。

表 4-6 显示，H 部的产业发明授权专利最多，共 303 893 件，所占比例为 22.65%。排在第二位、第三位的是 B 部和 G 部，分别包含专利 254 181 件和 247 673 件，占比为 18.94%和 18.46%，D 部所含专利数最少，共 28 262 件，仅占所有专利的 2.11%。表中 H、B、G 和 C 四个部的产业发明授权专利数均超过 200 000 件，四个部所占比例之和超过 76%，说明产业发明授权专利大多集中在这四个部。

（二）不同 IPC 部的专利价值度

表 4-7 列出了不同 IPC 部和不同专利价值度所对应的企业发明授权专利数量。第一列数字 1～10 表示的是专利的价值度，第二行 8 个大写字母表示 8 个不同的 IPC 部。表 4-7 体现了不同 IPC 部的专利数量随专利价值度变化的分布。

表 4-7　产业 IPC 部–专利价值度矩阵　　单位：件

IPC 部 / 专利价值度	H	B	G	C	A	F	E	D
1	6	48	9	25	24	8	16	6
2	1 177	3 265	1 138	2 182	1 801	1 094	730	356
3	4 345	5 128	4 242	5 282	3 210	2 765	1 138	904
4	7 954	5 220	6 421	5 519	3 599	2 342	1 104	826

续表

专利价值度 \ IPC 部	H	B	G	C	A	F	E	D
5	4 502	3 353	3 742	3 892	2 513	1 451	674	566
6	48 732	62 055	58 992	27 866	17 897	22 966	15 690	4 097
7	60 797	76 255	47 361	63 772	30 833	30 510	17 909	8 309
8	62 891	48 322	52 841	52 217	25 223	20 051	10 714	5 947
9	86 603	41 873	59 505	52 922	27 641	16 795	8 516	5 846
10	26 886	8 662	13 422	13 278	8 427	3 771	1 448	1 405

注：表中代码含义详见附表 3。

表 4-7 显示，各 IPC 部的产业专利价值度多集中在 6～9，其中 H 部含有最多专利价值度为 9 的专利，共 86 603 件，专利价值度为 8 和 7 的专利分别含有 62 891 件和 60 797 件，H 部的专利价值度多集中在较大的数值上。在 B 部中，对应专利数量最多的两个专利价值度是 6 和 7，分别对应 62 055 件和 76 255 件专利，占据 B 部专利总数的一半以上。在 G 部中，专利数量在专利价值度 6～9 分布较均匀，均包含 45 000～60 000 件专利，显著多于其他专利价值度数值对应的专利数量。

表 4-8 由大到小列出了各 IPC 部对应的专利价值度，其中 H 部所含的专利价值度最高，数值为 7.70。其次是 C 部、G 部和 A 部，对应专利价值度分别为 7.50、7.42 和 7.41。表中各 IPC 部对应的专利价值度均超过 7，相邻专利价值度的差值不超过 0.2，可见各 IPC 部专利价值度相近。对比各项国民经济门类的专利价值度可以得出，与按照国民经济门类对专利进行分类相比，按照 IPC 部分类所得到的专利价值度区分度较差。

表 4-8　产业 IPC 各部专利价值度

序号	IPC 部	专利价值度
1	H	7.70
2	C	7.50
3	G	7.42
4	A	7.41
5	D	7.31
6	F	7.15
7	B	7.14
8	E	7.06

注：表中代码含义详见附表 3。

四、IPC 大类-专利价值度

（一）IPC 大类

IPC 大类是将专利在部的基础上，按照不同的技术主题特点进行的更为细致的分类，通常用二位数标记（中国专利局审查-部分类审查室，1991），目前 IPC 表中有 450 个大类。在表 4-9 中，将产业发明授权专利按照 IPC 大类分类，并按照专利数量由大到小的顺序列出了前 50 个大类的专利数量及其所占比例。

表 4-9 产业各 IPC 大类发明授权专利数量和占比（Top 50）

序号	IPC 大类	专利数量/件	占比/%	序号	IPC 大类	专利数量/件	占比/%
1	H04	143 977	10.73	19	B29	19 834	1.48
2	H01	97 850	7.29	20	C22	19 477	1.45
3	G06	93 280	6.95	21	B60	17 985	1.34
4	G01	77 967	5.81	22	G05	17 210	1.28
5	A61	55 150	4.11	23	C12	17 039	1.27
6	H02	43 657	3.25	24	C01	16 031	1.19
7	C07	41 985	3.13	25	E04	15 982	1.19
8	C08	40 844	3.04	26	C04	15 820	1.18
9	B23	37 068	2.76	27	C10	15 781	1.18
10	B01	35 167	2.62	28	C02	15 488	1.15
11	C09	29 664	2.21	29	G09	15 459	1.15
12	F16	28 355	2.11	30	F24	15 143	1.13
13	B65	27 460	2.05	31	E21	14 656	1.09
14	G02	26 486	1.97	32	C21	13 852	1.03
15	A23	23 325	1.74	33	D06	12 928	0.96
16	A01	20 966	1.56	34	B22	12 611	0.94
17	B21	20 749	1.55	35	A47	10 814	0.81
18	H05	20 678	1.54	36	B66	10 742	0.80
37	F21	10 478	0.78	44	G03	8 903	0.66
38	E02	10 457	0.78	45	E01	8 800	0.66
39	C23	10 252	0.76	46	G08	8 701	0.65
40	B32	9 878	0.74	47	B25	8 382	0.62
41	H03	9 410	0.70	48	G11	7 527	0.56
42	F04	9 360	0.70	49	B62	6 935	0.52
43	F25	8 904	0.66	50	B24	6 845	0.51

注：表中代码含义详见附表 4。

表 4-9 显示，H04 大类（代表电通信技术）所含的专利数量最多，共 143 977 件，占比为 10.73%，远高于排在第二位的 H01 大类（表示基本电器元件）。专利数量占比超过 5%的大类仅有 4 个，分别是 H04、H01、G06 和 G01，这四个大类的专利数占全部 450 个大类专利数的 30.78%。专利数量占比超过 2%的大类共 13 个，占比超过 1%的有 32 个，可见产业发明授权专利在各大类中分布并不均匀，仅集中在为数不多的几个大类中。

（二）不同 IPC 大类的专利价值度

表 4-10 列出了产业专利价值度排在前 50 的 IPC 的大类。可以看出，表 4-10 与表 4-9 有很大不同，可理解为一些含有专利数量较多的大类的专利价值度不一定高，而一些专利数量较少的大类专利价值度却较高，这也说明了专利的数量和质量是两个概念，数量多不代表质量高。

表 4-10　产业各 IPC 大类的专利价值度（Top 50）

序号	IPC 大类	专利价值度	序号	IPC 大类	专利价值度
1	H04	7.92	20	C23	7.41
2	G02	7.87	21	B29	7.39
3	C08	7.84	22	G11	7.38
4	F21	7.79	23	H05	7.38
5	G09	7.75	24	A23	7.36
6	A61	7.74	25	C21	7.33
7	C07	7.68	26	C01	7.32
8	G03	7.66	27	H02	7.32
9	B32	7.64	28	C02	7.31
10	C12	7.64	29	C04	7.26
11	H01	7.63	30	B22	7.24
12	C09	7.61	31	G05	7.22
13	C10	7.57	32	G01	7.21
14	H03	7.56	33	B60	7.19
15	G06	7.52	34	A01	7.16
16	B01	7.48	35	F25	7.13
17	C22	7.46	36	F16	7.12
18	D06	7.44	37	E21	7.11
19	G08	7.43	38	E01	7.11

续表

序号	IPC 大类	专利价值度	序号	IPC 大类	专利价值度
39	E04	7.09	45	B21	7.03
40	B24	7.08	46	A47	7.02
41	B66	7.06	47	B62	6.99
42	F24	7.05	48	B23	6.98
43	F04	7.04	49	B65	6.97
44	E02	7.04	50	B25	6.88

注：表中代码含义详见附表 4。

表 4-10 显示，产业专利价值度最高的是 H04 大类（代表电通信技术），专利价值度为 7.92，H04 大类的专利数量同样是最多的，说明该大类的专利数量多且质量高，这与近几年国内手机通信行业的蓬勃发展是分不开的。产业专利价值度高于 7.8 的大类共三个，分别是 H04、G02 和 C08，其对应的专利价值度分别为 7.92、7.87 和 7.84。产业专利价值度高于 7.0 的大类共 46 个，整体上表中各大类专利价值度数值相差不大。在表 4-9 中排在第二位的 H01 大类在表 4-10 中排在第 11 位，说明该大类专利数量虽多，但专利价值度却不是很高。在专利价值度表中排在第二位的大类 G02 在专利数量表中却排在第 14 位，说明光学方面的专利虽然数量相对较少，但专利价值度较高。

五、IPC 小类-专利价值度

（一）IPC 小类

小类是 IPC 表中大类之下的一个等级，处于第三等级，每个大类包含一个或多个小类。小类类号用大写字母标记，如 B64C 表示“飞机；直升飞机”，这里的 C 就是小类类号。据统计，目前 IPC 小类共包含约 15 万个（中国专利局审查-部分类审查室，1991）。通过各小类的类名，并结合小类的有关参见或附注尽可能精确地定义该小类所包括的主题范围，目前全部小类约 15 万个。表 4-11 是将产业发明授权专利按照 IPC 小类分类后得到的专利数量排在前 50 位的 IPC 小类及其所占比例的列表。

表 4-11　产业各 IPC 小类发明授权专利数量和占比（Top 50）

序号	IPC 小类	数量/件	占比/%	序号	IPC 小类	数量/件	占比/%
1	G06F	76 425	5.70	3	H01L	43 657	3.25
2	H04L	68 782	5.13	4	A61K	36 786	2.74

续表

序号	IPC 小类	数量/件	占比/%	序号	IPC 小类	数量/件	占比/%
5	H04W	34 447	2.57	28	A23L	12 677	0.94
6	A61P	32 056	2.39	29	H05K	12 667	0.94
7	G01N	26 774	2.00	30	B23P	11 623	0.87
8	H04N	25 911	1.93	31	B65G	11 288	0.84
9	C08L	22 424	1.67	32	G05B	11 065	0.82
10	C07C	20 654	1.54	33	G09G	10 628	0.79
11	C08K	18 508	1.38	34	C08G	10 356	0.77
12	B01D	17 673	1.32	35	F21V	9 967	0.74
13	G01R	17 636	1.31	36	C01B	9 922	0.74
14	B29C	17 250	1.29	37	B32B	9 878	0.74
15	H04B	16 957	1.26	38	H01R	9 631	0.72
16	B01J	16 455	1.23	39	E21B	9 500	0.71
17	C04B	15 820	1.18	40	C08F	9 347	0.70
18	C02F	15 488	1.15	41	B21D	9 336	0.70
19	G02F	15 162	1.13	42	G06K	9 298	0.69
20	H02J	14 202	1.06	43	C12N	9 206	0.69
21	H04M	13 810	1.03	44	C21D	8 486	0.63
22	C22C	13 758	1.03	45	F24F	8 411	0.63
23	C07D	13 715	1.02	46	C09K	8 213	0.61
24	C09D	13 433	1.00	47	B23Q	8 106	0.60
25	B23K	13 312	0.99	48	H04Q	8 101	0.60
26	H01M	13 214	0.98	49	C10G	8 034	0.60
27	G02B	13 038	0.97	50	C23C	7 779	0.58

注：表中代码含义详见附表 5。

表 4-11 显示，产业发明授权专利最多的两个小类是 G06F 和 H04L，专利数量分别为 76 425 件和 68 782 件，专利所占比例均超过 5%，专利数量显著高于其他小类，两个小类的专利总和占所有专利的 10.83%。专利所占比例大于等于 2%的小类有 7 个，大于等于 1%的有 24 个，表中 50 个小类的专利数占所有专利的 64.90%，大部分的产业发明申报专利集中在这 50 个小类中。

（二）不同 IPC 小类的专利价值度

表 4-12 列出了产业专利价值度排在前 50 位的各小类及其对应的专利价值度。对比大类的专利价值度表格可以看出，分类越细，专利价值度的区分程度

越好，同样选取专利价值度排在前 50 位的大类和小类，按照 IPC 小类划分的专利价值度将取得更大的专利价值度。

表 4-12　产业各 IPC 小类的专利价值度（Top 50）

序号	IPC 小类	专利价值度	序号	IPC 小类	专利价值度
1	H04W	8.20	26	G06K	7.61
2	G02F	8.20	27	C22C	7.56
3	H04L	8.02	28	G02B	7.55
4	A61P	8.00	29	G06F	7.52
5	H04Q	7.99	30	C21D	7.52
6	H04B	7.98	31	C23C	7.47
7	A61K	7.94	32	A23L	7.43
8	C08K	7.94	33	C01B	7.41
9	C08L	7.93	34	B29C	7.39
10	G09G	7.92	35	H05K	7.38
11	H01L	7.92	36	H02J	7.38
12	C08F	7.87	37	B01D	7.35
13	F21V	7.78	38	C02F	7.31
14	C12N	7.78	39	G01N	7.28
15	C08G	7.78	40	G01R	7.27
16	H04M	7.72	41	C04B	7.26
17	H04N	7.71	42	G05B	7.22
18	C07C	7.71	43	H01R	7.19
19	C10G	7.71	44	B23K	7.14
20	B01J	7.69	45	E21B	7.07
21	C07D	7.66	46	F24F	7.06
22	H01M	7.65	47	B23P	6.97
23	B32B	7.64	48	B21D	6.95
24	C09D	7.62	49	B23Q	6.83
25	C09K	7.61	50	B65G	6.83

注：表中代码含义详见附表 5。

表 4-12 显示，专利价值度最大的两个小类是 H04W 和 G02F，专利价值度均为 8.20，而表 4-11 中这两个小类的专利数量却分别排在第 5 位和第 19 位，

这说明这两个小类的产业发明授权专利虽然数量相对较少，但其专利价值度较高。在专利价值度排名前 50 的小类中，专利价值度在 7～8[①]的小类有 42 个，说明对于高专利价值度的小类，其专利价值度主要集中在 7～8。

六、IPC 大组–专利价值度

（一）IPC 大组

大组是对 IPC 小类的进一步细分。表 4-13 列出了专利数量排前 50 位的各 IPC 大组及其专利数量和占比。如表 4-13 所示，专利数量占比超过 1%的大组有 9 个，专利数量占比超过 0.5%的大组有 29 个。

表 4-13　产业各 IPC 大组发明授权专利数量和占比（Top 50）

序号	IPC 大组	数量/件	占比/%	序号	IPC 大组	数量/件	占比/%
1	H04L12	35 240	2.63	21	H01L27	7 931	0.59
2	H04L29	33 038	2.46	22	C08L23	7 849	0.58
3	H01L21	24 304	1.81	23	H04L1	7 444	0.55
4	G06F17	23 180	1.73	24	C02F1	7 380	0.55
5	G06F3	19 228	1.43	25	H04N7	7 289	0.54
6	A61K31	15 322	1.14	26	C09D7	7 156	0.53
7	G02F1	15 142	1.13	27	G06F1	7 135	0.53
8	A61K36	14 966	1.12	28	G06F11	6 929	0.52
9	A61K9	13 916	1.04	29	A61P31	6 924	0.52
10	C08K3	13 066	0.97	30	H01M10	6 601	0.49
11	G06F9	12 159	0.91	31	H04W4	6 547	0.49
12	C08K5	11 296	0.84	32	H04W88	6 522	0.49
13	G01R31	11 020	0.82	33	C22C38	6 452	0.48
14	H04N5	9 541	0.71	34	H04N21	6 411	0.48
15	C08K13	9 358	0.70	35	B01D53	6 388	0.48
16	G09G3	9 239	0.69	36	H01R13	6 316	0.47
17	G05B19	8 898	0.66	37	H04B7	6 214	0.46
18	H04M1	8 826	0.66	38	C02F9	6 167	0.46
19	A23L1	8 736	0.65	39	A61K47	6 143	0.46
20	H01L23	8 461	0.63	40	G01N21	5 910	0.44

① 本书所述范围均按左闭右开区间处理。

续表

序号	IPC 大组	数量/件	占比/%	序号	IPC 大组	数量/件	占比/%
41	C09D5	5 757	0.43	46	H02J3	5 427	0.40
42	G01N33	5 701	0.42	47	C12R1	5 341	0.40
43	H04L9	5 558	0.41	48	H02J7	5 337	0.40
44	A61P1	5 511	0.41	49	A61K35	5 289	0.39
45	H04W24	5 474	0.41	50	C04B35	5 266	0.39

注：表中代码含义详见附表 6。

表 4-13 显示，拥有专利数量最多的两个大组是 H04L12 和 H04L29，均属于 H04L 小类，专利数量分别为 35 240 件和 33 038 件，占比分别为 2.63%和 2.46%，专利数量显著高于排在第三位的 H01L21 大组，H01L21 大组专利数量为 24 304 件。表中专利数量超过 30 000 件的仅两个大组，超过 10 000 件的有 13 个大组，专利数量最多的前 50 个大组的专利占总专利数的 36.90%，相比按照小类划分专利数量的分布较为均匀。

（二）不同 IPC 大组的专利价值度

表 4-14 列出了产业专利价值度最大的 50 个大组及其专利价值度。随着分类的进一步细化，各项专利将分属在更多的类别中。同样取专利价值度排名前 50 的大组，选取到更多高专利价值度的大组。

表 4-14　产业各 IPC 大组的专利价值度（Top 50）

序号	IPC 大组	专利价值度	序号	IPC 大组	专利价值度
1	h04w88	8.43	13	a61k47	8.08
2	h01l27	8.35	14	h04l29	8.01
3	h04b7	8.30	15	h01l21	8.00
4	h04l1	8.25	16	a61p1	8.00
5	g02f1	8.20	17	h04n7	7.99
6	h04w4	8.18	18	a61p31	7.99
7	h04l9	8.17	19	g09g3	7.96
8	h04w24	8.11	20	c08k13	7.95
9	h04l12	8.10	21	c08k5	7.95
10	a61k31	8.10	22	c08l23	7.94
11	h01l23	8.10	23	c08k3	7.91
12	a61k9	8.08	24	a61k36	7.89

续表

序号	IPC 大组	专利价值度	序号	IPC 大组	专利价值度
25	c12r1	7.87	38	g06f17	7.50
26	h04n21	7.82	39	h02j7	7.49
27	a61k35	7.80	40	c02f1	7.46
28	c22c38	7.69	41	g01n33	7.46
29	h01m10	7.67	42	g06f1	7.46
30	c09d5	7.66	43	g01n21	7.46
31	g06f3	7.65	44	g06f11	7.36
32	g06f9	7.62	45	g01r31	7.30
33	h04m1	7.60	46	g05b19	7.23
34	a23l1	7.59	47	h02j3	7.23
35	h04n5	7.55	48	c02f9	7.21
36	b01d53	7.54	49	h01r13	7.14
37	c09d7	7.54	50	c04b35	7.09

注：表中代码含义详见附表 6。

表 4-14 显示，产业专利价值度最高的大组是 H04W88，专利价值度为 8.43。专利价值度大于等于 8 的大组共 16 个，专利价值度大于等于 7.5 的大组共 38 个。专利价值度最高的 10 个大组有 7 个属于 H04 大类，其中 3 个属于 H04L 小类，3 个属于 H04W 小类，1 个属于 H04B 小类。

七、IPC 小组–专利价值度

（一）IPC 小组

小组是 IPC 的最后一个等级，表 4-15 列出了专利数量排在前 50 位的 IPC 小组及其专利数量和所占比例。表中专利数量超过 10 000 件的有 4 个小组，专利数量超过 5000 件的有 10 个小组，大部分小组的专利数量在 3000～4000。专利数量排在前 50 位的小组的专利之和占专利总量的 17.13%。

表 4-15　产业各 IPC 小组发明授权专利数量和占比（Top 50）

序号	IPC 小组	专利数量/件	占比/%	序号	IPC 小组	专利数量/件	占比/%
1	H04L29/06	20 211	1.51	4	H04L12/24	10 272	0.77
2	G06F17/30	16 535	1.23	5	H04L12/56	7 000	0.52
3	H04L29/08	12 875	0.96	6	C08K3/22	6 177	0.46

续表

序号	IPC 小组	专利数量/件	占比/%	序号	IPC 小组	专利数量/件	占比/%
7	C09D7/12	6 080	0.45	29	G05B19/418	3 327	0.25
8	C08K13/02	5 356	0.40	30	B23P15/00	3 286	0.24
9	H04L12/26	5 283	0.39	31	B29C47/92	3 272	0.24
10	G09G3/36	5 126	0.38	32	H05K7/20	3 115	0.23
11	H04M1/725	4 638	0.35	33	C08K3/26	3 109	0.23
12	A61P35/00	4 507	0.34	34	A61P31/04	3 075	0.23
13	C08K3/34	4 472	0.33	35	C08L23/06	3 069	0.23
14	H04L12/28	4 311	0.32	36	H01L31/18	3 047	0.23
15	H04L1/00	4 250	0.32	37	G02F1/1333	3 046	0.23
16	H02J7/00	4 233	0.32	38	A61P29/00	2 976	0.22
17	G06F17/50	3 986	0.30	39	A61P9/10	2 975	0.22
18	G06F9/445	3 951	0.29	40	C08K3/36	2 902	0.22
19	H05B37/02	3 869	0.29	41	H01L33/00	2 876	0.21
20	G06F3/041	3 750	0.28	42	A61K9/48	2 832	0.21
21	A61K9/20	3 700	0.28	43	G02F1/133	2 830	0.21
22	H04L9/32	3 564	0.27	44	G06K9/00	2 827	0.21
23	C08K3/04	3 524	0.26	45	H04L12/58	2 796	0.21
24	H01L21/336	3 508	0.26	46	G02F1/13357	2 743	0.20
25	G01R31/00	3 488	0.26	47	H04B7/26	2 737	0.20
26	H04L29/12	3 482	0.26	48	G01N30/02	2 733	0.20
27	G06F9/44	3 473	0.26	49	A23L1/29	2 697	0.20
28	F21Y101/02	3 416	0.25	50	H01L21/768	2 682	0.20

注：表中代码含义详见附表 7。

表 4-15 显示，专利数量最多的小组是 H04L29/06，共有专利数量 20 211 件，是唯一一个专利数量超过 20 000 件的小组，占比为 1.51%，另外 3 个专利数量超过 10 000 的小组分别是 G06F17/30、H04L29/08、H04L12/24，分别代表信息检索及其数据库结构、传输控制规程、用于维护或管理的装置。

（二）不同 IPC 小组的专利价值度

表 4-16 列出了产业专利价值度排在前 50 位的小组及对应的专利价值度数值。表中的专利价值度数值普遍较高，在选取的 50 个小组中，专利价值度均超

过 7，而专利价值度超过 8 的小组占 46%。

表 4-16　产业各 IPC 小组的专利价值度（Top 50）

序号	IPC 小组	专利价值度	序号	IPC 小组	专利价值度
1	H04B7/26	8.67	26	A61P31/04	7.96
2	G02F1/133	8.64	27	C08K13/02	7.93
3	H04L12/56	8.53	28	C08K3/04	7.93
4	A61K9/48	8.36	29	C08K3/22	7.91
5	A61P9/10	8.34	30	C08L23/06	7.90
6	H04L12/28	8.33	31	C08K3/34	7.90
7	H01L21/768	8.26	32	C08K3/26	7.90
8	G02F1/13357	8.24	33	A23L1/29	7.84
9	H04L9/32	8.24	34	H04L29/08	7.84
10	G02F1/1333	8.21	35	H01L33/00	7.81
11	H04L12/58	8.21	36	G06K9/00	7.76
12	A61K9/20	8.21	37	H04M1/725	7.74
13	H01L21/336	8.20	38	G06F9/445	7.69
14	H04L1/00	8.15	39	C09D7/12	7.64
15	H04L29/12	8.15	40	G06F17/30	7.60
16	F21Y101/02	8.12	41	G01N30/02	7.55
17	A61P35/00	8.12	42	H02J7/00	7.50
18	G09G3/36	8.12	43	H05B37/02	7.44
19	A61P29/00	8.11	44	G06F9/44	7.41
20	H04L29/06	8.11	45	H01L31/18	7.37
21	B29C47/92	8.07	46	G05B19/418	7.27
22	H04L12/24	8.05	47	G01R31/00	7.17
23	C08K3/36	8.02	48	H05K7/20	7.09
24	H04L12/26	7.98	49	G06F17/50	7.06
25	G06F3/041	7.97	50	B23P15/00	7.05

注：表中代码含义详见附表 7。

表 4-16 显示，专利价值度最大的 3 个小组是 H04B7/26、G02F1/133 和 H04L12/56，专利价值度分别为 8.67、8.64 和 8.53。在专利价值度排前 12 位的小组中有 3 个属于 G02F1 大组，3 个属于 H04L12 大组，4 个属于 H04L 小类。

第二节 大学的技术分类–专利价值度分析

我国共有产业（企业）、大学（高校）、科研单位、机关团体和个人五类专利权人（王珍愚等，2012）。大学作为产业之后的第二大专利权人，具有学术氛围强、科研条件优越、创新人才密集的特点。近几年来，大学的发明授权专利逐步增长，大学已经成为技术创新、知识创新的前沿阵地。对大学发明授权的专利进行专利价值度分析，不仅为衡量大学的创新能力提供了标准，对深化产学研合作、加强专利转化也具有极其重要的意义。

一、国民经济门类–专利价值度

（一）国民经济门类

表 4-17 将大学的发明授权专利按照国民经济各门类进行分类，并根据专利数量由多到少的顺序进行了排列，表中列出了各门类拥有的专利数量及所占比例。从整体数量上看，大学发明授权专利与产业发明授权专利的分布有很大差距。

表 4-17 大学各国民经济各门类发明授权专利数量和占比

序号	门类	专利数量/件	比例/%
1	C	415 800	89.65
2	I	25 741	5.55
3	D	8 419	1.81
4	E	6 489	1.40
5	A	5 524	1.19
6	OTH	1 231	0.27
7	B	602	0.13

注：表中代码含义详见附表 1。

表 4-17 显示出，大学发明授权专利绝大部分集中在 C 门类，共 415 800 件，占比为 89.65%。排在第二位的门类是 I 门类，共有专利 25 741 件，占比为 5.55%。C 和 I 两个专利数量最多的门类拥有的专利数量占总数的 95.20%，其余各门类专利的占比均不超过 2%。对比产业发明授权专利，大学发明授权专利中属于 C 门类的专利占比更多，而 I 门类占比却明显减少，说明相比大学，产业与 I 门类

具有更强的相关性。

（二）不同国民经济门类的专利价值度

表 4-18 是按照国民经济门类分类的大学发明授权专利的专利价值度矩阵，表中详细列出了各个门类在不同专利价值度下所拥有的专利数量。由表 4-18 可见，专利价值度在 6～7 的专利数量显著高于其他专利价值度的专利数量，即大学专利价值度集中在 6～7。

表 4-18 大学国民经济门类-专利价值度矩阵 单位：件

专利价值度＼国民经济门类	C	I	D	E	A	OTH	B
1	154	3	2	7	4	1	0
2	13 551	438	319	328	332	24	12
3	31 279	1 486	731	451	695	94	35
4	25 119	1 396	569	306	397	80	30
5	14 040	642	318	149	268	35	24
6	96 364	4 930	1 730	2 105	1 547	305	138
7	119 073	7 738	2 530	1 965	1 148	382	188
8	56 770	3 517	1 116	641	619	151	96
9	51 270	4 618	891	477	458	137	69
10	8 180	973	213	60	56	22	10

注：表中代码含义详见附表 1。

表 4-18 显示，C 门类中，专利价值度为 7 的大学发明授权专利最多，共 119 073 件，专利价值度为 6 的专利数量排在第二位，共 96 364 件。在 I 门类中，对应专利数量最多的两个专利价值度数值仍是 7 和 6，分别对应 7738 件和 4930 件专利。在各个门类中，专利数量的最大值均未出现在专利价值度 8～10，对比产业发明授权专利，大学发明授权专利在专利价值度 8～10 的占比更少。

表 4-19 显示，I 门类的专利价值度为 6.89，虽然该门类的专利数量排在第二位，但其专利价值度却最高。专利价值度排在第二位的是 B 门类，专利价值度为 6.65，而专利数量占据绝对优势的 C 门类专利价值度却排在第三位，其数值为 6.50。从整体上看，大学发明授权专利和产业发明授权专利相比专利价值度偏低，说明各高校在追求专利数量的同时，还应该注重专利的质量。

表 4-19　大学各国民经济门类的专利价值度

序号	国民经济门类	专利价值度
1	I	6.89
2	B	6.65
3	C	6.50
4	OTH	6.49
5	D	6.40
6	E	6.22
7	A	5.91

注：表中代码含义详见附表 1。

二、国民经济大类–专利价值度

（一）国民经济大类

将大学发明授权专利按照国民经济大类进行分类，从中选择专利数量最多的 42 个大类，将其对应的专利数量和所占比例列入表 4-20。

表 4-20　大学各国民经济大类发明授权专利数量和占比（Top 42）

序号	国民经济大类	专利数量/件	占比/%	序号	国民经济大类	专利数量/件	占比/%
1	C26	79 764	17.21	16	C24	4 701	1.01
2	C40	68 680	14.82	17	C37	4 612	1.00
3	C39	44 386	9.58	18	C17	3 455	0.75
4	C27	39 281	8.48	19	A01	3 382	0.73
5	C38	35 419	7.64	20	C25	3 127	0.67
6	C34	33 665	7.26	21	C13	2 759	0.60
7	C35	27 211	5.87	22	C15	1 954	0.42
8	I63	25 798	5.57	23	C28	1 952	0.42
9	C31/32	18 276	3.94	24	C41	1 615	0.35
10	C33	15 137	3.27	25	C22	1 204	0.26
11	C30	12 491	2.69	26	A04	1 099	0.24
12	D46	8 092	1.75	27	C21	1 079	0.23
13	C36	7 639	1.65	28	C42	964	0.21
14	E48	5 577	1.20	29	C20	851	0.18
15	C14	4 786	1.03	30	E47	642	0.14

续表

序号	国民经济大类	专利数量/件	占比/%	序号	国民经济大类	专利数量/件	占比/%
31	B08/09	604	0.13	37	C29	262	0.06
32	A03	528	0.11	38	C18	220	0.05
33	C23	479	0.10	39	C16	212	0.05
34	C19	440	0.09	40	E50	212	0.05
35	A01/02	405	0.09	41	A02	122	0.03
36	D44	334	0.07	42	E49	76	0.02

注：表中代码含义详见附表 2。

表 4-20 显示，大学发明授权专利最多的大类是 C26（代表化学原料和化学制品制造业），共有 79 764 件专利，占比为 17.21%。排在第二位的大类是 C40（代表仪器仪表制造业），拥有 68 680 件专利，占比为 14.82%。专利数量超过 10 000 件的大类共 11 个，其中 10 个属于 C 门类，这 11 个大类的专利数占总数的 86.33%。专利数量所占比例大于等于 1%的大类共 17 个，大学发明授权专利大多集中在这 17 个大类中，占总专利数量的 93.97%。

（二）不同国民经济大类的专利价值度

表 4-21 是国民经济大类的大学专利价值度列表，表中选取了专利价值度最大的 42 个大类，按照专利价值度从大到小的顺序将其依次排列。由表 4-21 可知，专利价值度大于等于 7 的大类仅 2 个，而表 4-5 中产业专利价值度大于等于 7 的大类却有 31 个，说明大学发明授权专利相比产业发明授权专利在专利价值度上有很大差距。

表 4-21　大学各国民经济大类的专利价值度（Top 42）

序号	国民经济大类	专利价值度	序号	国民经济大类	专利价值度
1	C28	7.09	10	C39	6.64
2	C17	7.00	11	C27	6.61
3	I63	6.89	12	C26	6.59
4	C20	6.78	13	C25	6.59
5	C22	6.74	14	C29	6.56
6	C14	6.69	15	C31/32	6.50
7	C38	6.67	16	C13	6.47
8	B08/09	6.65	17	C30	6.44
9	C41	6.65	18	C42	6.44

续表

序号	国民经济大类	专利价值度	序号	国民经济大类	专利价值度
19	C23	6.44	31	E48	6.25
20	C34	6.41	32	A04	6.10
21	C37	6.40	33	A03	6.03
22	C33	6.40	34	E47	6.01
23	D46	6.40	35	C16	5.97
24	D44	6.38	36	C21	5.95
25	C15	6.37	37	C18	5.94
26	C36	6.35	38	C24	5.87
27	C40	6.31	39	A01	5.85
28	E50	6.29	40	A02	5.79
29	C35	6.29	41	A01/02	5.77
30	C19	6.27	42	E49	5.66

注：表中代码含义详见附表 2。

三、IPC 部–专利价值度

（一）IPC 部

将大学发明授权专利按照 IPC 部进行分类，IPC 中共有 8 个部，各部所含的专利数量及占比按照从大到小的顺序排列在表 4-22 中。

表 4-22　大学各 IPC 部发明授权专利数量和占比

序号	IPC 部	专利数量/件	占比/%
1	C	150 212	26.97
2	G	122 810	22.05
3	B	87 650	15.74
4	H	76 342	13.71
5	A	64 749	11.62
6	F	26 421	4.74
7	E	19 269	3.46
8	D	9 536	1.71

注：表中代码含义详见附表 3。

表 4-22 显示，共有 2 个部的专利数量超过 10 万件，专利数量最多的 3 个

部分别是C部（代表化学；冶金）、G部（代表物理）、B部（代表作业；运输），分别拥有专利150 212件、122 810件和87 650件，所占比例分别为26.97%、22.05%和15.74%。表中有3个部的专利数量所占比例不足5%，分别是F部、E部和D部。

（二）不同IPC部的专利价值度

表4-23列出了各部在不同专利价值度下所拥有的大学发明授权专利数量。各IPC部的专利在专利价值度6～9分布较多，大部分IPC部专利价值度为6和7的专利数量最多。

表4-23　大学IPC部-专利价值度矩阵　　单位：件

专利价值度 \ IPC部	C	G	B	H	A	F	E	D
1	26	63	34	12	29	18	15	2
2	4 404	3 722	2 808	1 635	2 641	1 042	905	150
3	12 455	8 699	5 701	4 471	5 194	2 202	1 167	504
4	11 336	6 118	5 426	4 271	5 325	1 543	1 001	557
5	6 315	3 390	2 807	2 083	2 557	740	425	314
6	20 601	39 325	16 176	15 488	9 796	5 877	5 367	1 236
7	48 589	28 360	30 250	23 627	20 016	8 716	6 142	3 212
8	21 992	17 502	11 034	97 06	9 506	3 057	2 055	1 599
9	20 582	13 766	11 591	12 489	8 120	2 781	1 989	1 666
10	3 912	1 865	1 823	2 560	1 565	445	203	296

注：表中代码含义详见附表3。

表4-23显示，C部中专利价值度为7的大学发明授权专利最多，共48 589件，占C部专利总数的32.3%。G部中，专利价值度为6的专利数量最多，共39 325件，其次是专利价值度为7的专利，共28 360件，专利价值度为6和7的专利占G部专利总数一半以上。D部所含的专利数量最少，但其专利主要分布在高专利价值度的区间内，专利价值度在7～10的专利占D部专利总数的71.03%。

表4-24按照从大到小的顺序将IPC各部的专利价值度依次排列，各部的专利价值度是根据表4-23中的各项数值计算的加权平均数。表4-24显示，IPC各部的专利价值度均不超过7，价值度不高。D部所含专利数量最少，但其专利价值度却最高，为6.95。专利价值度排在第二位的是H部，专利价值度为6.79。

B 部专利价值度排在第三位，数值为 6.60。

表 4-24　大学各 IPC 部的专利价值度

序号	IPC 部	专利价值度
1	D	6.95
2	H	6.79
3	B	6.60
4	C	6.57
5	A	6.47
6	G	6.45
7	F	6.39
8	E	6.38

注：表中代码含义详见附表 3。

四、IPC 大类–专利价值度

（一）IPC 大类

将大学发明授权专利按照 IPC 大类分类，选取专利数量最多的 10 个大类，将其专利数量和所占比例列于表 4-25 中。

表 4-25　大学各 IPC 大类发明授权专利数量和占比（Top 10）

序号	IPC 大类	专利数量/件	占比/%
1	G01	65 643	11.79
2	G06	37 185	6.68
3	C07	32 473	5.83
4	A61	32 230	5.79
5	H01	28 721	5.16
6	H04	27 506	4.94
7	B01	26 402	4.74
8	C08	25 039	4.50
9	C12	24 161	4.34
10	A01	18 377	3.30

注：表中代码含义详见附表 4。

表 4-25 显示，G01 大类所拥有的专利数量最多，共 65 643 件，所占比例为

11.79%，其余大类专利数量所占比例均不超过 7%，G01 大类在专利数量上占据绝对优势。专利数量排在第二位的是 G06 大类，含有专利 37 185 件，占比为 6.68%。C07 大类的专利数量排在第三位，共有专利 32 473 件，占比为 5.83%。IPC 中含有 450 个大类，表 4-25 仅列出专利数量最多的 10 个大类，这 10 个大类的专利数量占专利总数的 56.94%，可见大学发明授权专利集中在为数不多的大类中。

（二）不同 IPC 大类的专利价值度

表 4-26 是将大学发明授权专利按 IPC 大类分类后，得到的各大类专利价值度列表，表中选取了专利价值度最大的 50 个大类。

表 4-26　大学各 IPC 大类的专利价值度（Top 50）

序号	IPC 大类	专利价值度	序号	IPC 大类	专利价值度
1	D06	7.03	22	B21	6.58
2	D01	7.02	23	C05	6.56
3	B29	7.01	24	C21	6.56
4	C08	6.94	25	B23	6.56
5	H04	6.88	26	C12	6.53
6	B82	6.83	27	C25	6.52
7	H01	6.80	28	C04	6.52
8	H02	6.72	29	F25	6.50
9	C10	6.72	30	F03	6.49
10	C09	6.71	31	E21	6.48
11	A61	6.70	32	E04	6.47
12	G06	6.70	33	C23	6.47
13	A23	6.68	34	C01	6.46
14	B01	6.67	35	G05	6.44
15	C22	6.66	36	B25	6.43
16	H05	6.65	37	H03	6.40
17	B22	6.62	38	C03	6.40
18	G08	6.60	39	B65	6.37
19	C07	6.58	40	G01	6.36
20	B60	6.58	41	F24	6.35
21	C02	6.58	42	G02	6.35

续表

序号	IPC 大类	专利价值度	序号	IPC 大类	专利价值度
43	E02	6.33	47	E01	6.30
44	F16	6.33	48	B62	6.24
45	F04	6.33	49	A01	6.14
46	F02	6.32	50	G09	6.03

注：表中代码含义详见附表 4。

表 4-26 显示，共有 3 个大类的专利价值度超过 7，分别是 D06、D01 和 B29，其专利价值度分别为 7.03、7.02 和 7.01，专利价值度最高的两个大类均属于 D 部。G 部的专利数量排在第二位，而专利价值度最高的 10 个大类却均不属于 G 部，可见 G 部专利数量虽多，但质量却不高。表 4-26 中共有 29 个大类专利价值度大于等于 6.5，其中有 11 个大类属于 C 部，7 个大类属于 B 部。

第三节　科研院所的技术分类-专利价值度分析

科研院所拥有雄厚的技术研发实力，是我国基础研究和高新技术领域科研创新的重要力量（王一梅和李小兰，2011）。科研院所作为第三大专利权人，是发明创造的重要来源，在科技进步方面发挥着重要作用。对科研院所发明授权专利进行分析，可以了解技术发展趋势和科研开发方向，同时对促进科研与生产相结合，加速专利成果的产业化、市场化具有重要意义。

一、国民经济门类-专利价值度

（一）国民经济门类

表 4-27 列出了国民经济各门类及其所含有的专利数量和所占比例。表中按照从大到小的顺序列出了专利数量最多的 7 个门类，依次是 C、I、A、D、E、OTH 和 B。

表 4-27 显示，专利数量最多的是 C 门类（代表制造业），含有专利 140 230 件，占比为 86.63%，占据绝对优势。其次是 I 门类（代表信息传输、软件和信息技术服务业），专利数量为 9622 件，占比为 5.94%。专利数量排在第三位的是 A 门类（代表农、林、牧、渔业），含有专利 6628 件，占比为 4.09%。对比产业和大学，科研院所发明授权专利在数量上偏少，排除 C 门类外，其余所有门类的专利数量均少于 10 000 件。

表 4-27　科研院所各国民经济各门类发明授权专利数量和占比

序号	门类	专利数量/件	比例/%
1	C	140 230	86.63
2	I	9 622	5.94
3	A	6 628	4.09
4	D	2 390	1.48
5	E	2 024	1.25
6	OTH	614	0.38
7	B	364	0.23

注：表中代码含义详见附表 1。

（二）不同国民经济门类的专利价值度

表 4-28 列出了各国民经济门类在不同专利价值度下的科研院所发明授权专利数量，各部专利价值度大都集中在 6～9。

表 4-28　科研院所国民经济门类-专利价值度矩阵　　单位：件

专利价值度＼国民经济门类	C	I	A	D	E	OTH	B
1	14	0	4	1	0	0	0
2	2 222	47	359	39	47	0	5
3	7 502	129	631	151	100	14	15
4	6 605	140	406	122	104	17	17
5	5 008	74	298	80	54	13	16
6	27 996	1 118	1 768	484	562	134	41
7	34 643	2 003	1 594	627	541	213	88
8	26 439	1 882	820	443	320	105	75
9	24 469	3 054	674	370	269	97	93
10	5 332	1 175	74	73	27	21	14

注：表中代码含义详见附表 1。

表 4-28 显示，C 门类中，专利价值度为 7 的专利数量最多，达 34 643 件，C 门类专利数量在专利价值度 6～9 分布较均匀，专利价值度在 6～9 的专利数量占总数的 80.97%。I 门类中，专利价值度为 9 的专利数量最多，共 3054 件，占 I 门类专利总数的 31.74%。A 门类中，对应专利数量最多的两个专利价值度

为 6 和 7，分别对应 1768 件和 1594 件专利，这两类专利的数量之和超过 A 门类专利总数的 50%。

表 4-29 是各国民经济门类专利价值度列表，专利价值度是根据表 4-28 中的数据计算出来的平均值。表 4-29 显示，专利价值度最高的是 I 门类（代表信息传输、软件和信息技术服务业），专利价值度为 7.94。其次是 B 门类，专利价值度为 7.26，B 门类的专利数量相对较少，但专利价值度却较高。C 门类的专利价值度为 6.95，其含有的专利数量虽多，但专利价值度却不高。

表 4-29　科研院所各国民经济门类的专利价值度

序号	国民经济门类	专利价值度
1	I	7.94
2	B	7.26
3	OTH	7.15
4	C	6.95
5	D	6.83
6	E	6.67
7	A	6.16

注：表中代码含义详见附表 1。

二、国民经济大类-专利价值度

（一）国民经济大类

将科研院所发明授权专利按照国民经济大类分类，从中选取专利数量最多的 42 个大类，将其专利数量和占比按从大到小的顺序依次排列在表 4-30 中。

表 4-30　科研院所各国民经济大类发明授权专利数量和占比（Top 42）

序号	国民经济大类	专利数量/件	占比/%	序号	国民经济大类	专利数量/件	占比/%
1	C40	27 362	16.97	7	C34	9 485	5.88
2	C26	25 385	15.74	8	C35	7 367	4.57
3	C27	20 868	12.94	9	C31/32	5 115	3.17
4	C39	15 983	9.91	10	C33	4 397	2.73
5	C38	9 687	6.01	11	A01	4 212	2.61
6	I63	9 622	5.97	12	C30	2 805	1.74

续表

序号	国民经济大类	专利数量/件	占比/%	序号	国民经济大类	专利数量/件	占比/%
13	D46	2 304	1.43	28	C42	379	0.24
14	C14	1 762	1.09	29	B08/09	364	0.23
15	E48	1 759	1.09	30	C23	309	0.19
16	C37	1 701	1.05	31	C20	249	0.15
17	C13	1 400	0.87	32	C22	238	0.15
18	A04	1 278	0.79	33	E47	203	0.13
19	C25	1 193	0.74	34	C16	184	0.11
20	C36	1 122	0.70	35	A02	119	0.07
21	C15	873	0.54	36	D44	86	0.05
22	C24	620	0.38	37	C29	68	0.04
23	C17	604	0.37	38	C21	66	0.04
24	A03	521	0.32	39	C19	54	0.03
25	C41	517	0.32	40	E50	52	0.03
26	A01/02	498	0.31	41	C18	43	0.03
27	C28	394	0.24	42	E49	10	0.01

注：表中代码含义详见附表 2。

表 4-30 显示，有 3 个大类的专利数量超过 2 万件，依次是 C40、C26、C27，分别代表仪器仪表制造业、化学原料和化学制品制造业、医药制造业，所含专利数量分别为 27 362 件、25 385 件和 20 868 件，占比分别为 16.97%、15.74%和 12.94%。专利数量占比超过 1%的大类共 16 个，这 16 个大类专利的数量之和占专利总数的 92.9%。专利数量超过 1000 的大类共 20 个，科研院所发明授权专利大多集中在这 20 个大类中，占总专利数的 96.00%。

（二）不同国民经济大类的专利价值度

将科研院所发明授权专利按照国民经济大类分类，表 4-31 列出了专利价值度最高的 42 个大类及其对应的专利价值度。其中，共有 15 个大类的专利价值度大于 7，34 个大类的专利价值度大于 6.5。

表 4-31　科研院所各国民经济大类的专利价值度（Top 42）

序号	国民经济大类	专利价值度	序号	国民经济大类	专利价值度
1	I63	7.94	22	D46	6.83
2	C29	7.47	23	C30	6.82
3	C28	7.43	24	C33	6.81
4	E50	7.33	25	E47	6.81
5	C38	7.28	26	C37	6.76
6	C23	7.26	27	C13	6.75
7	B08/09	7.26	28	C42	6.74
8	C22	7.21	29	C35	6.65
9	C41	7.18	30	C40	6.65
10	C39	7.17	31	C19	6.65
11	C25	7.14	32	C15	6.64
12	C27	7.10	33	E48	6.63
13	C26	7.04	34	C16	6.56
14	C14	7.02	35	E49	6.40
15	C17	7.02	36	C18	6.40
16	C24	6.96	37	C21	6.33
17	C36	6.96	38	A03	6.31
18	C20	6.96	39	A01	6.19
19	C31/32	6.91	40	A01/02	6.16
20	D44	6.85	41	A04	6.03
21	C34	6.84	42	A02	6.02

注：表中代码含义详见附表 2。

表 4-31 显示，专利价值度最高的是 I63 大类（代表电信、广播电视和卫星传输服务），专利价值度为 7.94；专利价值度排在第二位的是 C29 大类（代表橡胶和塑料制品业），专利价值度为 7.47；专利价值度排在第三位的是 C28 大类（代表化学纤维制造业），专利价值度为 7.43。专利价值度最高的 10 个大类中有 7 个属于 C 门类。

三、IPC 部–专利价值度

（一）IPC 部

将科研院所发明授权专利按照 IPC 部进行分类，各部所含有的专利数量及所占比例列于表 4-32。

表 4-32　科研院所各 IPC 部发明授权专利数量和占比

序号	IPC 部	专利数量/件	占比/%
1	C	53 646	27.44
2	G	44 971	23.00
3	A	32 482	16.62
4	H	28 652	14.66
5	B	22 597	11.56
6	F	6 952	3.56
7	E	4 467	2.29
8	D	1 721	0.88

注：表中代码含义详见附表 3。

表 4-32 显示，C 部含有的专利数量最多，共 53 646 件，所占比例为 27.44%。其次是 G 部，含有 44 971 件专利，占比 23.00%。专利数量排在第三位的是 A 部，共有专利 32 482 件，所占比例为 16.62%。专利数量超过 2 万件的 IPC 部有 5 个，5 个部的专利之和占专利总数的 93.28%，说明科研院所发明授权专利大部分集中在这 5 个部中。

（二）不同 IPC 部的专利价值度

表 4-33 是将科研院所发明授权专利按照 IPC 部分类后得到的专利价值度矩阵。表中列出了各 IPC 部在不同专利价值度下对应的专利数量。

表 4-33　科研院所 IPC 部–专利价值度矩阵　　　　单位：件

专利价值度＼IPC 部	C	G	A	H	B	F	E	D
1	5	4	8	3	2	1	2	0
2	707	765	814	212	263	117	98	25
3	3 216	2 016	2 077	892	988	375	238	98
4	3 191	1 748	2 125	877	969	260	209	73
5	2 466	1 086	1 469	568	749	182	153	95
6	5 989	12 922	4 530	4 237	3 588	1 527	965	167
7	14 457	9 810	8 458	6 851	6 550	2 030	1 182	436
8	10 604	8 550	5 943	5 357	4 222	1 204	775	311

续表

专利价值度＼IPC 部	C	G	A	H	B	F	E	D
9	10 473	6 933	5 540	7 401	4 338	1 026	714	409
10	2 538	1 137	1 518	2 254	928	230	131	107

注：表中代码含义详见附表 3。

表 4-33 显示，C 部中，专利价值度为 7 的专利最多，共 14 457 件，C 部专利价值度的数值集中在 7～9，每个数值均对应 10 000 件以上的专利。G 部中，专利价值度为 6 的专利最多，共 12 922 件，专利价值度整体上偏低。A 部中，专利价值度 7 对应着最多的专利，共 8458 件。H 部中，专利价值度为 9 的专利最多，且专利价值度的数值多数分布在 7～9，价值度整体上较高。

表 4-34 按照从大到小的顺序依次将各 IPC 部的专利价值度排列出来。表中显示，H 部的专利价值度最高，数值为 7.50。另外还有 3 个部的专利价值度超过 7，这 3 个部分别是 D 部、B 部和 C 部，数值分别为 7.21、7.11 和 7.04。专利价值度最低的是 E 部，数值为 6.83（表 4-34）。

表 4-34　科研院所各 IPC 部的专利价值度

序号	IPC 部	专利价值度
1	H	7.50
2	D	7.21
3	B	7.11
4	C	7.04
5	F	6.88
6	G	6.86
7	A	6.86
8	E	6.83

注：表中代码含义详见附表 3。

四、IPC 大类–专利价值度

（一）IPC 大类

将科研院所发明授权专利根据大类分类，选取 34 个专利数量最多的大类，按从大到小的顺序将各大类所含有的专利数量和所占比例列入表 4-35。

表 4-35　科研院所各 IPC 大类发明授权专利数量和占比（Top 34）

序号	IPC 大类	专利数量/件	占比/%	序号	IPC 大类	专利数量/件	占比/%
1	G01	26 393	13.50	18	G05	2 519	1.29
2	A01	14 404	7.37	19	C04	2 455	1.26
3	C12	13 761	7.04	20	C23	2 153	1.10
4	A61	13 449	6.88	21	C05	1 965	1.01
5	H01	13 211	6.76	22	B23	1 917	0.98
6	C07	12 903	6.60	23	F16	1 825	0.93
7	H04	10 003	5.12	24	C10	1 742	0.89
8	G06	9 905	5.07	25	B22	1 628	0.83
9	B01	7 175	3.67	26	E02	1 579	0.81
10	C08	6 690	3.42	27	H03	1 337	0.68
11	A23	4 833	2.47	28	B82	1 312	0.67
12	C01	4 536	2.32	29	C30	1 204	0.62
13	C09	4 285	2.19	30	E21	1 169	0.60
14	H02	3 951	2.02	31	G03	1 140	0.58
15	G02	3 851	1.97	32	B64	1 121	0.57
16	C02	3 613	1.85	33	G21	1 106	0.57
17	C22	3 372	1.72	34	H05	1 105	0.57

注：表中代码含义详见附表 4。

表 4-35 显示，专利数量最多的大类是 G01，含有专利 26 393 件，占比为 13.50%。专利数量排在第二位的是 A01，共 14 404 件专利，占比为 7.37%。排在第三位的大类是 C12，专利数量为 13 761 件，占比为 7.04%。专利数量超过 10 000 件的大类共 7 个，这 7 个大类的专利之和占总专利数的 53.27%。专利数量占比超过 1%的大类共 21 个，共占专利总数的 84.63%。

（二）不同 IPC 大类的专利价值度

将科研院所发明授权专利按照大类划分，选取专利价值度最高的 50 个大类，按照从大到小的顺序将各大类的专利价值度排列在表 4-36 中。

表 4-36　科研院所各 IPC 大类的专利价值度（Top 50）

序号	IPC 大类	专利价值度	序号	IPC 大类	专利价值度
1	H04	8.36	3	H02	7.93
2	B32	8.03	4	G06	7.89

续表

序号	IPC 大类	专利价值度	序号	IPC 大类	专利价值度
5	B29	7.83	28	B23	7.42
6	G08	7.82	29	E21	7.41
7	C08	7.81	30	B09	7.39
8	B82	7.77	31	E04	7.39
9	B60	7.75	32	C22	7.38
10	H01	7.70	33	C01	7.37
11	G21	7.70	34	C02	7.35
12	E01	7.66	35	C25	7.33
13	C10	7.65	36	B21	7.33
14	H05	7.65	37	C04	7.27
15	D01	7.62	38	A23	7.24
16	B25	7.60	39	C23	7.23
17	A61	7.56	40	G01	7.23
18	B01	7.55	41	F16	7.21
19	H03	7.54	42	C12	7.21
20	B64	7.52	43	C21	7.16
21	C09	7.52	44	C03	7.13
22	G05	7.51	45	C05	7.09
23	B22	7.49	46	C30	7.09
24	C07	7.49	47	G02	7.03
25	F23	7.48	48	E02	6.98
26	B65	7.47	49	G03	6.93
27	G11	7.43	50	A01	6.74

注：表中代码含义详见附表 4。

表 4-36 显示，科研院所发明授权专利中，专利价值度最高的大类是 H04，数值为 8.36。产业发明授权专利中，专利价值度最高的大类同样是 H04，但专利价值度比科研院所的确较低，说明科研院所对 H04 的研究更深入，专利质量更高。表 4-36 中，另一专利价值度超过 8 的大类是 B32，该大类的专利数量相对较少，但专利价值度却较高。专利价值度排在第三位的大类是 H02，其专利价值度为 7.93；共有 22 个大类的专利价值度超过 7.5，47 个大类的专利价值度超过 7。

本章参考文献

侯媛媛，刘云，谭龙. 2012. 企业专利申请动机及其影响因素. 技术经济，31（11）：44-49.

黄立业，赵辉，王坚，等. 2015. 基于专利分析的产业竞争情报分析框架研究. 情报科学，33（4）：59-63.

李清海，刘洋，吴泗宗，等. 2007. 专利价值评价指标概述及层次分析. 科学学研究，（2）：281-286.

马力辉，张润利，范昀阳. 2009. 专利价值及影响因素. 工程机械文摘，（5）：21-24.

王一梅，李小兰. 2011. 科研院所专利管理关键问题研究. 广播电视信息，（1）：46-47.

王珍愚，纵刚，汪正虎，等. 2012. 我国高校知识产权管理问题成因与改进. 科学学研究，30（10）：1488-1493，1508.

中国专利局审查-部分类审查室. 1991. 国际专利分类法概要及应用. 北京：专利文献出版社.

Hall B H，Jaffe A，Trajtenberg M. 2005. Market value and patent citations. Rand Journal of Economics，36（1）：16-38.

第五章　地域–专利价值度分析

专利是发明创造活动的产出成果（唐振鹏和张艳琳，2010），专利的数量和质量是衡量一个国家或地区原始创新能力和综合实力的重要指标。由于受到地理环境、信息成本、能源分布、政治政策和人才供给等多方面因素的影响，我国各地区经济发展不均衡，在创新环境和人才密度上差异显著，专利发展水平也存在较大差异。

本章从地域–专利价值度这一维度出发，比较分析我国各省级行政区、城市的产学研专利数据，从而总结出专利数量和专利价值度在空间上的分布特征，为专利评价体系提供新的基础信息（沈露威，2011），也为各地区科技政策的制定提供依据。

第一节　产业的地域–专利价值度分析

产业是技术创新的主体，是创新活动的组织者、创新价值的创造者，也是促进科技成果向市场价值转化的直接推动者。各地区的产业发明授权专利数据不仅是该地区科研创新能力的评价指标，也是衡量该地区经济发展水平的重要标准。本节仅对以产业为专利权人的专利进行分析，得出产业发明授权专利的空间分布特征，从而为各地区制定经济发展战略和科技决策提供依据。

一、产业的省级行政区–专利价值度分析

（一）产业的省级行政区排序、数量、比例

我国共有 34 个省级行政区，包括 23 个省、4 个直辖市、5 个自治区和 2 个特别行政区。表 5-1 按照从大到小的顺序列出了截至 2017 年全部省级行政区的产业发明授权专利数量及其所占比例。

表 5-1　各省级行政区产业发明授权专利数量和占比

序号	省级行政区	专利数量/件	占比/%
1	广东	220 400	19.03
2	北京	158 258	13.66
3	江苏	146 182	12.62

续表

序号	省级行政区	专利数量/件	占比/%
4	浙江	91 425	7.89
5	上海	85 272	7.36
6	台湾	60 443	5.22
7	山东	58 935	5.09
8	安徽	43 727	3.78
9	四川	35 598	3.07
10	湖北	29 365	2.54
11	湖南	24 239	2.09
12	福建	23 764	2.05
13	河南	21 586	1.86
14	辽宁	21 520	1.86
15	天津	21 474	1.85
16	重庆	16 956	1.46
17	陕西	15 945	1.38
18	河北	15 642	1.35
19	广西	10 304	0.89
20	贵州	7 619	0.66
21	云南	7 373	0.64
22	山西	7 294	0.63
23	黑龙江	6 408	0.55
24	江西	6 014	0.52
25	吉林	4 344	0.38
26	香港	3 859	0.33
27	甘肃	3 431	0.30
28	内蒙古	3 087	0.27
29	新疆	2 805	0.24
30	宁夏	2 219	0.19
31	海南	1 705	0.15
32	青海	650	0.06
33	西藏	274	0.02
34	澳门	53	0.01

表 5-1 显示，共 3 个省级行政区的专利数量超过 100 000 件，分别是广东、北京和江苏，其中广东以 220 400 件专利数量稳居第一位，占比为 19.03%，北京和江苏分别以 158 258 件、146 182 件专利数量居第二位和第三位，分别占

13.66%和 12.62%。共 19 个省级行政区的专利数量超过 1 万件。有 3 个省级行政区的专利数量占比不足 0.1%，分别是青海、西藏和澳门，其中澳门的专利数量最少，仅 53 件。

（二）产业的高产省级行政区发展趋势

表 5-1 所列数据体现出我国专利水平在空间上的分布特征，但未能体现专利发展的时间分布特征。图 5-1 选取了专利数量最多的 12 个省级行政区，以各省级行政区 1985～2017 年每年的专利数量作为数据点，绘制折线图，可表现各省级行政区在 1985～2017 年专利数量的变化特征和发展趋势。

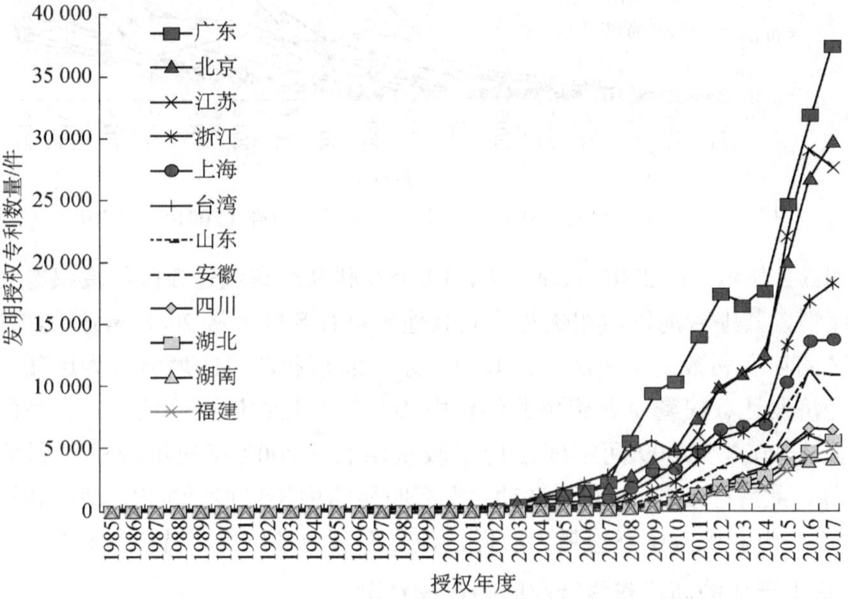

图 5-1　产业发明授权专利高产省级行政区发展趋势（1958～2017 年）

图 5-1 显示，我国产业发明授权专利起步较晚，从 1985 年开始出现零星的产业发明授权专利，但直到 2001 年，专利数量都在低量徘徊，12 个专利高产省级行政区的年专利数量均不超过 2000 件，各省级行政区之间实力差距并不明显，国内的专利发展处于萌芽阶段。2002～2007 年，各省级行政区的专利数量呈现上升趋势，年专利数量稳步增长。从 2008 年起，我国专利技术进入高速发展阶段，各省级行政区年专利数量的增幅显著变大，各省级行政区之间授权专利数量差距也愈发明显。

图 5-2 是 2001～2017 年发明授权专利高产省级行政区专利数量的折线图，相比图 5-1 更加清晰地表现出各省级行政区授权专利在数量增长阶段的变化特点。

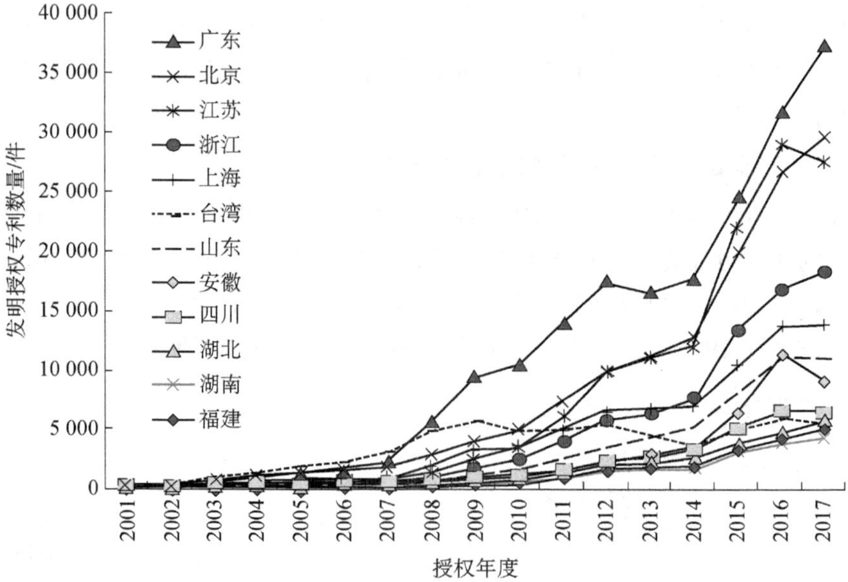

图 5-2　产业发明授权专利高产省级行政区发展趋势（2001～2017 年）

图 5-2 显示，在 2001～2007 年，12 个专利高产省级行政区年授权专利数量增长缓慢，其中台湾以微弱优势领先其他省级行政区。从 2008 年开始，各省级行政区的年专利数量增速加快，其中广东、北京和江苏的增势最为迅猛，广东作为经济发达、民营企业聚集的创新中心，其专利数量遥遥领先。台湾的年专利数量在 2007～2009 两年间经历了较快增长，2009 年的年授权专利量超过 5000 件，此后持续在 5000 件波动，没有明显的增长趋势。湖北、湖南和福建三省在 12 个专利大省中增速最为缓慢，但其专利数量始终保持上升趋势。

（三）产业的高产省级行政区的代理状况

专利代理是一种委托代理（毛鸿鹏，2007），当事人可以委托具有专利代理人资格的服务机构为其向专利局申请专利或办理其他专利相关事项。专利代理机构必须经过省级专利管理局审核，由国家知识产权局批准设立，其主要业务包括代写申请文件、代办手续、代交文件、专利项目融资及转让、法律事务咨询、专利检索等。截至 2017 年底，我国已有 1824 多家专利代理机构，包括涉外代理机构。

表 5-2～表 5-8 分别呈现出 7 个专利高产省级行政区的专利代理情况，列出了代理该省专利超过 1000 件的代理机构名称及代理专利数量。

表 5-2 显示，广州华进联合专利商标代理有限公司代理的广东省申请人的专利最多，共 10 920 件。深圳中一专利商标事务所、北京康信知识产权代理有

限责任公司、北京安信方达知识产权代理有限公司和广州三环专利商标代理有限公司 4 家专利代理机构分别排在第二位、第三位、第四位、第五位，其代理的广东省申请人的专利均超过 6000 件。在广东省申请人的专利中，较大一部分是由北京市的代理公司代理的，说明北京在专利代理行业有一定的优势。

表 5-2　代理广东（排第一位）的产业发明授权专利数量超过 1000 件的代理机构

序号	代理机构名称	代理专利数量/件
1	广州华进联合专利商标代理有限公司	10 920
2	深圳中一专利商标事务所	7 520
3	北京康信知识产权代理有限责任公司	6 980
4	北京安信方达知识产权代理有限公司	6 608
5	广州三环专利商标代理有限公司	6 442
6	北京集佳知识产权代理有限公司	5 295
7	北京德琦知识产权代理有限公司	4 976
8	广州粤高专利商标代理有限公司	4 741
9	深圳市顺天达专利商标代理有限公司	4 174
10	深圳市深佳知识产权代理事务所	4 069
11	北京同立钧成知识产权代理有限公司	4 043
12	广州嘉权专利商标事务所有限公司	3 908
13	广州三环专利商标代理有限公司	3 863
14	深圳市世纪恒程知识产权代理事务所	3 761
15	北京中博世达专利商标代理有限公司	3 256
16	北京同达信恒知识产权代理有限公司	3 133
17	北京清亦华知识产权代理事务所	3 109
18	深圳市君胜知识产权代理事务所	3 066
19	广州市华学知识产权代理有限公司	2 893
20	北京三高永信知识产权代理有限责任公司	2 844
21	北京品源专利代理有限公司	2 731
22	东莞市华南专利商标事务所有限公司	2 607
23	北京派特恩知识产权代理有限公司	2 441
24	北京凯特来知识产权代理有限公司	2 313
25	深圳鼎合诚知识产权代理有限公司	2 108
26	广州新诺专利商标事务所有限公司	2 021
27	深圳市科吉华烽知识产权事务所	1 957
28	深圳市威世博知识产权代理事务所	1 882

续表

序号	代理机构名称	代理专利数量/件
29	深圳市赛恩倍吉知识产权代理有限公司	1 717
30	广州市越秀区哲力专利商标事务所	1 492
31	广州知友专利商标代理有限公司	1 387
32	深圳市德力知识产权代理事务所	1 349
33	北京润平知识产权代理有限公司	1 305
34	深圳新创友知识产权代理有限公司	1 293
35	广州市南锋专利事务所有限公司	1 144
36	北京友联知识产权代理事务所	1 082
37	北京银龙知识产权代理有限公司	1 051
38	中山市科创专利代理有限公司	1 041
39	深圳市精英专利事务所	1 023

表 5-3 是申请人所在地为北京的专利代理情况列表，表中列出了代理专利数超过 1000 件的 32 家代理机构。北京同达信恒知识产权代理有限公司代理北京市申请人的专利最多，共 6125 件，排在第二位的是北京三友知识产权代理有限公司，共 4761 件。北京市的申请人绝大部分选择了北京的专利代理公司来完成其专利的相关事项。

表 5-3　代理北京（排第二位）的产业发明授权专利数量超过 1000 件的代理机构

序号	代理机构名称	代理专利数量/件
1	北京同达信恒知识产权代理有限公司	6125
2	北京三友知识产权代理有限公司	4761
3	北京集佳知识产权代理有限公司	4728
4	北京路浩知识产权代理有限公司	4148
5	北京同立钧成知识产权代理有限公司	3511
6	北京润平知识产权代理有限公司	3331
7	中国专利代理（香港）有限公司	3311
8	北京德琦知识产权代理有限公司	3091
9	北京清亦华知识产权代理事务所	3036
10	北京银龙知识产权代理有限公司	3011
11	北京康信知识产权代理有限责任公司	2970
12	北京安博达知识产权代理有限公司	2821
13	北京中博世达专利商标代理有限公司	2496

续表

序号	代理机构名称	代理专利数量/件
14	北京市中实友知识产权代理有限责任公司	2453
15	中国国际贸易促进委员会专利商标事务所	2430
16	北京三高永信知识产权代理有限责任公司	2286
17	北京安信方达知识产权代理有限公司	2142
18	北京润泽恒知识产权代理有限公司	2030
19	北京思创毕升专利事务所	2029
20	北京纪凯知识产权代理有限公司	2007
21	北京天昊联合知识产权代理有限公司	1811
22	北京华沛德权律师事务所	1785
23	抚顺宏达专利代理有限责任公司	1708
24	中科专利商标代理有限责任公司	1514
25	中国航天科技专利中心	1316
26	上海东方易知识产权事务所	1297
27	北京律诚同业知识产权代理有限公司	1169
28	北京北新智诚知识产权代理有限公司	1150
29	北京凯特来知识产权代理有限公司	1145
30	北京中建联合知识产权代理事务所	1127
31	北京品源专利代理有限公司	1068
32	北京三聚阳光知识产权代理有限公司	1060

表 5-4 呈现出江苏的专利代理情况，表中列出了代理专利数超过 1000 件的 28 家代理机构。苏州创元专利商标事务所有限公司代理的江苏申请人的专利最多，共 7369 件。排在第二位的是南京纵横知识产权代理有限公司，代理专利 6445 件，排在第三位的是无锡市大为专利商标事务所，代理专利 5531 件。江苏的申请人在专利代理上绝大部分选择了本省的专利代理机构。

表 5-4　代理江苏（排第三位）的产业发明授权专利数量超过 1000 件的代理机构

序号	代理机构名称	代理专利数量/件
1	苏州创元专利商标事务所有限公司	7369
2	南京纵横知识产权代理有限公司	6445
3	无锡市大为专利商标事务所	5531
4	南京经纬专利商标代理有限公司	5033
5	南京苏科专利代理有限责任公司	4642

续表

序号	代理机构名称	代理专利数量/件
6	南京苏高专利商标事务所	4170
7	南京天华专利代理有限责任公司	3390
8	南京众联专利代理有限公司	2942
9	南京知识律师事务所	2691
10	北京众合诚成知识产权代理有限公司	2504
11	南京正联知识产权代理有限公司	2427
12	南京天翼专利代理有限责任公司	2411
13	苏州广正知识产权代理有限公司	2292
14	常州市维益专利事务所	2269
15	常熟市常新专利商标事务所	1980
16	江阴市同盛专利事务所	1957
17	北京品源专利代理有限公司	1851
18	昆山四方专利事务所	1627
19	北京集佳知识产权代理有限公司	1605
20	张家港市高松专利事务所	1511
21	北京一格知识产权代理事务所	1466
22	江苏圣典律师事务所	1393
23	无锡盛阳专利商标事务所	1344
24	北京科亿知识产权代理事务所	1237
25	南京君陶专利商标代理有限公司	1195
26	南京汇盛专利商标事务所	1135
27	北京中恒高博知识产权代理有限公司	1082
28	苏州铭浩知识产权代理事务所	1009

表 5-5 显示，申请人所在地为浙江的专利中，有 5602 件委托给了杭州杭诚专利事务所有限公司代理，数量最多。排在第二位的是杭州丰禾专利事务所有限公司，代理专利 3749 件。杭州华鼎知识产权代理事务所位于第三，代理专利 3162 件。

表 5-5 代理浙江（排第四位）的产业发明授权专利数量超过 1000 件的代理机构

序号	代理机构名称	代理专利数量/件
1	杭州杭诚专利事务所有限公司	5602
2	杭州丰禾专利事务所有限公司	3749
3	杭州华鼎知识产权代理事务所	3162

续表

序号	代理机构名称	代理专利数量/件
4	浙江杭州金通专利事务所有限公司	2947
5	宁波市鄞州甬致专利代理事务所	2619
6	宁波诚源专利事务所有限公司	2382
7	北京集佳知识产权代理有限公司	2364
8	湖州金卫知识产权代理事务所	2213
9	杭州求是专利事务所有限公司	2188
10	杭州九洲专利事务所有限公司	1995
11	北京德琦知识产权代理有限公司	1871
12	杭州天勤知识产权代理有限公司	1727
13	台州市方圆专利事务所	1720
14	绍兴市越兴专利事务所	1454
15	浙江翔隆专利事务所	1447
16	杭州浙科专利事务所	1410
17	北京科亿知识产权代理事务所	1355
18	杭州天正专利事务所有限公司	1337
19	宁波奥圣专利代理事务所	1238
20	浙江永鼎律师事务所	1165
21	杭州斯可睿专利事务所有限公司	1099
22	北京睿博行远知识产权代理有限公司	1053
23	杭州天欣专利事务所	1040

表 5-6 显示，北京集佳知识产权代理有限公司代理的上海市申请人的专利最多，共 5362 件。排在第二位的是上海专利商标事务所有限公司，代理专利 4019 件，上海浦一知识产权代理有限公司排在第三位，代理专利 3655 件。

表 5-6　代理上海（排第五位）的产业发明授权专利数量超过 1000 件的代理机构

序号	代理机构名称	代理专利数量/件
1	北京集佳知识产权代理有限公司	5362
2	上海专利商标事务所有限公司	4019
3	上海浦一知识产权代理有限公司	3655
4	上海思微知识产权代理事务所	3588
5	上海科盛知识产权代理有限公司	3332
6	上海光华专利事务所	3310
7	上海智信专利代理有限公司	2985

续表

序号	代理机构名称	代理专利数量/件
8	上海申汇专利代理有限公司	2464
9	上海新天专利代理有限公司	2358
10	上海天翔知识产权代理有限公司	2154
11	北京市金杜律师事务所	1858
12	上海汉声知识产权代理有限公司	1780
13	上海申新律师事务所	1494
14	上海三和万国知识产权代理事务所	1189
15	上海伯瑞杰知识产权代理有限公司	1105
16	上海弼兴律师事务所	1093
17	上海天协和诚知识产权代理事务所	1069
18	上海世贸专利代理有限责任公司	1061
19	上海精晟知识产权代理有限公司	1025

表 5-7 显示，台湾的产业发明授权专利中，北京市柳沈律师事务所代理了 12 080 件，数量最多，远超其他代理机构。北京三友知识产权代理有限公司排在第二位，代理了 5006 件专利。排在第三位的是北京律诚同业知识产权代理有限公司，代理专利 4866 件。台湾的产业发明授权专利绝大部分由北京市的专利代理机构代理。

表 5-7　代理台湾（排第六位）的产业发明授权专利数量超过 1000 件的代理机构

序号	代理机构名称	代理专利数量/件
1	北京市柳沈律师事务所	12 080
2	北京三友知识产权代理有限公司	5 006
3	北京律诚同业知识产权代理有限公司	4 866
4	上海专利商标事务所有限公司	4 169
5	隆天国际知识产权代理有限公司	3 858
6	中科专利商标代理有限责任公司	3 072
7	北京中原华和知识产权代理有限责任公司	2 388
8	永新专利商标代理有限公司	2 012
9	隆天知识产权代理有限公司	1 464
10	北京科龙寰宇知识产权代理有限责任公司	1 337
11	北京集佳知识产权代理有限公司	1 151
12	北京同立钧成知识产权代理有限公司	1 142
13	北京纪凯知识产权代理有限公司	1 065
14	北京林达刘知识产权代理事务所	1 011
15	北京德恒律治知识产权代理有限公司	1 007

表 5-8 显示，代理辽宁产业发明授权专利超过 1000 件的代理机构共 4 个，代理数量排在第一位的是大连东方专利代理有限责任公司，代理专利 1567 件。沈阳科苑专利商标代理有限公司排在第二位，代理专利 1357 件。排在第三位的是鞍山嘉讯科技专利事务所，代理专利 1297 件。辽宁省的专利申请人多数选择了本省的专利代理机构为其办理专利的相关事项。

表 5-8　代理辽宁（排第 14 位）的产业发明授权专利数量超过 1000 件的代理机构

序号	代理机构名称	代理专利数量/件
1	大连东方专利代理有限责任公司	1567
2	沈阳科苑专利商标代理有限公司	1357
3	鞍山嘉讯科技专利事务所	1297
4	沈阳杰克知识产权代理有限公司	1179

（四）产业的省级行政区–专利价值度分析

图 5-3 是各省级行政区的产业发明授权专利的专利价值度对比图，图中详细标明了各省级行政区的专利价值度。其中，专利价值度大于等于 7 的省级行政区共 30 个，专利价值度大于等于 7.5 的共 6 个。

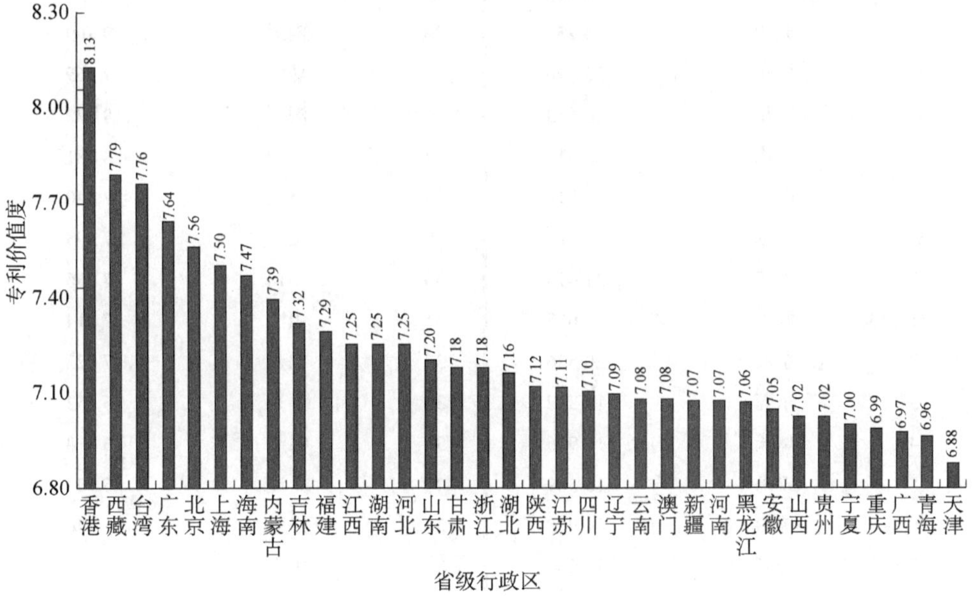

图 5-3　各省级行政区产业专利价值度对比图

图 5-3 显示，专利价值度最高的省级行政区是香港，专利价值度为 8.13，

遥遥领先其他省级行政区。西藏和台湾分别居第二位和第三位，专利价值度分别为7.79和7.76。专利价值度排在第一位和第二位的香港和西藏专利数量都比较少，香港的产业发明授权专利为3859件，西藏仅274件，可见这两个地区的专利数量虽少，但质量较高。专利数量最多的广东和北京两个省级行政区，专利价值度分别居第四位和第五位。

二、产业的城市–专利价值度分析

（一）产业的城市排序、数量

表5-9是地级及以上城市产业发明授权专利数量列表，表中列出了39个产业发明授权专利超过5000件的城市，按照从大到小的顺序将其名称和专利数量依次排列出来。

表5-9　地级及以上城市产业发明授权专利数量（Top 39）

序号	城市	专利数量/件	序号	城市	专利数量/件
1	北京	158 259	21	常州	10 358
2	深圳	131 893	22	台州	10 010
3	上海	85 270	23	芜湖	9 942
4	苏州	54 253	24	南通	9 709
5	杭州	28 390	25	珠海	9 169
6	广州	26 853	26	湖州	8 372
7	无锡	23 517	27	沈阳	8 081
8	南京	22 912	28	厦门	7 540
9	成都	22 824	29	绍兴	7 293
10	天津	21 473	30	郑州	7 236
11	武汉	21 002	31	镇江	7 214
12	宁波	20 536	32	福州	7 022
13	东莞	18 312	33	嘉兴	6 752
14	重庆	16 956	34	温州	6 418
15	青岛	16 589	35	大连	6 102
16	佛山	14 938	36	洛阳	5 440
17	合肥	13 664	37	中山	5 284
18	长沙	13 309	38	泉州	5 203
19	西安	12 606	39	惠州	5 039
20	济南	11 473			

表 5-9 显示，产业发明授权专利最多的城市是北京，共有专利 158 259 件。深圳以 131 893 件专利紧随其后，上海和苏州分别排第三位和第四位，专利数量分别为 85 270 件和 54 253 件，其他各城市的产业发明授权专利数量均不足 3 万件。产业发明授权专利数量超过 20 000 件的地级及以上城市共 12 个，专利数量超过 10 000 件的城市共 22 个。

（二）产业的高产城市发展趋势

图 5-4 选取 12 个在 1985～2017 年累积产出专利数量超过 20 000 件的地级及以上城市，以每年的专利产出量为数据点，将各城市的专利发展趋势以折线图的形式绘制出来。

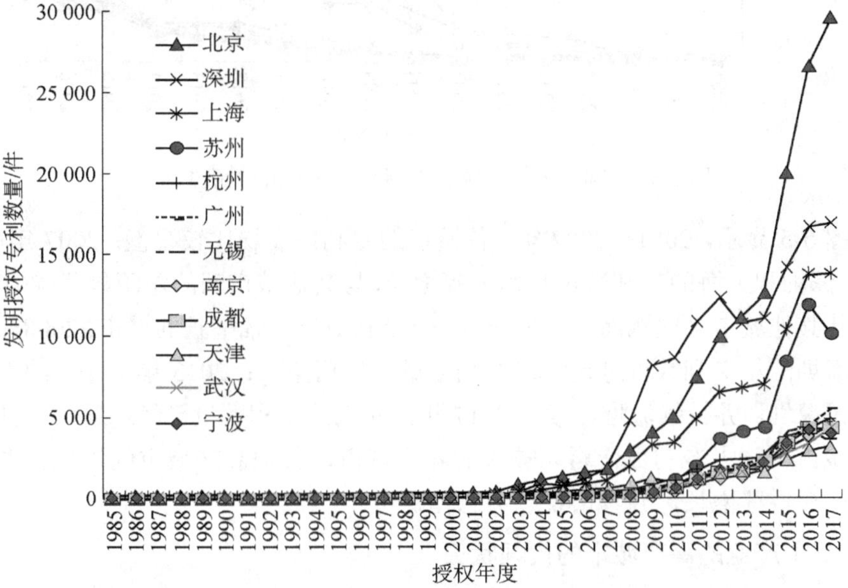

图 5-4 产业专利高产城市发展趋势（1985～2017 年）

图 5-4 显示，1985～2000 年，各高产城市只有少量的发明授权专利，发明授权专利数量没有明显的增长趋势；2001～2007 年，各高产城市的专利开始呈现增长趋势，虽然增幅较小，但趋势稳定；从 2008 年开始，各地专利发展突飞猛进，其中以北京表现最为突出，至 2017 年，北京市的年授权专利接近 30 000 件，增长超过 10 倍。

图 5-5 截取了 2001～2017 年专利发展阶段的折线图，清晰展现出各高产城市年授权专利数量的变化特征。

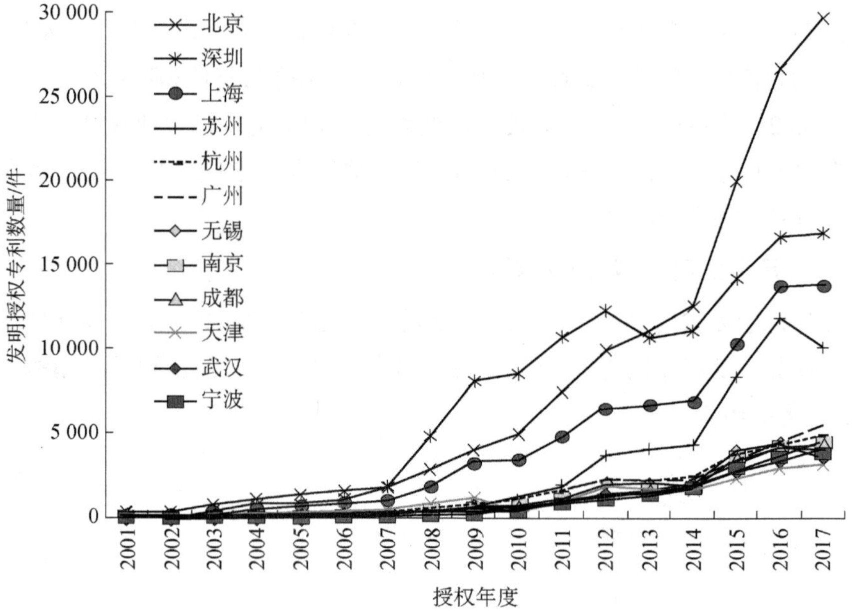

图 5-5　产业专利高产城市发展趋势（2001～2017 年）

图 5-5 显示，2001～2007 年，各城市的专利发展均比较缓慢；2007 年以后，北京、深圳和上海的专利数量开始大幅增长，与其他城市间的差距显著；2012 年，苏州从其他城市中脱颖而出，成为又一个专利数量大幅增长的城市；2008～2012 年，深圳的年专利数量赶超北京专利数量，位居第一；2013 年，北京的专利数量赶超深圳，并持续激增，截至 2017 年，北京的专利数量已经遥遥领先其他各高产城市。除去专利数量增幅较大的 4 个城市，其他高产城市的年授权专利数量同样在持续增长，并且增长趋势总体稳定。

（三）产业的高产城市的代理状况

选取 1985～2017 年累计产业发明授权专利数量最多的 5 个地级及以上城市，研究其专利代理状况。专利数量排在前 5 位的城市分别为北京、深圳、上海、苏州和杭州，由于北京和上海同时属于省级行政区，其专利代理情况已在表 5-3 和表 5-6 中列出，在此处便不再重复展示，其他 3 个城市的专利代理情况见表 5-10～表 5-12。

表 5-10 列出了代理深圳产业发明授权专利数量超过 1000 件的 25 家代理机构的名称及其代理专利数量。表 5-10 显示，在全部深圳市申请人的专利中，有 6585 件由北京安信方达知识产权代理有限公司代理，其代理数量最多。深圳中一专利商标事务所排在第二位，代理了 5554 件专利。排在第三位的是北京康

信知识产权代理有限责任公司，代理了 5327 件专利。代理深圳产业发明授权专利数量超过 1000 件的 25 家专利代理公司中有 11 家为北京专利代理机构。由此可见，北京市专利代理行业发展较成熟，很多北京专利代理公司在深圳设立了分支机构，很多深圳市申请人会选择北京专利代理机构。

表 5-10　代理深圳（排第二位）的产业发明授权专利数量超过 1000 件的代理机构

序号	代理机构名称	代理专利数量/件
1	北京安信方达知识产权代理有限公司	6585
2	深圳中一专利商标事务所	5554
3	北京康信知识产权代理有限责任公司	5327
4	北京德琦知识产权代理有限公司	4857
5	深圳市深佳知识产权代理事务所	3988
6	北京同立钧成知识产权代理有限公司	3814
7	深圳市顺天达专利商标代理有限公司	3743
8	广州华进联合专利商标代理有限公司	3626
9	广州三环专利商标代理有限公司	3148
10	北京中博世达专利商标代理有限公司	3117
11	深圳市世纪恒程知识产权代理事务所	3023
12	北京同达信恒知识产权代理有限公司	2795
13	北京集佳知识产权代理有限公司	2661
14	北京三高永信知识产权代理有限责任公司	2563
15	北京派特恩知识产权代理有限公司	2404
16	北京凯特来知识产权代理有限公司	2296
17	深圳鼎合诚知识产权代理有限公司	1993
18	深圳市科吉华烽知识产权事务所	1696
19	深圳市赛恩倍吉知识产权代理有限公司	1683
20	深圳市君胜知识产权代理事务所	1408
21	深圳市威世博知识产权代理事务所	1395
22	广州三环专利商标代理有限公司	1355
23	北京润平知识产权代理有限公司	1211
24	深圳市德力知识产权代理事务所	1173
25	深圳新创友知识产权代理有限公司	1064

表 5-11 是申请人所在地为苏州的专利代理情况列表，表中列出了代理专利

数量超过 1000 件的 9 家代理机构。苏州创元专利商标事务所有限公司代理的苏州申请人的专利最多，共代理 7203 件专利，数量遥遥领先。排在第二位的是南京纵横知识产权代理有限公司，共代理 3663 件专利。南京苏科专利代理有限责任公司排在第三位，代理专利数量为 2429 件。

表 5-11　代理苏州（排第四位）的产业发明授权专利数量超过 1000 件的代理机构

序号	代理机构名称	代理专利数量/件
1	苏州创元专利商标事务所有限公司	7203
2	南京纵横知识产权代理有限公司	3663
3	南京苏科专利代理有限责任公司	2429
4	常熟市常新专利商标事务所	1977
5	北京众合诚成知识产权代理有限公司	1833
6	昆山四方专利事务所	1626
7	张家港市高松专利事务所	1493
8	苏州广正知识产权代理有限公司	1294
9	南京经纬专利商标代理有限公司	1167

表 5-12 显示，代理杭州产业发明授权专利数量超过 1000 件的代理机构共有 7 家，其中杭州杭诚专利事务所有限公司代理专利 2762 件，居第一位。排在第二位的是北京德琦知识产权代理有限公司，代理专利 1861 件。杭州求是专利事务所有限公司排在第三位，代理专利 1535 件。代理杭州产业发明授权专利数量最多的 7 家代理机构中，北京的专利代理公司占据 3 个，可见很多北京的专利代理公司在杭州设立了分部，且杭州专利申请人对北京专利代理公司较为认可。

表 5-12　代理杭州（排第五位）的产业发明授权专利数量超过 1000 件的代理机构

序号	代理机构名称	代理专利数量/件
1	杭州杭诚专利事务所有限公司	2762
2	北京德琦知识产权代理有限公司	1861
3	杭州求是专利事务所有限公司	1535
4	杭州九洲专利事务所有限公司	1516
5	浙江杭州金通专利事务所有限公司	1450
6	北京集佳知识产权代理有限公司	1229
7	北京睿博行远知识产权代理有限公司	1053

（四）产业的城市–专利价值度分析

选取1985～2017年累计授权专利数量超过10 000件的22个地级及以上城市，将各城市的专利价值度绘制成柱形图（图5-6），对其专利价值度进行分析。

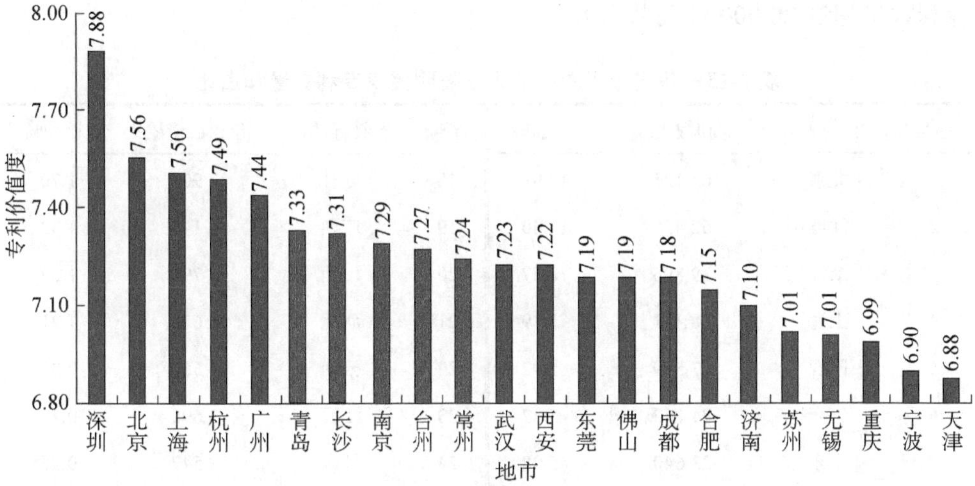

图5-6　22个地级及以上城市产业专利价值度对比

图5-6显示，深圳的产业专利价值度最高，为7.88，远高于其他城市。产业专利价值度排在第二位的是北京，为7.56；上海排在第三位，专利价值度为7.50。22个专利数量超过10 000件的城市中，仅有3个城市的专利价值度低于7，分别是重庆、宁波和天津。所有城市中，其专利价值度均不超过8，可见我国专利质量还有较大的提升空间。

第二节　大学的地域–专利价值度分析

大学具有学术氛围强、创新人才密集的特点，是我国科技创新的前沿阵地，大学发明授权专利在我国授权的专利中占有很大一部分。从地域–专利价值度这一维度出发，对大学发明授权专利进行分析，可以从专利角度了解各地区中大学的创新能力、科研实力和教育水平，为各地增强高校自主创新能力、加快研究型大学建设提供数据参考。

一、大学的省级行政区–专利价值度分析

（一）大学的省级行政区排序、数量、比例

表 5-13 按照从大到小的顺序列出了截至 2017 年全部省级行政区的大学发明授权专利数量及所占比例。专利数量超过 10 000 件的省级行政区共有 14 个，专利数量超过 20 000 件的共有 8 个。

表 5-13　各省级行政区的大学发明授权专利数量和占比

序号	省级行政区	专利数量/件	比例/%	序号	省级行政区	专利数量/件	比例/%
1	北京	65 125	13.98	18	吉林	7 908	1.70
2	江苏	62 426	13.40	19	广西	6 147	1.32
3	浙江	39 896	8.57	20	山西	5 794	1.24
4	上海	38 118	8.19	21	河北	5 618	1.21
5	陕西	27 589	5.92	22	云南	4 580	0.98
6	广东	24 762	5.32	23	江西	3 696	0.79
7	山东	23 640	5.08	24	甘肃	2 547	0.55
8	湖北	22 818	4.90	25	贵州	1 646	0.35
9	黑龙江	19 182	4.12	26	内蒙古	1 053	0.23
10	四川	17 276	3.71	27	新疆	898	0.19
11	辽宁	15 776	3.39	28	香港	804	0.17
12	天津	14 550	3.12	29	台湾	489	0.10
13	湖南	12 733	2.73	30	海南	470	0.10
14	河南	11 351	2.44	31	宁夏	326	0.07
15	安徽	9 605	2.06	32	青海	88	0.02
16	重庆	9 398	2.02	33	西藏	44	0.01
17	福建	9 379	2.01	34	澳门	37	0.01

表 5-13 显示，北京的大学发明授权专利最多，共 65 125 件，占比为 13.98%，江苏以 62 426 件的专利数量紧随其后，占比为 13.40%，北京和江苏两地的大学发明授权专利数量远远超过其他地区，这与两地高校密集有关。浙江和上海分别排第三位和第四位，专利数量为 39 896 件和 38 118 件。青海、西藏和澳门三地的大学发明授权专利最少，均不足 100 件。数据显示，大学发明授权专利较

多的省级行政区大多处在我国东部经济繁荣的沿海地区，与我国的高校分布相关。

（二）大学的高产省级行政区发展趋势

选取从 1985～2017 年累计大学发明授权专利数量超过 10 000 件的省级行政区，共筛选出 14 个省级行政区，把各省级行政区每年的专利数量作为数据点绘制成折线图（图 5-17），以此研究各高产省级行政区发明授权专利的发展趋势。

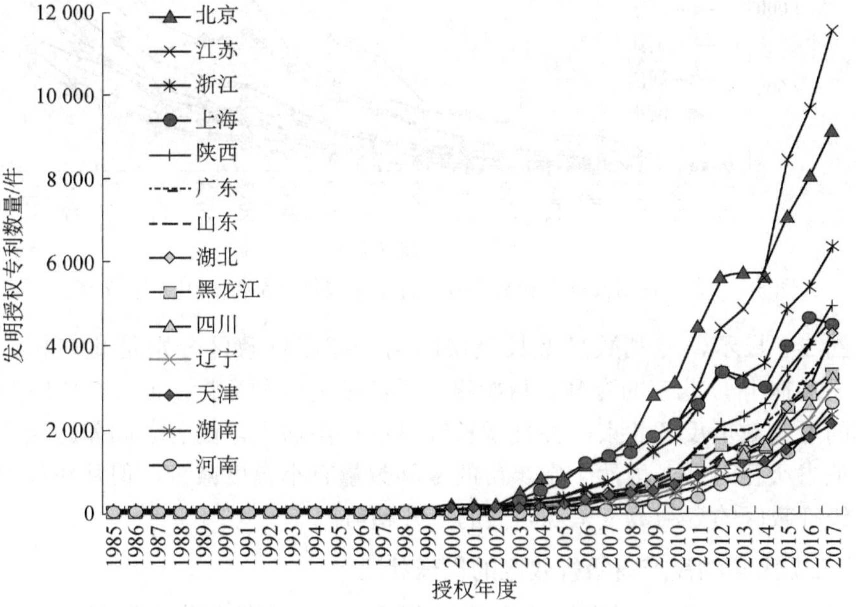

图 5-7　大学发明授权专利高产省级行政区发展趋势（1958～2017 年）

图 5-7 显示，1985～2001 年，各高产省级行政区的专利数量极少，没有明显的增长趋势，这可能与当时经济、科技相对落后，科研工作者知识产权意识薄弱有关。从 2002 年开始，各高产省级行政区的专利数量呈现出明显的增长趋势，至 2008 年，各地的年授权专利数量增幅进一步提高，北京和江苏表现得最突出，至 2017 年，两地的年专利数量已远远超过其他省级行政区。

图 5-8 是 2001～2017 年大学发明授权专利高产省级行政区的专利数量折线图，该图侧重于表现各高产省级行政区在专利事业发展阶段的专利数量的变化趋势。

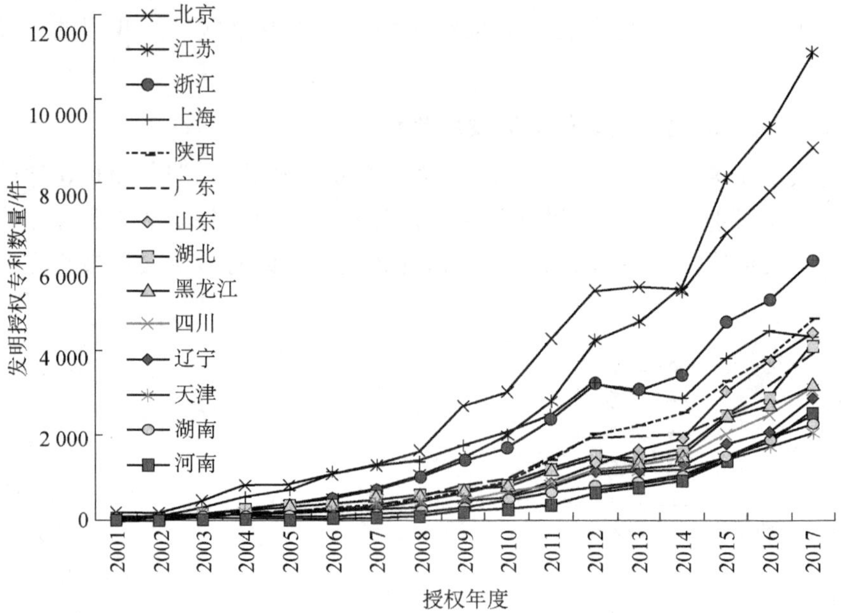

图 5-8　大学发明授权专利高产省级行政区发展趋势（2001～2017 年）

图 5-8 显示，专利数量增长最快的两个省级行政区分别是北京和江苏。2001～2014 年，北京的专利数量始终多于江苏的专利数量，而在 2014 年以后，江苏的专利数量反超北京，并且增长幅度进一步增大，两者之间差距拉大。对于其他省级行政区，虽然个别年份的专利数量有小幅度减少，但从整体上看，各省级行政区的专利数量呈现明显的上升趋势。

（三）大学的高产省级行政区的代理状况

表 5-14～表 5-19 以表格的形式列出了大学发明授权专利数量最多的 6 个省级行政区的专利代理状况，各表选取了代理本地大学发明授权专利数量最多的 19～20 家专利代理机构，详细列出其名称和代理专利数量。

表 5-14 显示，北京思海天达知识产权代理有限公司代理的北京申请人的专利数量最多，共 6823 件，占据绝对优势。北京众合诚成知识产权代理有限公司排在第二位，代理专利 3767 件。第三位是北京纪凯知识产权代理有限公司，代理专利 3498 件。代理北京的大学发明授权专利数量超过 1000 件的机构有 13 家，全部为北京的专利代理公司。

表 5-14　代理北京（排第一位）的大学发明授权专利的前 20 位代理机构

序号	代理机构名称	代理专利数量/件
1	北京思海天达知识产权代理有限公司	6823

续表

序号	代理机构名称	代理专利数量/件
2	北京众合诚成知识产权代理有限公司	3767
3	北京纪凯知识产权代理有限公司	3498
4	北京路浩知识产权代理有限公司	3346
5	北京永创新实专利事务所	3061
6	北京清亦华知识产权代理事务所	2879
7	北京理工大学专利中心	1801
8	北京科迪生专利代理有限责任公司	1755
9	北京慧泉知识产权代理有限公司	1477
10	北京三友知识产权代理有限公司	1283
11	北京君尚知识产权代理有限公司	1074
12	北京金智普华知识产权代理有限公司	1061
13	北京市商泰律师事务所	1007
14	北京同立钧成知识产权代理有限公司	852
15	北京市广友专利事务所有限责任公司	809
16	北京鸿元知识产权代理有限公司	804
17	北京万象新悦知识产权代理事务所	687
18	北京凯特来知识产权代理有限公司	653
19	西安智大知识产权代理事务所	652
20	北京华谊知识产权代理有限公司	545

表 5-15 呈现出江苏的大学发明授权专利代理情况，表中列出了代理江苏大学发明授权专利数量最多的 20 家代理机构。南京经纬专利商标代理有限公司代理的江苏申请人的专利最多，共 11 833 件，在数量上遥遥领先。南京苏高专利商标事务所排在第二位，代理专利 5985 件。第三位是南京知识律师事务所，代理专利 5270 件。代理江苏的大学发明授权专利数量超过 1000 件的机构共有 12 家，其中有 8 家为南京的专利代理公司，可见南京作为江苏的省会城市，经济繁荣，其专利代理行业也较为成熟。

表 5-15　代理江苏（排名第二位）的大学发明授权专利的前 20 位代理机构

序号	代理机构名称	代理专利数量/件
1	南京经纬专利商标代理有限公司	11 883
2	南京苏高专利商标事务所	5 985

续表

序号	代理机构名称	代理专利数量/件
3	南京知识律师事务所	5 270
4	南京瑞弘专利商标事务所	3 605
5	南京天华专利代理有限责任公司	2 459
6	南京理工大学专利中心	2 089
7	苏州创元专利商标事务所有限公司	2 002
8	南京天翼专利代理有限责任公司	1 662
9	江苏圣典律师事务所	1 658
10	无锡市大为专利商标事务所	1 595
11	南京纵横知识产权代理有限公司	1 450
12	江苏永衡昭辉律师事务所	1 006
13	南京汇盛专利商标事务所	835
14	南京苏科专利代理有限责任公司	724
15	北京集佳知识产权代理有限公司	676
16	南京众联专利代理有限公司	665
17	南京君陶专利商标代理有限公司	580
18	南通市永通专利事务所	533
19	常州市江海阳光知识产权代理有限公司	484
20	南京钟山专利代理有限公司	442

表 5-16 显示，申请人所在地为浙江的大学发明授权专利中，有 12 522 件委托给了杭州求是专利事务所有限公司代理，该公司代理浙江的大学发明授权专利数量最多，远远超过其他代理机构。排在第二位的是杭州天正专利事务所有限公司，代理专利 4305 件。杭州天勤知识产权代理有限公司排第三位，代理专利 3894 件。代理专利最多的 20 家代理机构均为浙江本省的代理公司，其中杭州的代理公司占 14 家。

表 5-16　代理浙江（排第三位）的大学发明授权专利的前 20 位代理机构

序号	代理机构名称	代理专利数量/件
1	杭州求是专利事务所有限公司	12 522
2	杭州天正专利事务所有限公司	4 305
3	杭州天勤知识产权代理有限公司	3 894
4	杭州中成专利事务所有限公司	2 511

续表

序号	代理机构名称	代理专利数量/件
5	宁波奥圣专利代理事务所	1 324
6	杭州浙科专利事务所	1 172
7	杭州杭诚专利事务所有限公司	985
8	浙江杭州金通专利事务所有限公司	894
9	杭州君度专利代理事务所	818
10	杭州斯可睿专利事务所有限公司	722
11	宁波诚源专利事务所有限公司	531
12	杭州九洲专利事务所有限公司	518
13	宁波市鄞州甬致专利代理事务所	474
14	绍兴市越兴专利事务所	462
15	杭州宇信知识产权代理事务所	385
16	杭州裕阳专利代理有限公司	364
17	杭州之江专利事务所	291
18	杭州丰禾专利事务所有限公司	266
19	杭州求是专利事务所有限公司	249
20	宁波市鄞州盛飞专利代理事务所	220

表 5-17 显示，上海交达专利事务所代理的上海的大学发明授权专利最多，共 5862 件。排在第二位的是上海正旦专利代理有限公司，代理专利 4267 件，上海上大专利事务所排在第三位，代理专利 3135 件。代理上海的大学发明授权专利最多的 20 家代理机构均为上海代理公司，说明上海的大学发明授权专利申请人倾向于选择本市的专利代理公司。

表 5-17 代理上海（排第四位）的大学发明授权专利的前 20 位代理机构

序号	代理机构名称	代理专利数量/件
1	上海交达专利事务所	5862
2	上海正旦专利代理有限公司	4267
3	上海上大专利事务所	3135
4	上海申汇专利代理有限公司	3078
5	上海科盛知识产权代理有限公司	2802
6	上海汉声知识产权代理有限公司	2715
7	上海泰能知识产权代理事务所	2331

续表

序号	代理机构名称	代理专利数量/件
8	上海新天专利代理有限公司	1083
9	上海伯瑞杰知识产权代理有限公司	963
10	上海智信专利代理有限公司	945
11	上海德昭知识产权代理有限公司	921
12	上海旭诚知识产权代理有限公司	861
13	上海光华专利事务所	712
14	上海顺华专利代理有限责任公司	697
15	上海天翔知识产权代理有限公司	621
16	上海元一成知识产权代理事务所	498
17	上海思微知识产权代理事务所	451
18	上海麦其知识产权代理事务所	383
19	上海翼胜专利商标事务所	357
20	上海蓝迪专利商标事务所	331

表 5-18 显示，陕西的大学发明授权专利中，西安通大专利代理有限责任公司代理了 8029 件，数量最多，远超其他代理机构。西北工业大学专利中心排在第二位，代理了 3214 件专利。排在第三位的是陕西电子工业专利中心，代理专利 3012 件。陕西的大学发明授权专利绝大部分由西安的专利代理机构代理。

表 5-18　代理陕西（排第五位）的大学发明授权专利的前 20 位代理机构

序号	代理机构名称	代理专利数量/件
1	西安通大专利代理有限责任公司	8029
2	西北工业大学专利中心	3214
3	陕西电子工业专利中心	3012
4	西安智大知识产权代理事务所	2206
5	西安弘理专利事务所	2178
6	西安恒泰知识产权代理事务所	1563
7	西安永生专利代理有限责任公司	1071
8	西安创知专利事务所	827
9	西安西达专利代理有限责任公司	782
10	西安新思维专利商标事务所有限公司	590
11	北京科亿知识产权代理事务所	550

续表

序号	代理机构名称	代理专利数量/件
12	西安睿通知识产权代理事务所	381
13	西安吉盛专利代理有限责任公司	264
14	北京世誉鑫诚专利代理事务所	158
15	西安文盛专利代理有限公司	109
16	西安智萃知识产权代理有限公司	101
17	西安智邦专利商标代理有限公司	96
18	北京中济纬天专利代理有限公司	72
19	北京银龙知识产权代理有限公司	66
20	北京方圆嘉禾知识产权代理有限公司	56

表 5-19 是申请人所在地为广东的大学发明授权专利代理情况列表，表中列出了代理专利数排在前 19 位的专利代理机构名称及代理的专利数量。其中，广州粤高专利商标代理有限公司的代理专利数量为更名前后代理量的和（包括原广州粤高专利代理有限公司代理的 1110 件专利），共 6821 件，排名第一。广州市华学知识产权代理有限公司代理专利 5913 件，排在第二位。排在前 4 位的均是广州的专利代理机构，广东的大学发明授权专利多数由广州和深圳的专利代理机构代理。

表 5-19　代理广东（排第六位）的大学发明授权专利的前 19 位代理机构

序号	代理机构名称	代理专利数量/件
1	广州粤高专利商标代理有限公司	6821
2	广州市华学知识产权代理有限公司	5913
3	广州嘉权专利商标事务所有限公司	668
4	广州华进联合专利商标代理有限公司	606
5	深圳市科吉华烽知识产权事务所	594
6	深圳新创友知识产权代理有限公司	436
7	广州三环专利商标代理有限公司	413
8	广州新诺专利商标事务所有限公司	405
9	广州市天河庐阳专利事务所	389
10	广州知友专利商标代理有限公司	356
11	广州市南锋专利事务所有限公司	315
12	深圳市汇力通专利商标代理有限公司	238

续表

序号	代理机构名称	代理专利数量/件
13	深圳市恒申知识产权事务所	233
14	深圳市君胜知识产权代理事务所	220
15	广东广信君达律师事务所	202
16	深圳鼎合诚知识产权代理有限公司	200
17	深圳中一专利商标事务所	197
18	北京集佳知识产权代理有限公司	149
19	广州市深研专利事务所	148

（四）大学的省级行政区–专利价值度分析

图 5-9 以柱形图的形式对各省级行政区的大学发明授权专利的价值进行了对比，图中详细标明了各省级行政区的专利价值度。

图 5-9 显示，大学专利价值度超过 7 的三个省级行政区分别是香港、澳门和台湾，其中香港的专利价值度最高，达到 8.30，远远超过其他省级行政区，澳门排在第二位，专利价值度为 7.78，台湾以 7.39 的专利价值度排在第三位。大多数省级行政区的专利价值度在 6～7，仅河南和宁夏两地的专利价值度低于 7。

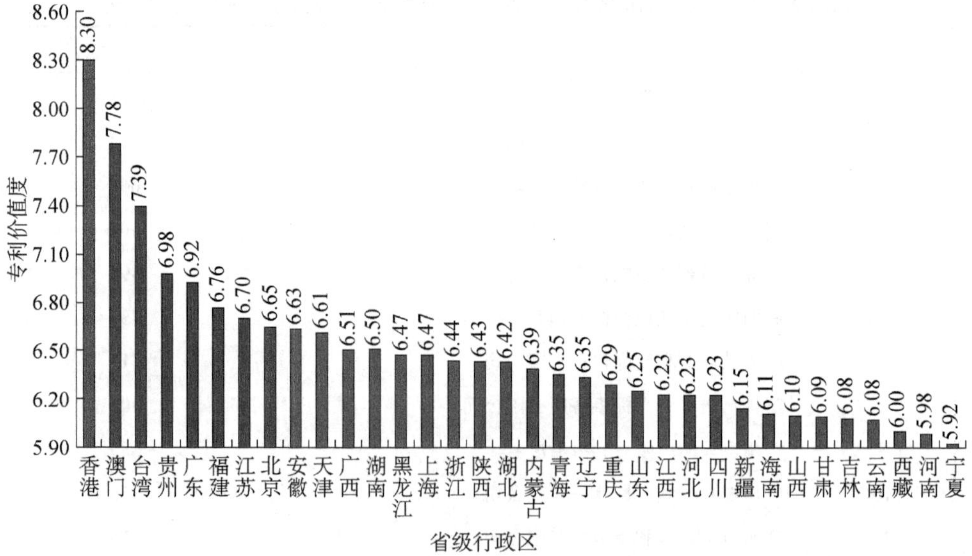

图 5-9　各省级行政区大学专利价值度对比

二、大学的城市-专利价值度分析

（一）大学的城市排序、数量

表 5-20 是地级及以上城市的大学发明授权专利数量列表，表中列出了大学发明授权专利数量超过 5000 件的 22 个城市，并按照从大到小的顺序将其名称和专利数量依次排列出来。

表 5-20　地级及以上城市的大学发明授权专利数量（Top 22）

序号	城市	专利数量/件	序号	城市	专利数量/件
1	北京	65 125	12	长沙	9 481
2	上海	38 118	13	重庆	9 398
3	南京	32 508	14	青岛	8 075
4	杭州	30 449	15	长春	7 191
5	西安	26 312	16	沈阳	7 160
6	武汉	21 057	17	镇江	6 798
7	广州	18 148	18	大连	6 733
8	哈尔滨	18 004	19	合肥	6 190
9	成都	15 473	20	太原	5 360
10	天津	14 550	21	苏州	5 181
11	济南	9 940	22	无锡	5 016

表 5-20 显示，大学发明授权专利数量超过 10 000 件的城市共有 10 个，专利数量超过 20 000 件的城市共有 6 个。北京的大学发明授权专利遥遥领先，至 2017 年累计授权专利 65 125 件。排在第二位的城市是上海，专利数量为 38 118 件。排在第三位和第四位的是南京和杭州，大学发明授权专利分别为 32 508 件和 30 449 件。北京和上海是我国拥有重点高校最多的两个城市，南京也是我国高等教育重点布局的城市，含有两所 985 大学和六所 211 大学。可见，各城市的大学发明授权专利数量与重点高校的地区分布有关。

（二）大学的高产城市发展趋势

图 5-10 选取了大学专利数量超过 10 000 件的 10 个地级及以上城市，以各城市 1985～2017 年每年的专利数量作为数据点绘制折线图（图 5-10），可表现各省级行政区在 1985～2017 年专利数量的变化特征和发展趋势。

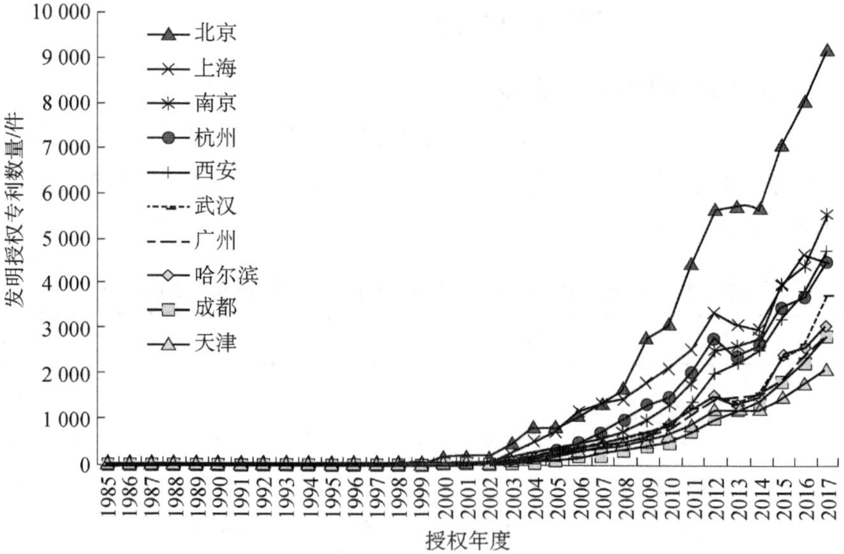

图 5-10　大学发明授权专利高产城市发展趋势（1958～2017 年）

图 5-10 显示，1985～2002 年各城市的大学发明授权专利发展缓慢，其中北京市起步较早，自 2000 年开始专利数量便出现小幅度增长，其他城市仅有零星的专利授权。自 2003 年开始，各城市的大学发明授权专利均进入发展阶段，北京和上海在 2003～2008 年专利数量不相上下，2008 年以后北京的大学发明授权专利数量高速增长，远超上海等其他城市，遥遥领先。南京市在 2012 年前的大学发明授权专利数量虽低于上海和杭州，但其一直保持较高增速，至 2017 年南京市的大学发明授权专利已超越上海和杭州，居第二位。

图 5-11 显示，自 2002 年开始，各城市的大学发明授权专利数量不断增加，增长趋势稳定，北京市表现突出，呈现陡坡式增长趋势，2017 年大学发明授权专利数量超过 9000 件，远超其他城市。2012～2014 年，各城市的大学发明授权专利增长均出现了平台期，年专利数量保持稳定，个别城市出现小幅下降。2014 年以后，各城市发明授权专利数量恢复快速增长，并大致区分为三个梯队：北京 2017 年大学发明授权专利数量超过 9000 件，遥遥领先，位于第一梯队；南京、上海、杭州和西安 2017 年大学发明授权专利数量在 4000～6000 件，位于第二梯队；第三梯队 2017 年大学发明授权专利数量达到 2000～4000 件，包含城市有武汉、广州、哈尔滨、成都和天津。

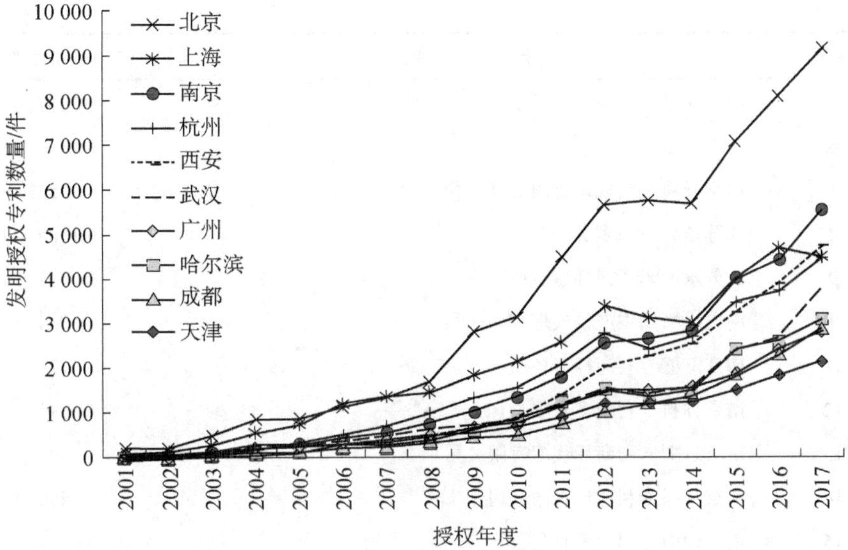

图 5-11　大学发明授权专利高产城市发展趋势（2001～2017 年）

（三）大学的高产城市的代理状况

选取 1985～2017 年累计大学发明授权专利数量排在前 5 位的城市和排在第 18 位的大连，研究其专利代理状况。专利数量排在前 5 位的城市分别为北京、上海、南京、杭州和西安。由于北京和上海同时属于省级行政区，其专利代理情况已在表 5-14 和表 5-17 中列出，在此处便不再进行重复展示，其他三个城市的专利代理情况见表 5-21～表 5-24。

表 5-21 显示，南京经纬专利商标代理有限公司代理南京的大学发明授权专利数量最多，共 7488 件，占据绝对优势。南京苏高专利商标事务所居第二位，代理专利 4829 件。排在第三位的是南京知识律师事务所，代理南京的大学发明授权专利 2689 件。有 6 家专利代理机构代理的大学发明授权专利数量超过 2000 件，8 家代理机构代理的大学发明授权专利数量超过 1000 件。南京的大学专利申请人多数选择了本市的专利代理机构。

表 5-21　代理南京（排第三位）的大学发明授权专利的前 20 位代理机构

序号	代理机构名称	代理专利数量/件
1	南京经纬专利商标代理有限公司	7488
2	南京苏高专利商标事务所	4829
3	南京知识律师事务所	2689
4	南京天华专利代理有限责任公司	2275

续表

序号	代理机构名称	代理专利数量/件
5	南京瑞弘专利商标事务所	2187
6	南京理工大学专利中心	2034
7	南京天翼专利代理有限责任公司	1556
8	江苏圣典律师事务所	1234
9	江苏永衡昭辉律师事务所	907
10	南京纵横知识产权代理有限公司	754
11	南京汇盛专利商标事务所	735
12	南京苏科专利代理有限责任公司	591
13	南京君陶专利商标代理有限公司	495
14	南京众联专利代理有限公司	460
15	南京钟山专利代理有限公司	354
16	南京苏高专利事务所	223
17	江苏致邦律师事务所	175
18	南京正联知识产权代理有限公司	139
19	江苏爱信律师事务所	132
20	北京科亿知识产权代理事务所	125

表 5-22 列出了代理杭州的大学发明授权专利的前 20 位专利代理机构的名称及其代理专利数量。表 5-22 显示，在全部杭州申请人的专利中，有 12 279 件由杭州求是专利事务所有限公司代理，数量遥遥领先。杭州天正专利事务所有限公司排在第二位，代理了 4107 件专利。排在第三位的是杭州天勤知识产权代理有限公司，代理专利 3764 件。代理杭州的大学发明授权专利最多的 20 家代理机构大多位于杭州。

表 5-22 代理杭州（排第四位）的大学发明授权专利的前 20 位代理机构

序号	代理机构名称	代理专利数量/件
1	杭州求是专利事务所有限公司	12 279
2	杭州天正专利事务所有限公司	4 107
3	杭州天勤知识产权代理有限公司	3 764
4	杭州中成专利事务所有限公司	2 458
5	浙江杭州金通专利事务所有限公司	828
6	杭州浙科专利事务所	806

续表

序号	代理机构名称	代理专利数量/件
7	杭州君度专利代理事务所	804
8	杭州杭诚专利事务所有限公司	634
9	杭州斯可睿专利事务所有限公司	619
10	杭州九洲专利事务所有限公司	503
11	杭州宇信知识产权代理事务所	282
12	杭州求是专利事务所有限公司	249
13	杭州之江专利事务所	248
14	杭州裕阳专利代理有限公司	228
15	杭州赛科专利代理事务所	186
16	杭州丰禾专利事务所有限公司	121
17	绍兴市越兴专利事务所	97
18	浙江千克知识产权代理有限公司	84
19	北京集佳知识产权代理有限公司	69
20	浙江永鼎律师事务所	48

表 5-23 显示，代理西安的大学发明授权专利数量超过 1000 件的代理机构共有 7 家，其中西安通大专利代理有限责任公司代理了 7666 件专利，居第一位，远高于其他代理机构，这与该公司同西安的很多大学签订了长期全面合作协议有关。排在第二位的是西北工业大学专利中心，代理专利 3202 件。陕西电子工业专利中心排在第三位，代理专利 3010 件。代理西安的大学发明授权专利最多的 10 家代理机构均位于西安市，可见西安的专利代理机构较多，其专利代理业发展日趋成熟。

表 5-23 代理西安（排第五位）的大学发明授权专利的前 20 位代理机构

序号	代理机构名称	代理专利数量/件
1	西安通大专利代理有限责任公司	7666
2	西北工业大学专利中心	3202
3	陕西电子工业专利中心	3010
4	西安智大知识产权代理事务所	2195
5	西安弘理专利事务所	2081
6	西安恒泰知识产权代理事务所	1542
7	西安永生专利代理有限责任公司	1056

续表

序号	代理机构名称	代理专利数量/件
8	西安创知专利事务所	820
9	西安西达专利代理有限责任公司	675
10	西安新思维专利商标事务所有限公司	560
11	北京科亿知识产权代理事务所	497
12	西安睿通知识产权代理事务所	374
13	西安吉盛专利代理有限责任公司	255
14	北京世誉鑫诚专利代理事务所	151
15	西安文盛专利代理有限公司	105
16	西安智邦专利商标代理有限公司	94
17	西安智萃知识产权代理有限公司	93
18	北京中济纬天专利代理有限公司	72
19	北京银龙知识产权代理有限公司	66
20	北京市盛峰律师事务所	26

表 5-24 显示，代理大连的大学发明授权专利数量最多的代理机构是大连理工大学专利中心，代理专利 2461 件，大连东方专利代理有限责任公司紧随其后，排在第二位，代理专利 2128 件，超过 70%的大连的大学发明授权专利由这两家代理机构代理。其他专利代理机构代理的大学发明授权专利数量均不足 600 件，除去代理专利数量最多的 2 家代理机构，仅有 5 家代理机构的代理专利数量超过百件。

表 5-24　代理大连（排第 18 位）的大学发明授权专利的前 20 位代理机构

序号	代理机构名称	代理专利数量/件
1	大连理工大学专利中心	2461
2	大连东方专利代理有限责任公司	2128
3	大连星海专利事务所有限公司	569
4	大连八方知识产权代理有限公司	358
5	大连非凡专利事务所	300
6	大连智慧专利事务所	150
7	大连智高专利事务所	148
8	大连星海专利事务所有限公司	89
9	北京同立钧成知识产权代理有限公司	9

续表

序号	代理机构名称	代理专利数量/件
10	上海专利商标事务所有限公司	6
11	北京科亿知识产权代理事务所	5
12	沈阳杰克知识产权代理有限公司	4
13	北京五洲洋和知识产权代理事务所	4
14	济南舜源专利事务所有限公司	3
15	北京高沃律师事务所	3
16	哈尔滨市松花江专利商标事务所	2
17	北京超凡志成知识产权代理事务所	2
18	北京君智知识产权代理事务所	2
19	北京国坤专利代理事务所	2
20	北京法思腾知识产权代理有限公司	2

（四）大学的城市–专利价值度分析

根据 1985～2017 年各市的专利数据计算专利价值度，选取专利价值度最高的 21 个城市，将各城市的专利价值度绘制成柱形图（图 5-12），对其进行分析。

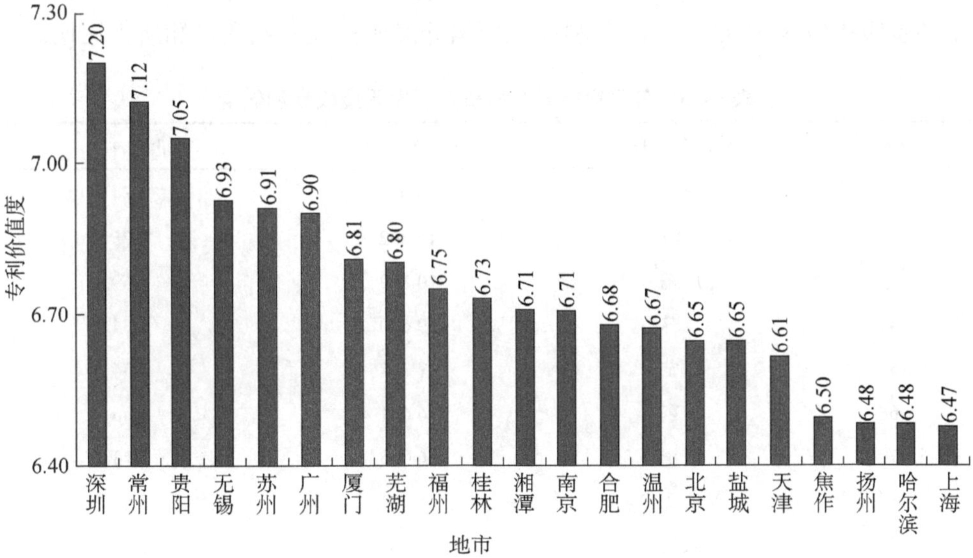

图 5-12　各地级及以上城市大学专利价值度对比（Top 21）

图 5-12 显示，仅有三座城市的大学专利价值度超过 7，分别是深圳（7.20）、

常州（7.12）和贵阳（7.05），这三个城市的大学发明授权专利数量相对较少，均未排进前22位，可专利质量却很高。大学发明授权专利数量最多的三个城市——北京、上海和南京，在高专利价值度的城市排名中并不靠前，分别排第15位、第21位和第12位。

第三节　科研院所的地域–专利价值度分析

研究院所是独立于教育部和高校系统之外、以科研工作为业务核心的各级、各类研究机构。科研院所的专利数量和价值是衡量科研院所科研实力和科技创新水平的重要指标。从地域–专利价值度这一维度对科研院所的专利进行分析，可以对各省级行政区科研院所的科研创新实力有所了解，并且可在一定程度上反映各省级行政区的经济科技发展水平，也可为科研经费的合理使用和监管提供数据支持。

一、科研院所的省级行政区–专利价值度分析

（一）科研院所的省级行政区排序、数量、比例

表5-25是各省级行政区科研院所的发明授权专利数量列表，表中详细列出了各省级行政区1985～2017年科研院所累计发明授权专利数量和所占比例。

表5-25　各省级行政区科研院所发明授权专利数量

序号	省级行政区	专利数量/件	占比/%
1	北京	55 075	33.84
2	上海	15 862	9.75
3	广东	10 892	6.69
4	江苏	9 020	5.54
5	辽宁	7 382	4.54
6	山东	6 601	4.06
7	四川	6 075	3.73
8	浙江	5 591	3.43
9	陕西	4 862	2.99
10	吉林	4 731	2.91
11	台湾	4 246	2.61
12	湖北	3 775	2.32

续表

序号	省级行政区	专利数量/件	占比/%
13	安徽	3 470	2.13
14	天津	2 855	1.75
15	云南	2 342	1.44
16	甘肃	2 052	1.26
17	福建	1 999	1.23
18	山西	1 955	1.20
19	河南	1 675	1.03
20	湖南	1 656	1.02
21	黑龙江	1 601	0.98
22	重庆	1 451	0.89
23	新疆	1 403	0.86
24	广西	1 318	0.81
25	河北	1 274	0.78
26	贵州	1 154	0.71
27	海南	677	0.42
28	青海	609	0.37
29	江西	558	0.34
30	内蒙古	352	0.22
31	宁夏	147	0.09
32	香港	43	0.03
33	西藏	42	0.03
34	澳门	2	0.00

表 5-25 显示，北京的科研院所发明授权专利数量共 55 075 件，占比为 33.84%，稳居第一位。上海、广东的科研院所发明授权专利数量均超过 10 000 件，居第二位、第三位，分别拥有专利 15 862 件和 10 892 件。三地科研院所专利数量之所以名列前茅，主要原因是其科研院所集中，其次是其经济发展水平高，聚集了大量的创新人才。有 20 个省级行政区的专利数量占比超过 1%，26 个省级行政区的专利数量超过 1000 件，香港、西藏和澳门的科研院所发明授权专利数量最少，均不超过 100 件。

（二）科研院所的高产省级行政区发展趋势

选取 1985～2017 年累计科研院所发明授权专利数量超过 4000 件的省级行政区，共筛选出 11 个，把各省级行政区每年的发明授权专利数量作为数据点绘制成折线图，以此研究各高产省级行政区发明授权专利的发展趋势。

图 5-13 显示，科研院所的发明授权专利发展大致可以划分为两个阶段：1985～2000 年的停滞阶段和 2001～2017 年的增长阶段。北京市在停滞阶段虽然同样仅有零星的专利授权，但其专利数量却始终高于其他省级行政区，且北京市专利数量出现明显增长趋势的时间较早，1999 年便出现明显增长，2001 年以后，专利数量增长更加迅速，使北京市专利数量远远超过其他省级行政区，稳居第一位。从整体上看，在增长阶段，除北京外，其他省级行政区的科研院所发明授权专利对比产业、大学发明授权专利增长幅度不够大，说明科研人员在从事科学研究的同时，还需要加强知识产权的保护意识。

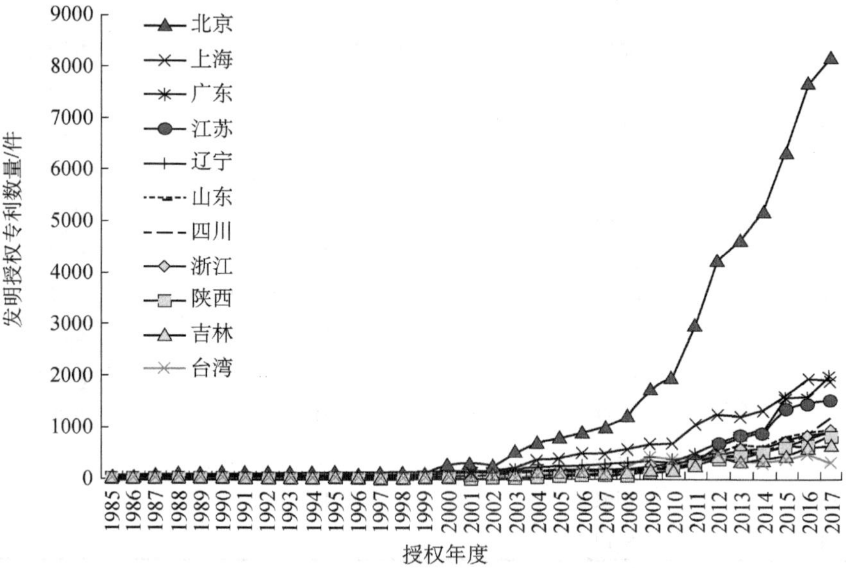

图 5-13　科研院所发明授权专利高产省级行政区发展趋势（1958～2017 年）

图 5-14 是 2001～2017 年专利高产省级行政区发明授权专利数量的折线图，该图侧重于表现各高产省级行政区在专利事业发展阶段的年专利数量的变化趋势。

图 5-14 显示，2001～2017 年北京市的年科研院所专利数量增长幅度最大，16 年间专利数量增长超过 8 倍。除北京外，上海、广东和江苏三省的专利数量增长速度排在前列，虽然增长幅度不是很大，但呈现明显的上升趋势。

图 5-15 显示，2004～2016 年，除北京外，上海的年专利数量始终位列第一，但自 2014 年开始，广东省的专利数量上涨势头强劲，年专利数量直逼上海，且

在 2017 年超过上海。台湾在 10 个高产省级行政区中科研院所专利数量最少，2007～2009 年其专利数量增长幅度最大，至 2009 年专利数量达到一个较高值，此后几年的年专利数量始终在 500 件左右波动，没有出现明显上升趋势。

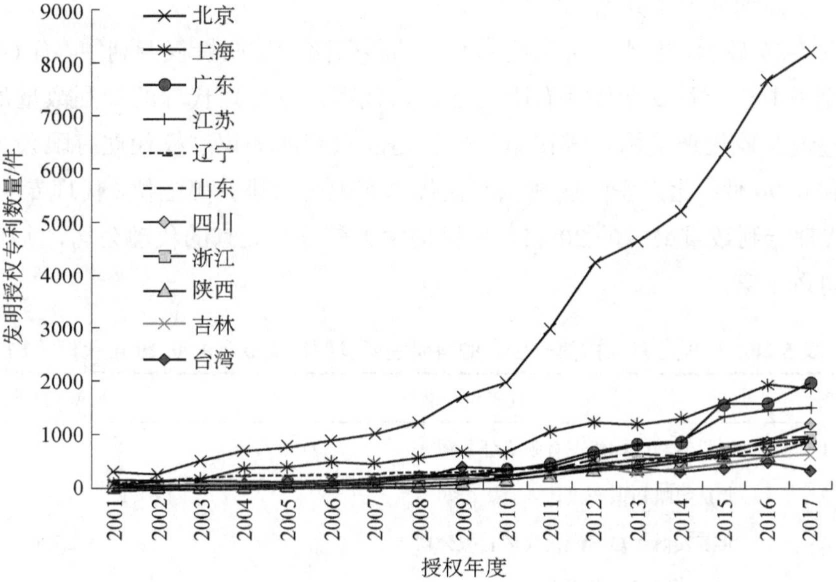

图 5-14　科研院所发明授权专利高产省级行政区发展趋势（2001～2017 年）

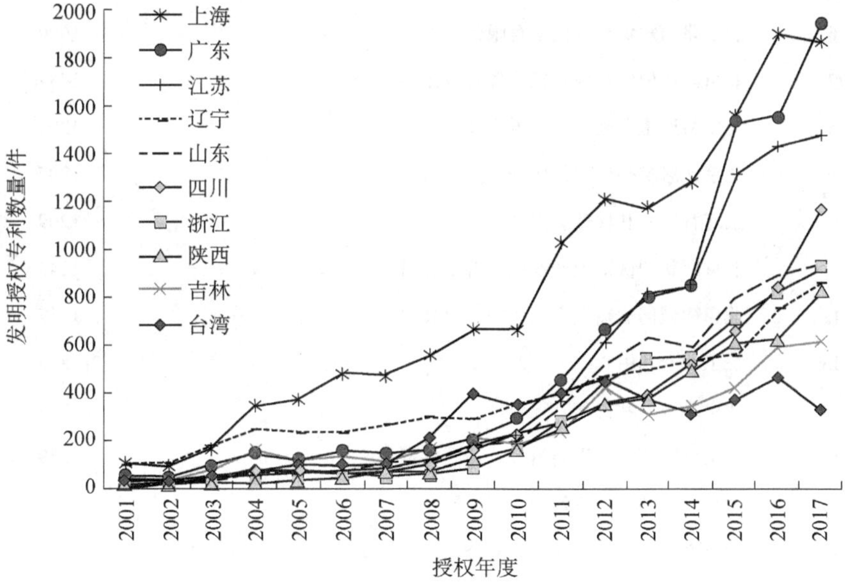

图 5-15　除北京外科研院所发明授权专利高产省级行政区专利发展趋势（2001～2017 年）

（三）科研院所的高产省级行政区的代理状况

表 5-26～表 5-30 以表格的形式列出了大学发明授权专利数量最多的 5 个省级行政区的专利代理状况，各表选取了代理专利数量最多的 18～20 个专利代理公司，详细列出了其名称和代理专利数量。

表 5-26 显示，申请人所在地为北京的科研院所发明授权专利中，有 6407 件委托给了中科专利商标代理有限责任公司代理，该公司代理的专利数量最多，远远超过其他代理机构。排在第二位的是北京纪凯知识产权代理有限公司，代理专利 4290 件。北京安博达知识产权代理有限公司排在第三位，代理专利 2706 件。代理专利数量最多的 20 家代理机构中大部分为北京的代理公司，上海的代理公司占 1 家。

表 5-26　代理北京（排第一位）的科研院所发明授权专利的前 20 位代理机构

序号	代理机构名称	代理专利数量/件
1	中科专利商标代理有限责任公司	6407
2	北京纪凯知识产权代理有限公司	4290
3	北京安博达知识产权代理有限公司	2706
4	中国航天科技专利中心	2620
5	北京泛华伟业知识产权代理有限公司	2032
6	北京路浩知识产权代理有限公司	1690
7	北京同达信恒知识产权代理有限公司	1437
8	北京科迪生专利代理有限责任公司	1297
9	北京法思腾知识产权代理有限公司	1297
10	上海智信专利代理有限公司	1209
11	北京北新智诚知识产权代理有限公司	1143
12	北京律诚同业知识产权代理有限公司	1037
13	核工业专利中心	878
14	北京品源专利代理有限公司	733
15	中国国际贸易促进委员会专利商标事务所	659
16	北京君尚知识产权代理有限公司	646
17	北京集佳知识产权代理有限公司	535
18	北京正理专利代理有限公司	520

续表

序号	代理机构名称	代理专利数量/件
19	北京中创阳光知识产权代理有限责任公司	503
20	北京润平知识产权代理有限公司	468

表 5-27 显示，上海新天专利代理有限公司代理的上海申请人的专利数量最多，共 2838 件。排在第二位的是上海智信专利代理有限公司，代理专利 1921 件，上海光华专利事务所排在第三位，代理专利 1487 件。代理上海科研院所发明授权专利数量最多的 20 家代理机构中 19 家为上海代理公司，说明上海的科研院所发明授权专利申请人倾向于选择本市的专利代理公司。

表 5-27　代理上海（排第二位）的科研院所发明授权专利的前 20 位代理机构

序号	代理机构名称	代理专利数量/件
1	上海新天专利代理有限公司	2838
2	上海智信专利代理有限公司	1921
3	上海光华专利事务所	1487
4	上海汉声知识产权代理有限公司	810
5	上海专利商标事务所有限公司	780
6	上海伯瑞杰知识产权代理有限公司	414
7	上海瀚桥专利代理事务所	400
8	上海航天局专利中心	386
9	上海泰能知识产权代理事务所	345
10	上海科盛知识产权代理有限公司	327
11	上海开祺知识产权代理有限公司	295
12	上海申汇专利代理有限公司	288
13	上海信好专利代理事务所	282
14	上海一平知识产权代理有限公司	249
15	上海弼兴律师事务所	234
16	上海华东专利事务所	217
17	北京金信知识产权代理有限公司	210
18	上海华工专利事务所	198

续表

序号	代理机构名称	代理专利数量/件
19	上海东方易知识产权事务所	196
20	上海天翔知识产权代理有限公司	182

表 5-28 是申请人所在地为广东的科研院所发明授权专利代理情况列表，表中列出了代理专利数量排在前 19 位的专利代理机构名称及代理的专利数量。其中，广州科粤专利商标代理有限公司实际代理 1767 件专利（包括原广州科粤专利代理有限责任公司代理的 517 件专利），排在第一位。广州华进联合专利商标代理有限公司排在第二位，累计代理专利 1437 件。仅这两家专利代理机构代理的科研院所发明授权专利数量超过 1000 件。排在第三位的是广州嘉权专利商标事务所有限公司，代理专利 582 件。排在前 19 位的专利代理机构中，仅有两家是北京的专利代理公司，与广东省产业发明授权专利代理状况相比，北京的专利代理机构占比更小。

表 5-28　代理广东（排第三位）的科研院所发明授权专利的前 19 位代理机构

序号	代理机构名称	代理专利数量/件
1	广州科粤专利商标代理有限公司	1767
2	广州华进联合专利商标代理有限公司	1437
3	广州嘉权专利商标事务所有限公司	582
4	广州市华学知识产权代理有限公司	570
5	深圳中一专利商标事务所	479
6	广州知友专利商标代理有限公司	473
7	深圳市科进知识产权代理事务所	402
8	广州粤高专利商标代理有限公司	386
9	广东世纪专利事务所有限公司	316
10	广州三环专利商标代理有限公司	199
11	广州市南锋专利事务所有限公司	122
12	中国科学院广州专利事务所	110
13	广州新诺专利商标事务所有限公司	104
14	北京品源专利代理有限公司	103
15	北京三友知识产权代理有限公司	97

续表

序号	代理机构名称	代理专利数量/件
16	深圳新创友知识产权代理有限公司	87
17	深圳市君胜知识产权代理事务所	83
18	广州广信知识产权代理有限公司	77
19	广州弘邦专利商标事务所有限公司	77

表 5-29 呈现出江苏的科研院所发明授权专利代理情况，表中列出了代理专利数最多的 20 家代理机构。南京经纬专利商标代理有限公司代理的江苏申请人的专利最多，共 1065 件，在数量上遥遥领先。南京经纬专利商标代理有限公司是我国首批“全国知识产权服务品牌机构”之一，也是江苏省内唯一获得国家级和省级双“四星级专利代理机构”荣誉称号的知识产权代理服务机构。南京知识律师事务所排在第二位，代理专利 523 件。第三位是无锡市大为专利商标事务所，代理专利 505 件。代理江苏科研院所发明授权专利数量超过 200 件的机构共有 11 家，其中有 7 家为南京的专利代理公司，说明江苏科研院所的专利申请人趋向于选择南京的专利代理机构为其办理专利事项。

表 5-29 代理江苏（排第四位）的科研院所发明授权专利的前 20 位代理机构

序号	代理机构名称	代理专利数量/件
1	南京经纬专利商标代理有限公司	1065
2	南京知识律师事务所	523
3	无锡市大为专利商标事务所	505
4	苏州创元专利商标事务所有限公司	353
5	南京苏科专利代理有限责任公司	340
6	江苏致邦律师事务所	289
7	南京苏高专利商标事务所	278
8	北京集佳知识产权代理有限公司	223
9	南京众联专利代理有限公司	222
10	南京天华专利代理有限责任公司	214
11	南京纵横知识产权代理有限公司	205
12	南京利丰知识产权代理事务所	183
13	南京天翼专利代理有限责任公司	175

续表

序号	代理机构名称	代理专利数量/件
14	北京众合诚成知识产权代理有限公司	155
15	南京同泽专利事务所	133
16	江苏圣典律师事务所	132
17	北京德琦知识产权代理有限公司	123
18	南京瑞弘专利商标事务所	117
19	南京汇盛专利商标事务所	95
20	北京远大卓悦知识产权代理事务所	94

表 5-30 显示，申请人所在地为辽宁的科研院所发明授权专利中，有 4463 件委托给沈阳科苑专利商标代理有限公司代理（包括由原中国科学院沈阳专利事务所代理的 278 件专利和沈阳科苑专利代理有限责任公司代理的 191 件专利），数量最多，远远超过其他代理机构。排在第二位的是沈阳晨创科技专利代理有限责任公司，代理专利 703 件。中科专利商标代理有限责任公司排在第三位，代理专利 546 件。代理专利最多的 18 家代理机构大多为沈阳市的代理公司。

表 5-30 代理辽宁（排第五位）的科研院所发明授权专利的前 18 位代理机构

序号	代理机构名称	代理专利数量/件
1	沈阳科苑专利商标代理有限公司	4463
2	沈阳晨创科技专利代理有限责任公司	703
3	中科专利商标代理有限责任公司	546
4	沈阳优普达知识产权代理事务所	428
5	辽宁沈阳国兴专利代理有限公司	158
6	沈阳科威专利代理有限责任公司	152
7	沈阳利泰专利商标代理有限公司	66
8	沈阳亚泰专利商标代理有限公司	60
9	沈阳市专利事务所	58
10	沈阳维特专利商标事务所	44
11	辽宁沈阳国兴知识产权代理有限公司	43
12	沈阳东大知识产权代理有限公司	35

续表

序号	代理机构名称	代理专利数量/件
13	大连东方专利代理有限责任公司	34
14	沈阳杰克知识产权代理有限公司	31
15	北京元周律知识产权代理有限公司	25
16	北京恒和顿知识产权代理有限公司	13
17	北京中原华和知识产权代理有限责任公司	10
18	北京科迪生专利代理有限责任公司	8

（四）科研院所的省级行政区–专利价值度分析

图 5-16 是各省级行政区科研院所发明授权专利的专利价值度柱形图，图中详细标明了各省级行政区的专利价值度，由于澳门仅有两个科研院所发明授权专利，专利价值度的数值不具有代表性，因此图中未列出澳门的专利价值度。专利价值度超过 7 的省级行政区共 5 个，专利价值度超过 8 的仅有 2 个。

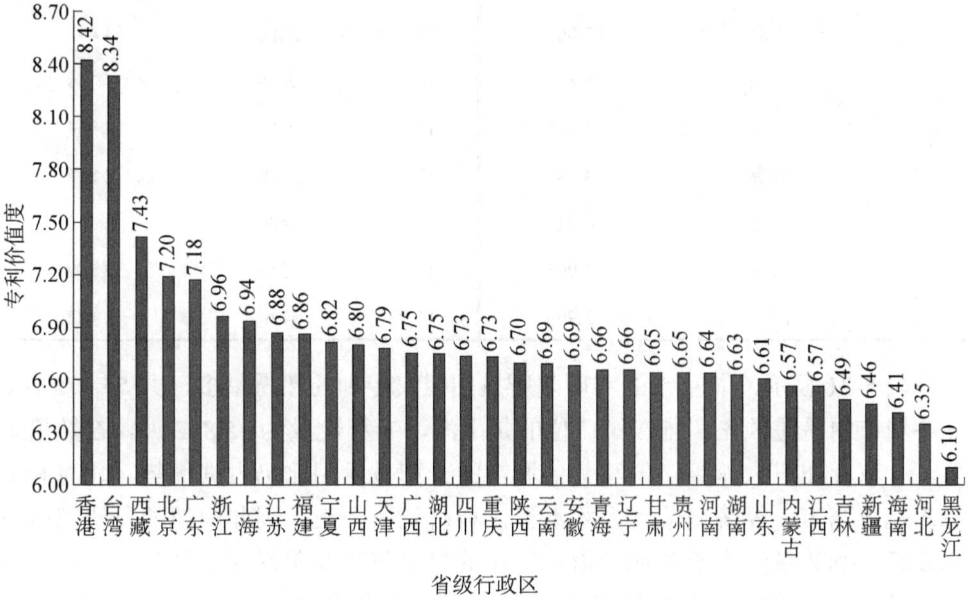

图 5-16　除澳门外各省级行政区科研院所专利价值度对比

图 5-16 显示，香港和台湾的科研院所专利价值度均超过 8，分别为 8.42 和 8.34，分别排在第一位和第二位，香港 1985～2017 年累计科研院所发明授权专

利数量仅 43 件，在各省级行政区中位于倒数第三，可见香港的科研院所专利质量普遍较高。专利价值度排在第三位的是西藏，专利价值度数值为 7.43，但西藏的专利数量同样很少，仅 42 件。对于在专利数量上占据绝对优势的北京，其专利价值度排在第四位，数值为 7.20，与澳门和台湾存在较大的差距。有一半以上的省级行政区的专利价值度在 6.5～6.9，5 个省级行政区的专利价值度低于 6.5，黑龙江以 6.10 的专利价值度排在末位。

二、科研院所的城市–专利价值度分析

（一）科研院所的城市排序、数量

表 5-31 是 1985～2017 年地级及以上城市科研院所发明授权专利数量列表。表中列出了科研院所发明授权专利数量超过 2000 件的城市，共有 16 个，并按照从大到小的顺序将其名称和专利数量依次排列出来。

表 5-31　地级及以上城市科研院所发明授权专利数量（TOP16）

序号	城市	专利数量/件	序号	城市	专利数量/件
1	北京	55 075	9	深圳	3 869
2	上海	15 862	10	武汉	3 445
3	广州	5 849	11	大连	3 140
4	西安	4 660	12	济南	2 964
5	长春	4 584	13	天津	2 855
6	南京	4 411	14	合肥	2 755
7	成都	4 005	15	青岛	2 509
8	沈阳	3 990	16	杭州	2 472

表 5-31 显示，北京市的科研院所发明授权专利的数量最多，共 55 075 件，在各城市中遥遥领先。排在第二位的是上海，专利数量为 15 862 件，在数量上虽与北京存在很大差距，但与其他城市的专利数量相比仍占据优势。北京和上海均是直辖市，经济繁荣，人才汇聚，科研院所密集，因此两地的科研院所发明授权专利数量远多于其他城市。广州的科研院所发明授权专利数量排在第三位，累计 5849 件。专利数量超过 4000 件的城市共有 7 个。这 16 个城市包括北京、上海和重庆在内的 3 个直辖市，而天津的科研院所发明授权专利相对较少，以 2855 件排在第 13 位。

（二）科研院所的高产城市发展趋势

选取 1985～2017 年累计科研院所发明授权专利数量超过 3000 件的地级及以上城市，共筛选出 11 个城市，把各城市每年的专利数量作为数据点绘制成折线图（图 5-17），以此研究各高产城市发明授权专利的发展趋势。

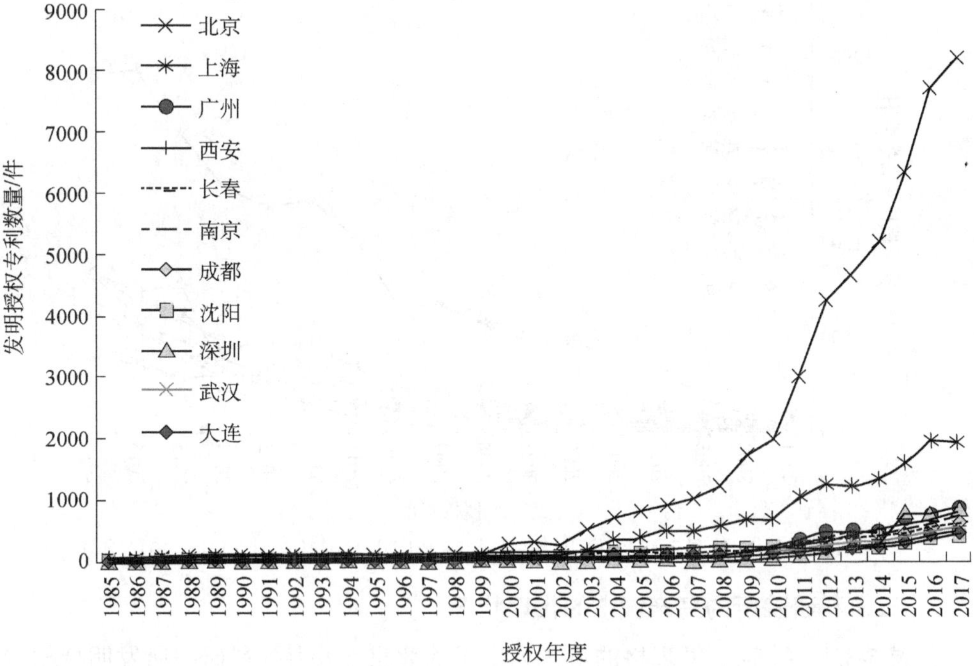

图 5-17　科研院所发明授权专利高产城市发展趋势（1958～2017 年）

图 5-17 显示，各城市的科研院所发明授权专利发展大致分为两个阶段，不同阶段呈现不同特点。第一阶段的时间为 1985～2000 年。这一阶段，由于我国刚刚建立专利制度，国民知识产权保护意识不强，各城市的科研院所发明授权专利数量均较少，除北京外，其他城市的年发明授权专利数量几乎保持不变，而自 2000 年开始，北京的专利数量便出现小幅度增长。第二阶段的时间为 2001～2017 年。这一阶段，随着我国的创新能力的提高、研发投入的增长以及各地政府的支持，各城市的科研院所发明授权专利数量逐年增加，其中北京表现得最突出，其专利数量始终保持高速增长，至 2017 年，年发明授权专利数量已超过 2007 年发明授权专利数量的 8 倍。

图 5-18 显示，除北京外，上海的年发明授权专利数量显著高于其他城市，忽略个别年份专利数量的小幅度回落，年发明授权专利数量增长趋势稳定，增速较快。深圳市在 2010 年前，年发明授权专利数量在高产城市中排在最末，且

专利数量增长缓慢，从 2011 年开始，深圳市年发明授权专利数量保持较高速度的持续增长，2015 年增长幅度进一步增大，2015 年的发明授权专利数量增长超过 500 件，使得深圳的年发明授权专利数量超过大部分高产城市，位居前列。

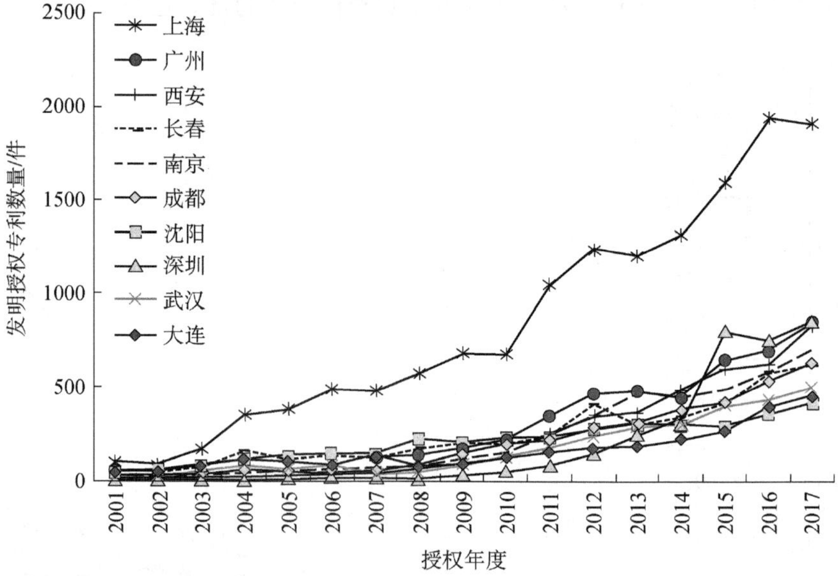

图 5-18　除北京外科研院所发明授权专利高产城市发展趋势（2001～2017 年）

（三）科研院所的高产城市的代理状况

表 5-32～表 5-37 以表格的形式列出了除北京、上海外科研院所发明授权专利最多的 4 个城市以及辽宁的沈阳和大连两市的专利代理状况，各表选取了代理专利数量最多的 17～20 个专利代理公司，详细列出了其名称和代理专利数量。

表 5-32 显示，广州科粤专利商标代理有限公司代理的广州申请人的专利最多，共 1761 件，占据绝对优势。广州华进联合专利商标代理有限公司排在第二位，代理专利 549 件。广州市华学知识产权代理有限公司紧随其后，排在第三位，代理专利 543 件。代理广州科研院所发明授权专利数量最多的 17 个机构全部为广州市的专利代理公司。

表 5-32　代理广州（排第三位）的科研院所发明授权专利的前 17 位代理机构

序号	代理机构名称	代理专利数量/件
1	广州科粤专利商标代理有限公司	1761
2	广州华进联合专利商标代理有限公司	549

续表

序号	代理机构名称	代理专利数量/件
3	广州市华学知识产权代理有限公司	543
4	广州嘉权专利商标事务所有限公司	530
5	广州知友专利商标代理有限公司	513
6	广东世纪专利事务所有限公司	310
7	广州粤高专利商标代理有限公司	305
8	中国科学院广州专利事务所	110
9	广州三环专利商标代理有限公司	90
10	广州新诺专利商标事务所有限公司	86
11	广州广信知识产权代理有限公司	65
12	广州弘邦专利商标事务所有限公司	60
13	广州容大知识产权代理事务所	55
14	广州市南锋专利事务所有限公司	48
15	广州市红荔专利代理有限公司	35
16	广州市一新专利商标事务所有限公司	33
17	广州海心联合专利代理事务所	28

表 5-33 显示，西安的科研院所发明授权专利中，西安智邦专利商标代理有限公司代理了 1022 件，数量最多，远超其他代理机构。西安创知专利事务所排在第二位，代理专利 542 件。排在第三位的是中国航天科技专利中心，代理专利 446 件。西安的科研院所发明授权专利绝大部分由西安的专利代理机构代理，小部分由北京的专利代理机构代理。

表 5-33 代理西安（排第四位）的科研院所发明授权专利的前 19 位代理机构

序号	代理机构名称	代理专利数量/件
1	西安智邦专利商标代理有限公司	1022
2	西安创知专利事务所	542
3	中国航天科技专利中心	446
4	中国兵器工业集团公司专利中心	379
5	中国航空专利中心	299
6	西北工业大学专利中心	272
7	西安通大专利代理有限责任公司	245

续表

序号	代理机构名称	代理专利数量/件
8	西安恒泰知识产权代理事务所	244
9	陕西电子工业专利中心	135
10	西安文盛专利代理有限公司	122
11	西安永生专利代理有限责任公司	75
12	西安新思维专利商标事务所有限公司	70
13	中国科学院西安专利中心	82
14	中国有色金属工业专利中心	54
15	北京航信高科知识产权代理事务所	46
16	西安吉盛专利代理有限责任公司	45
17	西安西达专利代理有限责任公司	41
18	西安吉盛专利代理有限责任公司	34
19	北京君智知识产权代理事务所	28

表 5-34 显示，代理长春的科研院所发明授权专利数量超过 100 件的代理机构共有 5 家，其中长春菁华专利商标代理事务所代理了 2065 件专利，位居第一。排在第二位的是北京集佳知识产权代理有限公司，代理专利 788 件。长春科宇专利代理有限责任公司排在第三位，代理专利 723 件。长春市的科研院所发明授权专利主要由长春的专利代理机构代理，但也有相当多的一部分委托给北京的专利代理机构。

表 5-34　代理长春（排第五位）的科研院所发明授权专利的前 20 位代理机构

序号	代理机构名称	代理专利数量/件
1	长春菁华专利商标代理事务所	2065
2	北京集佳知识产权代理有限公司	788
3	长春科宇专利代理有限责任公司	723
4	吉林长春新纪元专利代理有限责任公司	158
5	中国科学院长春专利事务所	139
6	长春市四环专利事务所	69
7	长春吉大专利代理有限责任公司	29
8	深圳市科进知识产权代理事务所	18
9	北京超凡志成知识产权代理事务所	14
10	北京路浩知识产权代理有限公司	12

续表

序号	代理机构名称	代理专利数量/件
11	北京理工大学专利中心	11
12	北京市柳沈律师事务所	9
13	中科专利商标代理有限责任公司	8
14	北京金信知识产权代理有限公司	8
15	北京爱普纳杰专利代理事务所	7
16	北京纪凯知识产权代理有限公司	6
17	北京中原华和知识产权代理有限责任公司	4
18	北京世誉鑫诚专利代理事务所	4
19	北京科龙寰宇知识产权代理有限责任公司	3
20	北京远大卓悦知识产权代理事务所	3

表 5-35 显示，南京经纬专利商标代理有限公司代理的南京的科研院所发明授权专利数量最多，共 821 件，占绝对优势。南京知识律师事务所居第二位，代理专利 471 件。排在第三位的是江苏致邦律师事务所，代理专利 262 件。有 4 家专利代理机构代理的专利数量超过 200 件，11 家代理机构的代理量超过 100 件。南京的科研院所专利申请人多数选择了本市的专利代理机构。

表 5-35　代理南京（排第六位）的科研院所发明授权专利的前 20 位代理机构

序号	代理机构名称	代理专利数量/件
1	南京经纬专利商标代理有限公司	821
2	南京知识律师事务所	471
3	江苏致邦律师事务所	262
4	南京苏科专利代理有限责任公司	235
5	南京天华专利代理有限责任公司	188
6	南京纵横知识产权代理有限公司	170
7	南京苏高专利商标事务所	170
8	南京众联专利代理有限公司	142
9	南京同泽专利事务所	130
10	北京德琦知识产权代理有限公司	123
11	江苏圣典律师事务所	108
12	南京瑞弘专利商标事务所	93

续表

序号	代理机构名称	代理专利数量/件
13	北京铭硕知识产权代理有限公司	91
14	南京汇盛专利商标事务所	91
15	南京天翼专利代理有限责任公司	85
16	武汉帅丞知识产权代理有限公司	65
17	南京钟山专利代理有限公司	49
18	南京君陶专利商标代理有限公司	44
19	上海伯瑞杰知识产权代理有限公司	42
20	南京理工大学专利中心	34

表 5-36 列出了代理沈阳科研院所发明授权专利数量排在前 18 位的专利代理机构的名称及其代理的专利数量。表 5-36 显示，在全部沈阳申请人的专利中，有 2385 件由沈阳科苑专利商标代理有限公司代理（包括原中国科学院沈阳专利事务所代理的 147 件专利和原沈阳科苑专利代理有限责任公司代理的 104 件专利），位列第一。沈阳优普达知识产权代理事务所排在第二位，代理专利 423 件。其后是沈阳晨创科技专利代理有限责任公司，代理专利 375 件。代理沈阳的科研院所发明授权专利最多的 18 家代理机构大多位于沈阳。

表 5-36　代理沈阳（排第八位）的科研院所发明授权专利的前 18 位代理机构

序号	代理机构名称	代理专利数量/件
1	沈阳科苑专利商标代理有限公司	2385
2	沈阳优普达知识产权代理事务所	423
3	沈阳晨创科技专利代理有限责任公司	375
4	沈阳科威专利代理有限责任公司	150
5	辽宁沈阳国兴专利代理有限公司	144
6	沈阳亚泰专利商标代理有限公司	60
7	沈阳市专利事务所	58
8	沈阳利泰专利商标代理有限公司	56
9	沈阳维特专利商标事务所	43
10	辽宁沈阳国兴知识产权代理有限公司	37
11	沈阳东大知识产权代理有限公司	34
12	沈阳杰克知识产权代理有限公司	25

续表

序号	代理机构名称	代理专利数量/件
13	北京万科园知识产权代理有限责任公司	5
14	中科专利商标代理有限责任公司	4
15	北京安博达知识产权代理有限公司	4
16	杭州浙科专利事务所	4
17	北京元中知识产权代理有限责任公司	3
18	北京五月天专利商标代理有限公司	3

表 5-37 呈现出大连的科研院所发明授权专利代理情况，表中列出了代理专利数量最多的 18 家代理机构。沈阳科苑专利商标代理有限公司代理的大连市申请人的专利数量最多，其中包括原中国科学院沈阳专利事务所代理的 131 件和原沈阳科苑专利代理有限责任公司代理的 87 件，共计 2062 件专利排在第一位，中科专利商标代理有限责任公司排在第二位，代理专利 542 件。第三位是沈阳晨创科技专利代理有限责任公司，代理专利 326 件。代理大连科研院所发明授权专利数量超过 100 件的机构共有 3 家，其中 2 家为沈阳的专利代理公司。大连的科研院所发明授权专利大部分由沈阳的专利代理机构代理，小部分由北京的代理机构代理，委托给大连本市代理机构的专利极少，可见大连的专利代理业不如沈阳和北京发展得成熟。

表 5-37　代理大连（排第 11 位）的科研院所发明授权专利的前 18 位代理机构

序号	代理机构名称	代理专利数量/件
1	沈阳科苑专利商标代理有限公司	2062
2	中科专利商标代理有限责任公司	542
3	沈阳晨创科技专利代理有限责任公司	326
4	大连东方专利代理有限责任公司	34
5	北京元周律知识产权代理有限公司	25
6	北京科迪生专利代理有限责任公司	8
7	北京恒和顿知识产权代理有限公司	8
8	中国专利代理（香港）有限公司	6
9	中国科学院西安专利中心	4
10	北京市柳沈律师事务所	3
11	北京连和连知识产权代理有限公司	2

续表

序号	代理机构名称	代理专利数量/件
12	辽宁沈阳国兴专利代理有限公司	2
13	北京安博达知识产权代理有限公司	1
14	武汉宇晨专利事务所	1
15	北京三友知识产权代理有限公司	1
16	太原市科瑞达专利代理有限公司	1
17	北京三高永信知识产权代理有限责任公司	1
18	天津滨海科纬知识产权代理有限公司	1

（四）科研院所的城市–专利价值度分析

选取1985～2017年累计发明授权专利数量超过2000件的16个地级及以上城市，将各城市的专利价值度绘制成柱形图（图5-19），对其进行分析。

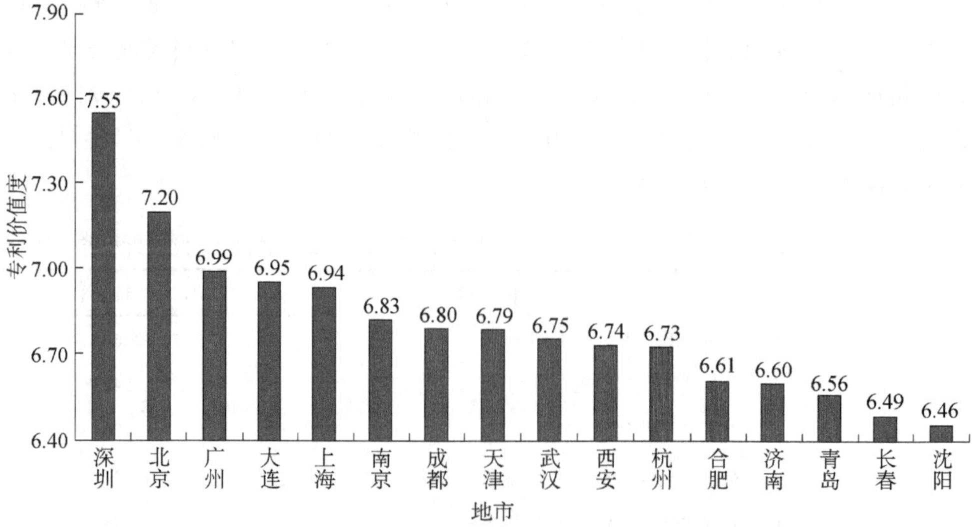

图5-19　各地级及以上城市科研院所专利价值度对比（Top 16）

图5-19显示，各高产城市的科研院所专利价值度普遍不高，仅深圳和北京两地的专利价值度超过7。深圳在高产城市中的科研院所发明授权专利数量并不算多，其专利价值度却达到7.55，位居第一。北京的科研院所发明授权专利数量与其他城市相比占据绝对优势，是深圳市的十几倍，但专利价值度却位于第二，数值为7.20。广州的专利价值度为6.99，位于第三。大连和上海专利价值

度分别为6.95和6.94，分别位于第三和第四，大连的专利数量无法与上海相比，但其专利价值度却略高于上海。

第四节　地域–专利价值度整体分析

比较研究中国省级行政区/城市专利价值度，对我们准确把握专利价值度的地域差异，进而为区域科技政策的制定和完善做出贡献，具有重要的理论意义和实践意义。本节不区分发明专利的专利权人，对各个省级行政区的发明授权专利进行整体分析，得出发明授权专利的空间分布特征，从而为各地区制定经济发展战略和科技决策提供依据。

一、省级行政区–专利价值度分析

（一）省级行政区排序、数量、比例

表5-38按照从大到小的顺序列出了34个省级行政区的发明授权专利数量及所占比例。表5-38显示，发明授权专利数量最多的省级行政区是北京，共有专利297 593件，占比为14.10%。广东以296 940件专利紧随其后，占比为14.07%。江苏和浙江分别排在第三位和第四位，专利数量分别为245 164件和175 716件。共13个省级行政区发明授权专利数量超过5万件，3个省级行政区发明授权专利数量占比不足0.1%，分别是青海、西藏和澳门，其中澳门发明授权专利数量最少，仅138件。

表5-38　各省级行政区的发明授权专利数量和占比

序号	省级行政区	专利数量/件	占比/%
1	北京	297 593	14.10
2	广东	296 940	14.07
3	江苏	245 164	11.62
4	浙江	175 716	8.33
5	上海	150 881	7.15
6	山东	122 692	5.81
7	台湾	73 979	3.50
8	安徽	71 152	3.37
9	四川	69 200	3.28
10	湖北	63 440	3.01
11	辽宁	55 761	2.64

续表

序号	省级行政区	专利数量/件	占比/%
12	陕西	55 306	2.62
13	湖南	51 796	2.45
14	河南	46 511	2.20
15	福建	46 347	2.20
16	天津	43 193	2.05
17	重庆	34 255	1.62
18	黑龙江	33 033	1.56
19	河北	30 749	1.46
20	广西	24 407	1.16
21	吉林	21 137	1.00
22	山西	18 791	0.89
23	云南	17 277	0.82
24	江西	13 806	0.65
25	贵州	12 577	0.60
26	甘肃	9 801	0.46
27	新疆	6 738	0.32
28	内蒙古	6 698	0.32
29	香港	5 856	0.28
30	海南	3 724	0.18
31	宁夏	3 512	0.17
32	青海	1 687	0.08
33	西藏	432	0.02
34	澳门	138	0.01

表 5-38 中共有 6 个省级行政区的发明授权专利数量超过专利总量的 5%，分别是北京、广东、江苏、浙江、上海和山东，均属我国东部经济发达地区。庄宇和管述学（2007）同样通过 SPSS 统计分析的方法，证明了专利数量和人均 GDP 之间存在较好的相关性。

（二）高产省级行政区发展趋势

表 5-38 所列数据为 1985～2018 年各省级行政区发明授权专利的总数，体现出我国专利水平在空间上的分布特征，但未能体现专利发展的时间分布特征。图 5-20 选取了发明授权专利最多的 10 个省级行政区，以各省级行政区 1985～2018 年每年的发明授权专利数量作为数据点绘制折线图（图 5-20），可表现出

各省级行政区在 1985～2018 年专利数量的变化特征和发展趋势。

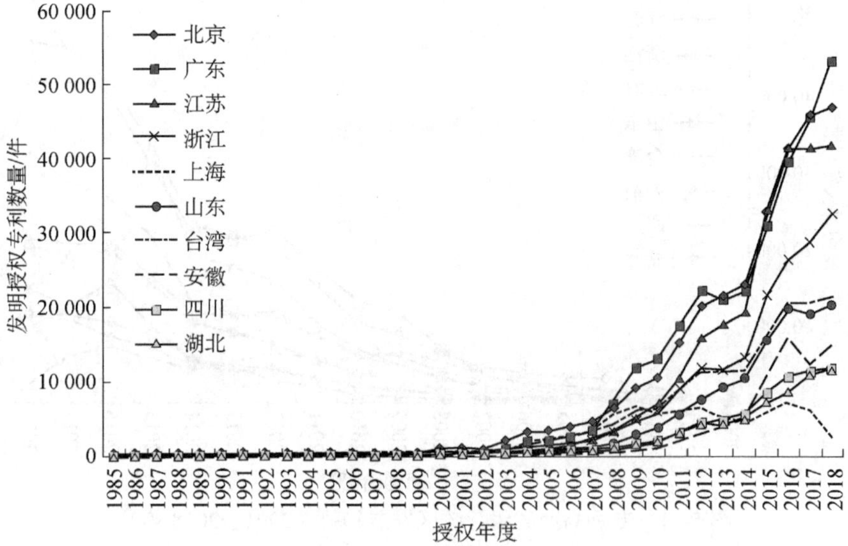

图 5-20　专利高产省级行政区发展趋势（1985～2018 年）

图 5-20 显示，我国发明授权专利起步较晚，从 1985 年开始出现零星的授权专利，但直到 2000 年，专利数量都在低量徘徊，10 个专利高产省级行政区的年专利数量均不超过 2000 件，各省级行政区之间的实力差距并不明显，国内的专利发展处于萌芽阶段。2001～2007 年，各省级行政区的专利数量呈现上升趋势，年授权量稳步增长。从 2008 年起，我国专利技术高速发展，各省级行政区年专利数量的增幅显著提高，各省级行政区之间专利数量差距也愈发明显。

图 5-21 显示，在 2001～2007 年，10 个专利高产省级行政区发明授权专利数量增长缓慢，其中北京以微弱的优势领先其他省级行政区。从 2008 年开始，各省级行政区的年专利数量增速加快，其中广东、北京和江苏的增势最迅猛。广东作为经济发达、民营企业聚集的创新中心，其专利数量逐渐赶超北京并拉开差距。从 2016～2018 年各省数据来看，除北京、广东、浙江、台湾 4 个省级行政区外，其他高产省级行政区的发明专利数量开始进入平台期，与 2016 年前的高速增长形成鲜明对比。台湾的专利数量在 2007～2009 年经历较快增长，2009 年的专利数量超过 6000 件，此后其专利数量呈现出波动趋势，分别于 2012 年和 2016 年达到波峰，2016 年以后下跌至 3000 件（2018 年）以下。

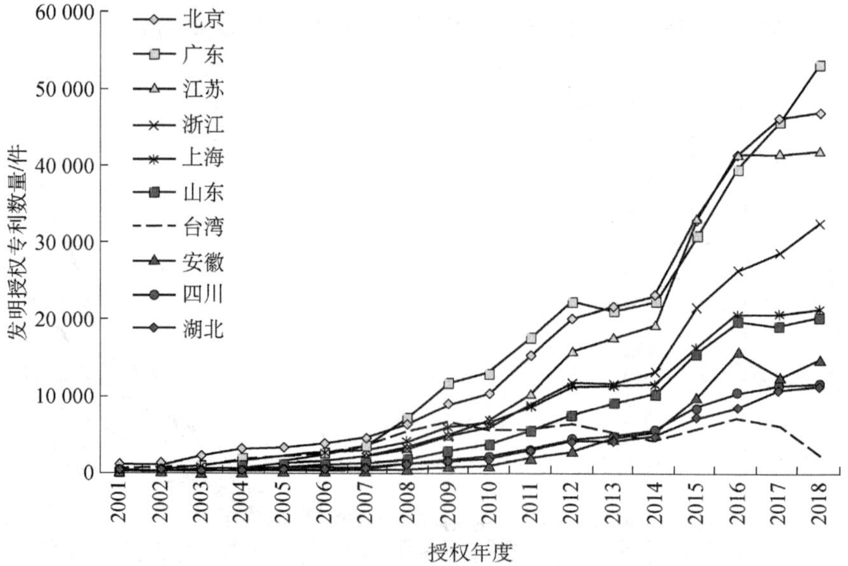

图 5-21　专利高产省级行政区发展趋势（2001～2018 年）

（三）省级行政区–专利价值度比较

图 5-22 是 34 个省级行政区的专利价值度柱形图，图中详细标明了各省级行政区的专利价值度。专利价值度超过 8 的省级行政区共 2 个，专利价值度超过 7.5 的共 8 个。

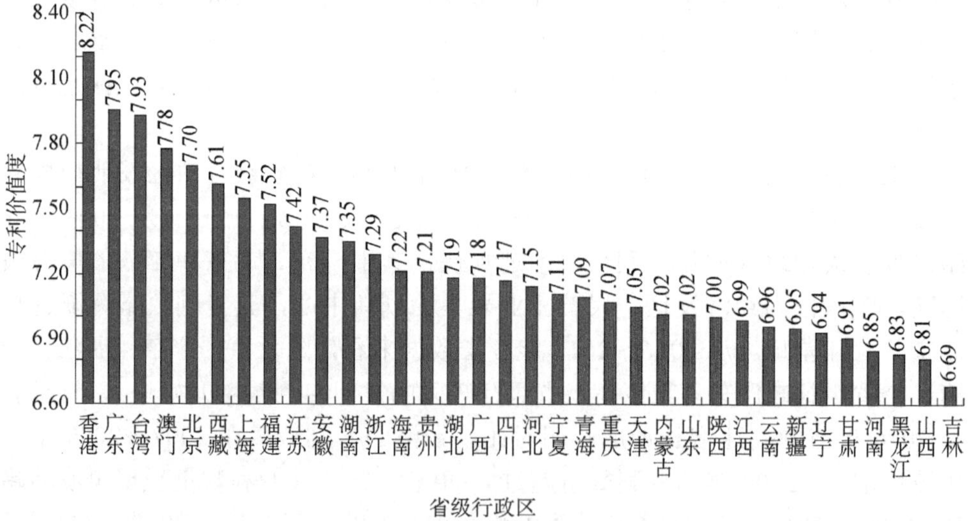

图 5-22　各省级行政区专利价值度对比

图 5-22 显示，专利价值度最高的省级行政区是香港，专利价值度为 8.22，

遥遥领先。广东和台湾分别排第二位和第三位，专利价值度分别为7.95和7.93。专利价值度排在第一位的香港和排在第六位的西藏专利数量比较少，香港的发明授权专利5856件，西藏仅432件，可见这两个地区的专利数量虽少，但质量较高。对于专利数量最多的两个省级行政区——北京和广东，其专利价值度分别排第五位和第二位。

二、城市-专利价值度

（一）城市排序、数量

表5-39是城市发明授权专利数量列表。表中列出了39个发明授权专利数量超过10 000件的城市，按照专利数量从大到小的顺序将其名称和专利数量依次排列出来。

表5-39 城市发明授权专利数量（Top 39）

序号	申请人城市	专利数量/件	序号	申请人城市	专利数量/件
1	北京	297 528	21	沈阳	23 050
2	深圳	152 016	22	佛山	21 727
3	上海	150 815	23	大连	18 954
4	杭州	68 465	24	常州	17 456
5	南京	65 600	25	郑州	17 049
6	苏州	65 586	26	长春	16 705
7	广州	58 028	27	福州	16 286
8	武汉	49 935	28	镇江	15 639
9	成都	48 645	29	温州	14 844
10	西安	48 585	30	南通	13 375
11	天津	43 175	31	芜湖	13 160
12	青岛	34 255	32	厦门	13 119
13	重庆	34 217	33	昆明	12 966
14	宁波	33 740	34	太原	12 549
15	无锡	33 641	35	绍兴	12 386
16	长沙	32 421	36	珠海	11 547
17	济南	30 534	37	台州	11 206
18	哈尔滨	27 221	38	湖州	10 522
19	合肥	25 760	39	泉州	10 150
20	东莞	24 087			

表 5-39 显示，发明授权专利最多的城市是北京，共有专利 297 528 件。北京是我国的首都，也是我国的科技创新中心，科研资源聚集，创新投入强度大，知识技术成果丰富，发明授权专利数量遥遥领先。深圳和上海分别排第二位和第三位，专利数量均超过 150 000 件，在数量上虽然与北京存在不小的差距，但和其他城市相比仍占据明显优势，发明授权专利排前 3 位的城市中，北京和上海是直辖市，深圳是经济特区，都是我国经济发达的城市。由此可推断，发明授权专利数量与各地区的经济发展水平存在相关关系。其他各城市的发明授权专利数量均不足 70 000 件。发明授权专利数量超过 30 000 件的城市共 17 个，专利数量超过 20 000 件的城市共 22 个。

（二）高产城市发展趋势

图 5-23 选取了 10 个累积发明授权专利数量最多的城市，以 2001～2018 年每年的专利产出量为数据点，将各城市的专利发展趋势以折线图的形式绘制出来。

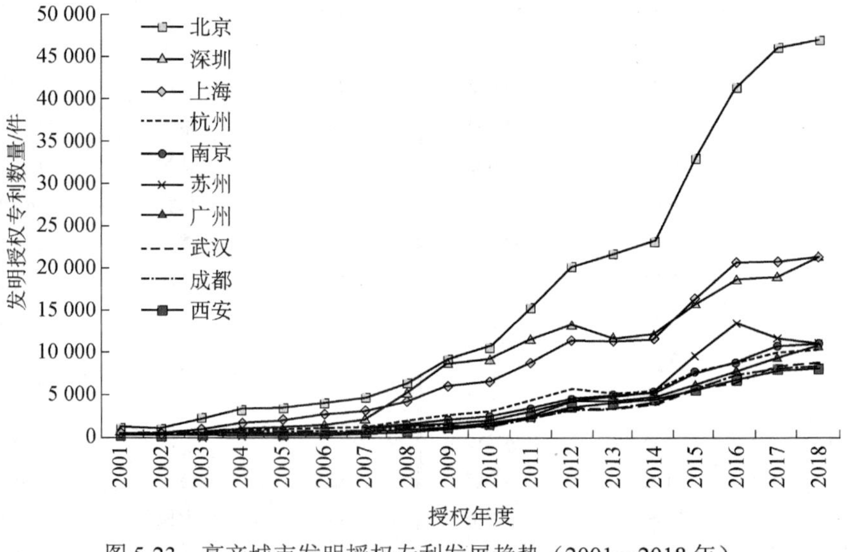

图 5-23　高产城市发明授权专利发展趋势（2001～2018 年）

图 5-23 显示，2001～2007 年，各高产城市的专利数量开始呈现增长趋势，虽然增幅较小，但趋势稳定；2008 年开始，各地专利发展突飞猛进，发明授权专利数量快速增长，以北京表现最突出，至 2018 年，北京市的年授权发明专利超过 45 000 件，数量已超过 2007 年的 10 倍。

图 5-23 显示，各市的发明授权专利数量大致区分为三个梯队：北京 2018 年

的专利数量超过 45 000 件，遥遥领先，位于第一梯队；深圳和上海 2018 年的专利数量在 20 000～25 000 件，位于第二梯队；第三梯队的城市 2018 年专利数量均不足 15 000 件，有杭州、南京、苏州、广州、武汉、成都和西安。自 2007 年开始，各城市发明授权专利数量快速增长，按增长趋势大致可以分为 4 个阶段。第一阶段的时间为 2007～2012 年。这一阶段，各城市的专利数量增长明显加快，各城市在专利数量上的差距逐渐拉开。第二阶段的时间为 2012～2014 年。这一阶段各城市发明授权专利增长均出现了平台期：前期增长最快的北京放缓了增速，深圳发明授权专利数量出现了小幅度下降，其余各市的年度专利数量保持稳定。第三阶段的时间为 2014～2016 年。这一阶段各城市专利均出现暴增现象，北京市表现最为突出，呈现陡坡式增长态势。第四阶段的时间为 2016～2018 年。这一阶段出现第二个平台期，北京发明授权专利数量增长放缓，苏州专利数量出现明显下滑，其余各市专利数量变化不大。

（三）城市-专利价值度比较

选取 1985～2018 年累计授权专利量最多的 30 个城市，将各市的专利价值度绘制成柱形图（图 5-24），对其进行分析。图 5-24 显示，深圳的专利价值度最高，数值为 8.21，远高于其他城市。专利价值度排在第二位的是东莞，其专利价值度为 7.75。北京排在第三位，专利价值度为 7.70。在 30 个发明授权专利数量最多城市中，虽然专利价值度大于等于 7 的有 26 个，但仅深圳的专利价值度超过 8，可见我国专利质量还有较大的提升空间。

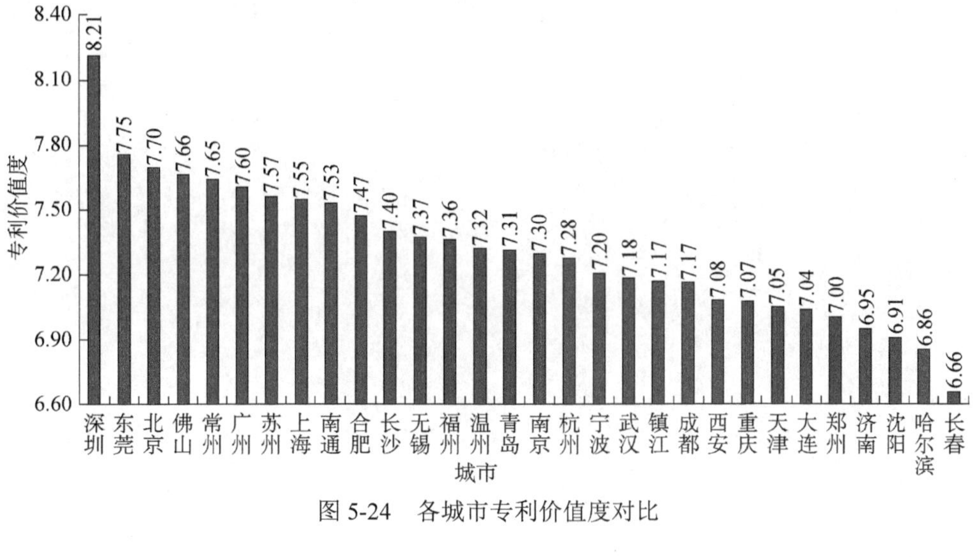

图 5-24　各城市专利价值度对比

本章参考文献

毛鸿鹏. 2007. 我国专利代理行业的研究. 华东师范大学硕士学位论文.

沈露威. 2011. 我国有效专利区域分布与发展对策研究. 大连理工大学硕士学位论文.

唐振鹏，张艳琳. 2010. 我国专利发展现状的统计分析. 东南学术，(6)：118-125.

庄宇，管述学. 2007. 中国专利产出与人均 GDP 的相关性分析. 情报杂志，(2)：105-106，110.

第六章　时间–专利价值度分析

第一节　中国产学研私专利价值时序演进

专利价值度即量化的专利价值。专利价值在专利的商业运营中占有重要地位，常常是专利许可转让、质押融资、作价入股、并购重组等活动的前提和基础（马天旗，2018）。近年来中国专利数量的飞速增长引起了全球的关注，中国专利数量连续多年蝉联专利申请数量全球第一。在专利数量迅猛增加的同时，国内外学者开始关注中国专利价值问题。什么是高价值专利、如何培育高价值专利等，成为理论与实务界关注的热点问题。学者与政府知识产权主管部门提出了多种专利价值的测度方法和指标。

关于专利价值度，国内外学者主要做了以下研究：专利价值影响因素（Reitzig，2003）、专利价值与经济价值相关性（曹晨和胡元佳，2011）、基于大学和产业专利活动深度分析的专利价值决定因素研究（Spasalis et al.，2006）、专利引用与专利价值之间的对数线性关系（Bakker，2017）、基于 OCAEN TOMO 专利拍卖会，对直接观察到的专利价值进行专利价值指标测试分析（Fischer and Leidinger，2014）、专利价值评估和商业化战略（Hsieh，2013）等。本章就中国产学研私全部专利的价值度进行系统分析，并将中美两国进行对比研究以洞察两国专利价值的演进及差异。

一、中国产学研私专利有效率比较

我们分别计算了整体与产学研私各种类型专利在 2001～2017 年每一年度的有效率，绘制了专利有效率发展趋势（图 6-1）。横轴上的年度采取逆序方式，即以 2017 年为观测基年，若专利在 2017 年当年获得授权，则 2017 年为授权年，也是授权后的第 1 年，我们在横轴第一区间标注为“1”；同理，横轴区间“2”代表专利授权时间为 2016 年，即观测基年 2017 年为授权后第 2 年，以此类推得到授权后第 1～第 17 年的数据。

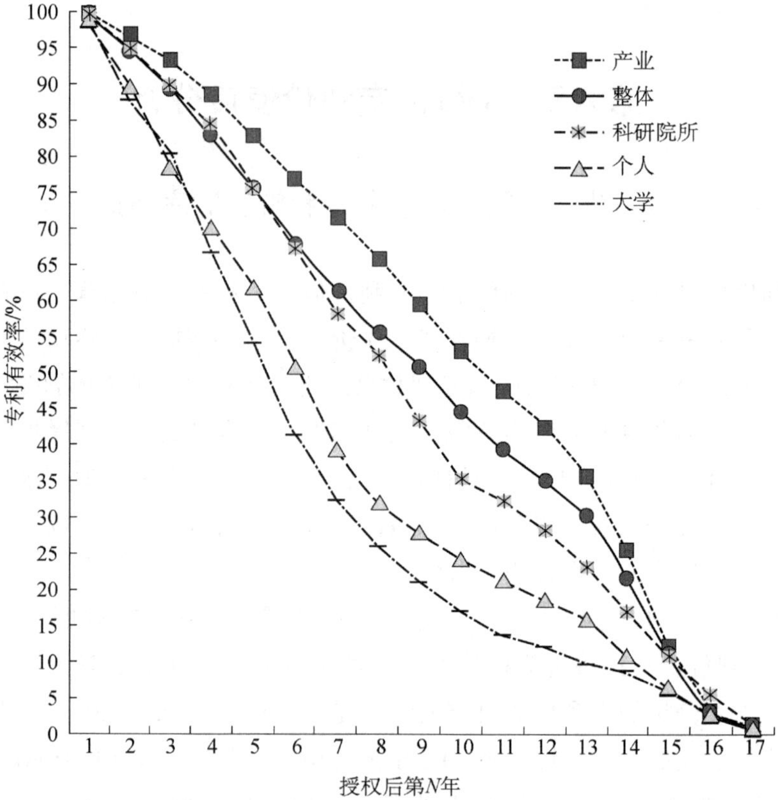

图 6-1 产学研私专利有效率发展趋势

图 6-1 显示，在每个年份，产业专利有效率几乎都处于最高水平，而后依次是整体、科研院所、个人和大学专利有效率，即大学专利有效率几乎一直是最低的。在获得授权后的第 2 年，各主体的有效率开始出现差别。第 6 年，大学专利有效率只有 40%左右，而在同一年，整体和科研院所专利有效率在 70%左右，产业专利有效率在 75%左右。第 10 年，大学专利有效率低至 15%左右，整体专利有效率在 45%左右，产业专利有效率仍有接近 55%。到了第 14 年，大学和个人专利有效率仅有 10%左右，整体专利有效率下降至 20%左右和产业专利有效率下降至 25%左右。

按时间段分析，前 8 年里，大学与个人专利有效率急速下降，而产业专利有效率下降速度最慢；第 9～第 17 年，大学与个人专利有效率下降速度减慢；产业专利有效率在第 13 年开始加速降低；科研院所与个人专利有效率下降速度在 17 年里基本不变。

二、中国产学研私全部专利的专利价值度时序演进

依据第一章第四节的研究方案，计算并绘制出产学研私全部专利的专利价值度发展趋势（图 6-2）。

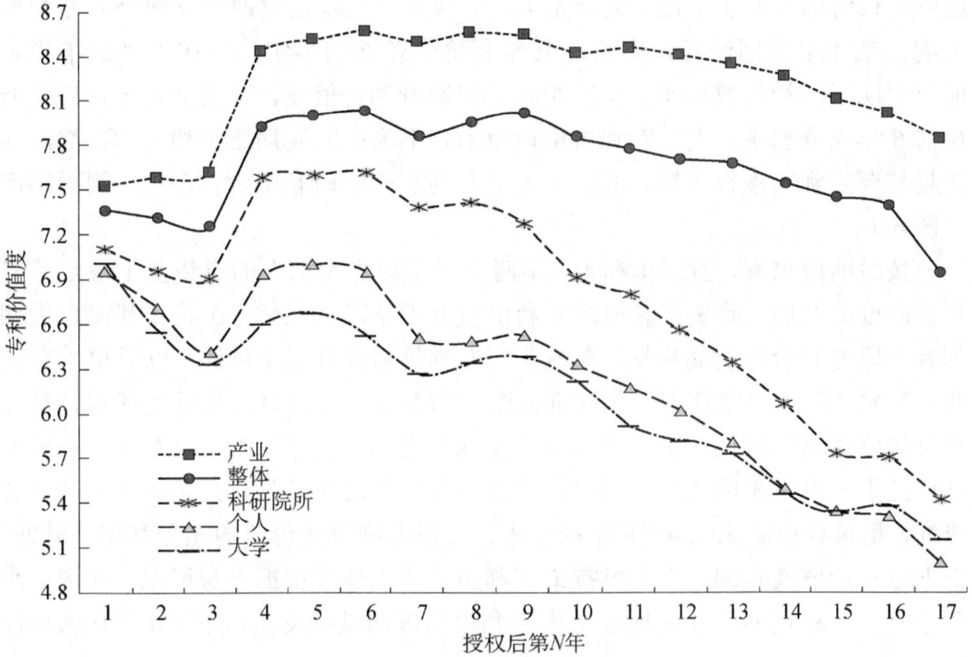

图 6-2　产学研私全部专利的专利价值度发展趋势

图 6-2 显示，产学研私整体专利价值度在授权后的前三年呈现出微幅下降趋势，第四年突然攀升，经过了 7.8～8.1 的六年稳定波动，从第九年开始一直下降，直到专利失效。

从授权年份分布来看，第 2～第 14 年，产学研私与整体的专利价值度从大到小依次为产业、整体、科研院所、个人和大学；第 14 年以后，大学专利价值度反超个人，其他三类主体的排序不变。在专利有效末期，科研院所、大学、个人专利价值度几乎同样降至 5.1 左右，而产业专利价值度在第 4 年剧增后却下降缓慢，甚至最后仍高于刚授权时专利价值度，导致在专利有效末期形成产业＞整体＞科研院所＞大学＞个人的局面。从整个专利有效过程来看，产业专利价值度几乎是大学或私人专利价值度的两倍，直观地揭示了科研院所、大学、个人拉低整体专利价值度的现象。

聚焦科研院所、大学、个人专利，其专利价值度发展趋势基本相同，甚至

波峰、波谷几乎都同时出现——授权前 3 年不断下降，第 4 年反向激增，经过大、小两个“三年稳定期”，即第 4～第 9 年，之后直线下降，最后趋同低价值专利。科研院所专利价值度前 3 年缓慢下降，但通过第 4 年的激增，直接超过刚授权时的专利价值度，之后是大、小两个“三年稳定期”反观个人专利价值度，第 4 年的回流并没有扭转其专利价值较低的事实，仅在大“三年稳定期”实现了与初授权持平，而后便低于初始专利价值度，所以个人专利最好能在前 6 年充分利用；大学专利自申请以后，不论在回流期还是稳定期，都没能超越甚至回到初授权时期，再加上大学专利在产学研私中价值最低，侧面印证了图 6-1。

按时间段来看，前三年和大、小两个“三年稳定期”的走势基本决定了专利价值度的发展。前 3 年能维持专利价值度不下降的主体，在其专利授权后期都有一段专利价值度高峰期；在前 3 年专利价值度就走下坡路，以后也难有转变。在大“三年稳定期”，专利价值度一般都有一个回升，此时也基本就是专利价值度最高的时候。从小“三年稳定期”之后，所有组织、个人的专利价值度便处于一直下降的趋势。所以，除提高自身研发质量外，大学、个人做专利研究，尽量要放眼未来 4～6 年的技术，实现专利有效价值的充分利用。另外，根据专利价值度走向，为了维持最高利益，各主体应根据自身情况，在大、小两个“三年稳定期”前后综合考虑专利价值度与其他支出，将部分专利选择性失效。

三、中国产学研私有效专利的专利价值度时序演进

图 6-3 显示了产学研私有效专利的专利价值度发展趋势。我们发现，产学研私有效专利的专利价值度变化规律大致相同：前三年为“微增长期”，经过第 4～第 9 年的“爆发期”达到顶峰，之后是授权第 10～第 14 年的“稳定波动期”。不同之处在最后 3 年，即授权后第 15～第 17 年，相对于产业、个人有效专利的专利价值度的降低以及大学有效专利的专利价值度的停滞不前，科研院所有效专利的专利价值度实现二次增长，并一举超过产业有效专利的专利价值度。最后的这个“转折期”，说明科研院所在研发专利时目光更长远，适合完成国家、社会交付的利益长远的项目。

分两组讨论，除授权第 17 年被科研院所有效专利的专利价值度反超外，与科研院所、大学、个人相比，产业始终处于领先地位，并以大于 0.6 的专利价值度平均极差全程压倒大学有效专利。科研院所、大学、个人专利总体落后，但

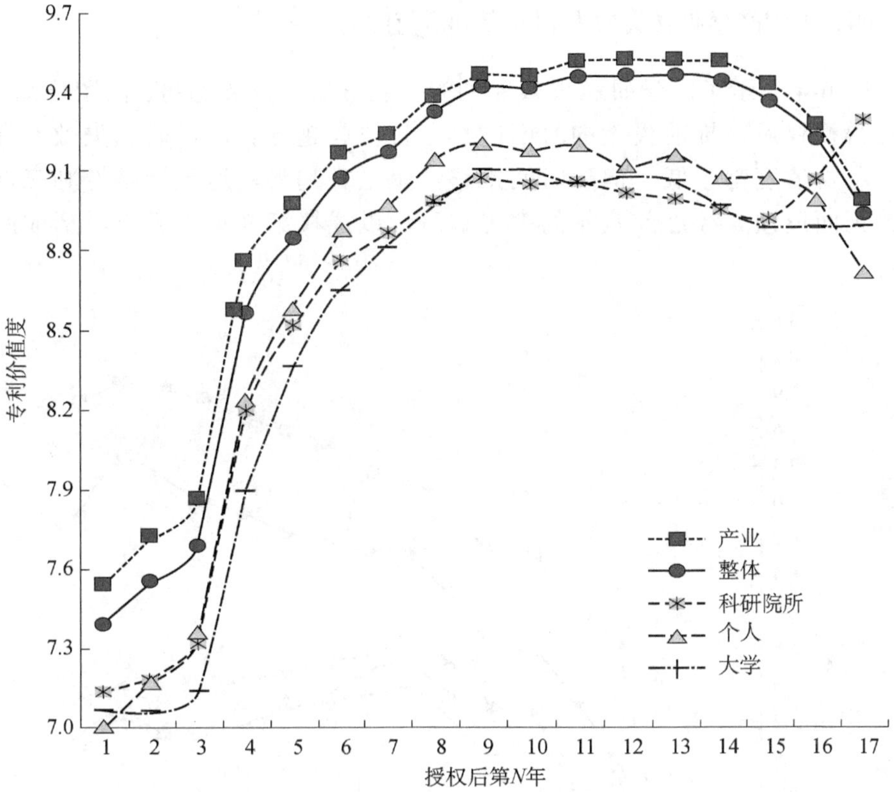

图 6-3　产学研私有效专利的专利价值度发展趋势

是授权后的数据却交汇在一起。刚授权时，个人有效专利的专利价值度最低，但除最后两年被科研院所反超外，第 3～第 15 年保持个人＞科研院所、大学平均专利价值度的微小差别排序。经过与大学有效专利的专利价值度 15 年的同速发展后，科研院所实现最后冲刺，直接拉开了和大学有效专利的专利价值度的距离，从而说明大学专利价值度不但起点不高，而且后劲也不足。

观察整体，经过 3 年的自然选择，整体有效专利的专利价值度从前 3 年的 7.5 左右缓慢升高，突然加速提升一直到第 9 年的 9.5 左右后保持长时间相对稳定，授权末期虽然有所下降，但是即使在失效前夕，整体有效专利的专利价值度也仍在 8.8 以上。总结来说，各组织及个人的有效专利随着时间推移，专利价值度都获得了大幅提升。

四、中国产学研私失效专利的专利价值度时序演进

图 6-4 显示了产学研私失效专利的专利价值度发展趋势。由图可知，专利获得授权后，提前失效的时间越早，价值就越低。产学研私失效专利起始专利价值度都较低，但随时间推移，呈上升趋势，这无疑是专利三性审查的正面反馈。经过前八年的突飞猛涨，以授权第 9 年为界点，形成两股趋势。

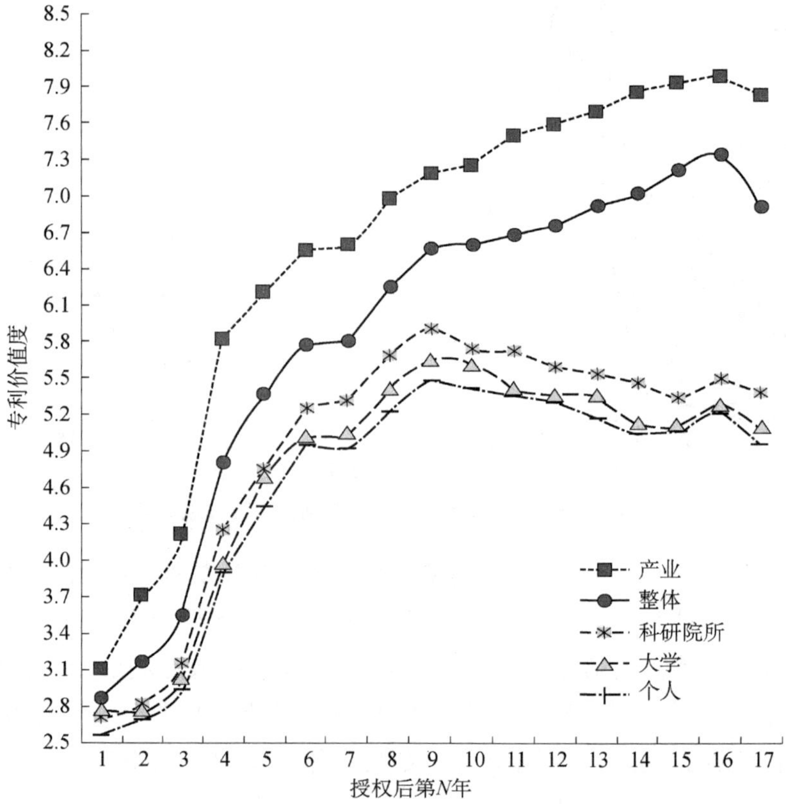

图 6-4　产学研私失效专利专利价值度发展趋势

一是产业股，此后涨幅渐渐变缓，其授权末期专利价值度虽然有所下降，但纵观全局，它不仅平均专利价值度最高，而且专利价值度涨幅也高达约 5.0。结合图 6-4 来看，产业失效专利在后期，专利价值度仍相对较高，说明产业应更慎重地选择是否继续维持专利的有效状态，战略性地对部分目前专利价值度较低的专利进行培养，而不是简单以市场波动为唯一的依据。二是科研院所、大学、个人股，经过 9 年的中幅度增长，科研院所、大学、个人专利价值度约

增长了一倍，之后则缓缓下降，最终专利价值度停留在 5.2 左右。产业失效专利即使到了后期，其专利价值度仍处于较高层次，而科研院所、大学、个人专利仍起点低、没后劲，三者专利价值度低的问题再一次显现。大学与产业使命存在差异，前者更加注重专利研发，后者更加注重专利转化。产业应当结合大学专利维持时间的影响因素及其测度分析结果，想方设法地提升自身的研发实力与专利质量；大学则应当从产业专利维持时间的影响因素中探寻创新成果转化率的提升方法。

第二节　中美产学研专利价值时序演进

一、数据

本节数据源于北京合享智慧科技有限公司开发的科技创新服务平台 incoPat。我们选择授权日期范围为 2001 年 1 月 1 日至 2017 年 12 月 31 日，分别检索了中国和美国产业、大学和科研院所的发明授权专利数据，将其视为中美产学研三种类型的专利数据。数据分布如表 6-1 所示。

表 6-1　中美产学研三种类型的专利数量

国家	大学		产业		科研院所	
	专利数量/件	占比/%	专利数量/件	占比/%	专利数量/件	占比/%
中国	419 282	17.08	1 885 043	76.80	150 167	6.12
美国	96 913	7.73	1 119 451	89.29	37 417	2.98

表 6-1 显示，中国产学研三种类型的专利数量远超美国，但各主体的专利数量占比大致相同，皆为产业≫大学＞科研院所。不一致的地方在于，美国产业专利以近 90%的绝对优势压倒大学专利和科研院所专利，相反中国大学专利以接近 20%的占比占有一席之地。至于科研院所专利，在两国以 3%的微小占比差距处于最弱势。

二、中美大学平均专利价值度比较

依据本书第一章第四节的研究方案，计算并绘制出中美大学平均专利价值度的发展趋势（图 6-5）。

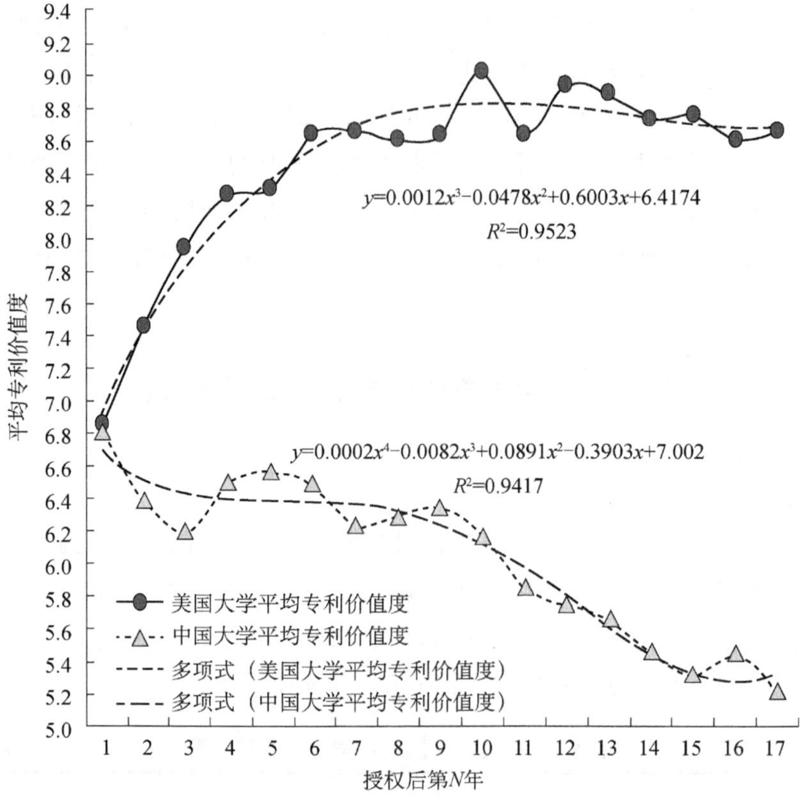

图 6-5　中美大学平均专利价值度发展趋势比较

图 6-5 显示，中国和美国大学的平均专利价值度在授权后的第 1 年基本相等，但之后却呈现不同的发展趋势。美国大学平均专利价值度整体上呈现上升的发展趋势，三次曲线拟合度（R^2）为 0.9523；自授权之后的前 4 年，几乎是直线上升，之后专利价值度逐渐起伏攀升，至授权后第 10 年达到峰值；之后仍保持着较高专利价值度的发展趋势。中国大学平均专利价值度在授权之后的前 3 年即呈现近乎直线的急速下降趋势；第 4 年专利价值度有所上升；持续稳定 3 年之后又下降；之后便波动向下；整体上，下降趋势比较明显，4 次曲线的拟合度为 0.9417。

三、中美产业平均专利价值度比较

用同样方法，计算并绘制出中美产业平均专利价值度的发展趋势（图 6-6）。图 6-6 显示，中国和美国产业的平均专利价值度在授权后的第 1 年差别不大，美国产业略高；美国产业的平均专利价值度在前 7 年呈快速稳定的上升态势，之后的 10 年较为稳定，在 8.77～9.18 窄幅震荡，3 次曲线拟合度为 0.9691；专利价值度在授权后第 10 年达到峰值。中国产业平均专利价值度在授权之后的前 3 年变化不大，在 6.80～6.86 波动；在第 4 年陡然上升至 7.61，在授权后第 6 年达到峰值，之后的 3 年变化不大，但从第 10 年开始一路震荡向下，总体上呈现比较明显的下降趋势，授权后的第 17 年达到最低谷 5.57；5 次曲线的拟合度为 0.9550。

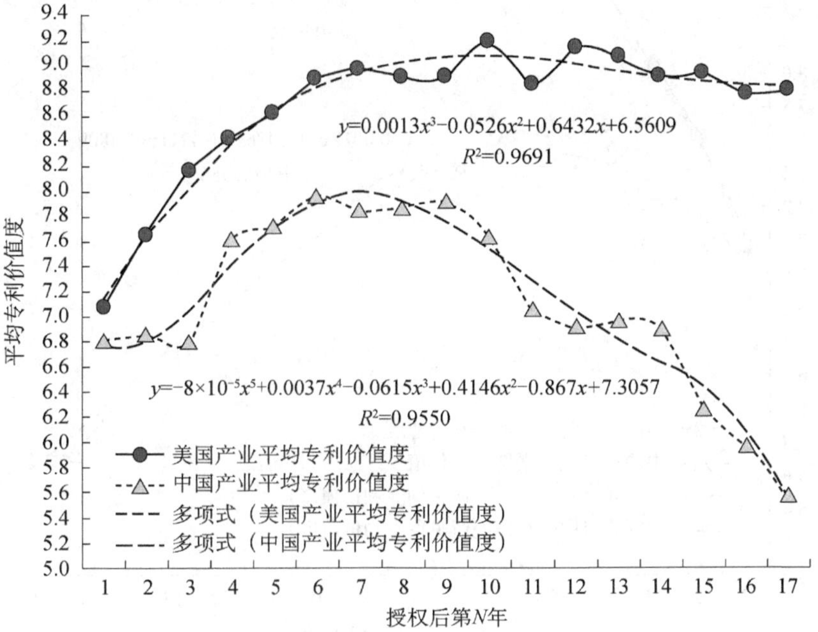

图 6-6　中美产业平均专利价值度发展趋势比较

四、中美科研院所平均专利价值度比较

用同样方法，计算并绘制出中美科研院所平均专利价值度的发展趋势（图 6-7）。图 6-7 显示，中国和美国科研院所的平均专利价值度在授权后的第 1 年差别不大，甚至中国还略微高于美国。在授权后的前 6 年，美国科研院所平均专利价值度保持稳定快速上升的状态，第 7 年之后上升速度放缓，在授权后第 10 年达到峰值，之后 7 年有略微下降，但整个时间段呈现比较明显的上升发展趋势，3 次曲线拟合度为 0.9816。中国科研院所平均专利价值度在授权之后的前 3 年呈现连续下降趋势；第 4 年平均专利价值度

猛然由前一年的 6.92 上升到 7.61；第 4～6 年保持较高的专利价值度，在授权后第 6 年达到峰值；之后开始呈现比较明显的下降趋势；3 次曲线的拟合度为 0.9556。

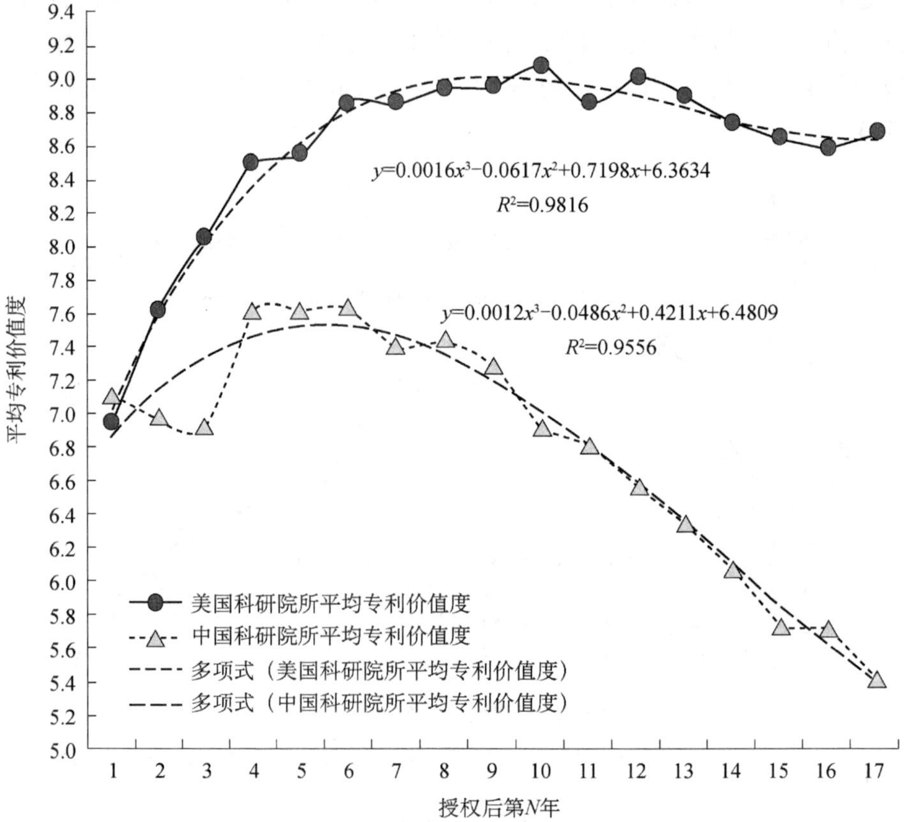

图 6-7　中美科研院所平均专利价值度发展趋势比较

五、小结

将中美大学、产业、科研院所平均专利价值度年度发展趋势的六条曲线汇总到一起，得到图 6-8，由此进行中美大学、产业、科研院所平均专利价值度的发展趋势比较。

图 6-8 显示，中美大学、产业、科研院所平均专利价值度在专利获得授权的第 1 年差别不大；但之后中国和美国的产学研平均专利价值度的发展趋势却迥异。美国的产学研平均专利价值度三条曲线在授权后的时间分布走势较为相

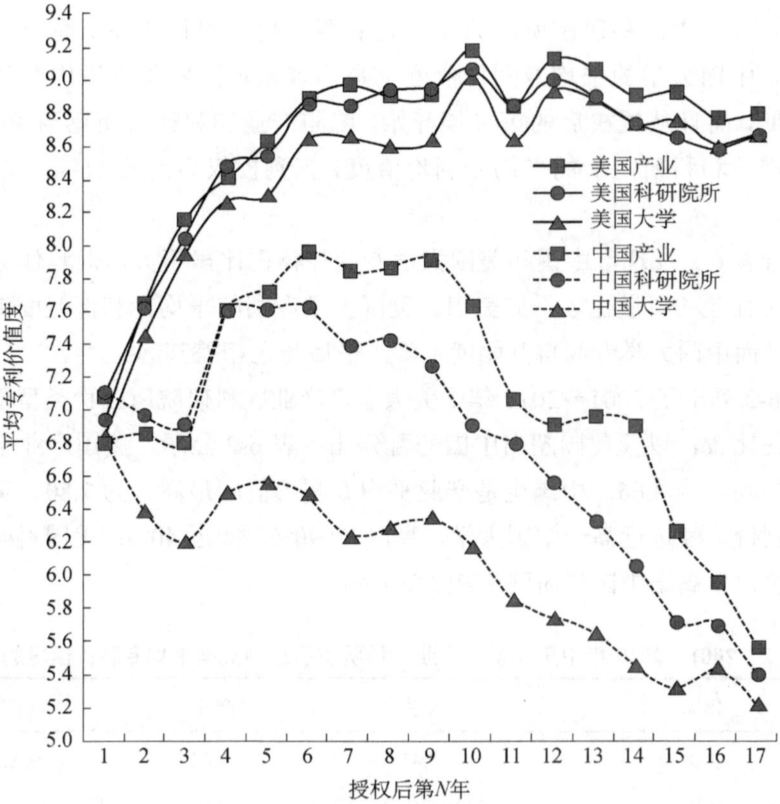

图 6-8　中美大学、产业、科研院所平均专利价值度发展趋势比较

似，甚至峰谷的出现都比较一致。授权后的前四年均有一个快速上升过程，之后速度放缓，波动上升，均在第 10 年达到峰值。值得注意的是，从授权后的第 1～11 年，美国产业和科研院所的专利价值度无论从图形走势还是从平均专利价值度指标，均无大的差异；在这期间，美国大学的平均专利价值度指标却与美国产业、科研院所的指标值差异较大，美国大学专利价值度指标明显偏低。但从第 12 年开始，美国大学与科研院所的指标值又保持同步状态，均低于美国产业相应年份指标值。

中国方面，从授权年份分布来看，中国大学、产业、科研院所的年度平均专利价值度都呈现出下降—上升—下降的走势，并且下降的幅度很大。中国的科研院所在授权后的第 1 年平均专利价值度较高，甚至超过美国产学研三方的平均专利价值度；但紧接着直线下降，到第 4 年又迅速拉升，再经过三年的稳定期之后总体上一路下跌。中国产业的平均专利价值度在授权后的初始三年低于中国科研院所，第 4 年之后便赶超中国科研院所而一直处于三者高位。中国大学的平均专利价值度更是不容乐观，各年度平均专利价值度均是最低，而且从授权后的第二年开始，就与产业和科研院所逐渐拉大距离，远低于产业和科研院所的平均专利价值度，直到授权后的第 16 年，差距才逐渐缩小。

综合表 6-2 发现，中国和美国大学专利整体占比虽不大，但具体数量相差甚远，而且专利质量也远不如美国。美国大学专利的平均专利价值度申请后一路飙升，而中国大学专利自开始就下降，最后与之相差甚远。

表 6-2 列出了 2001～2017 年中美大学、产业、科研院所三种类型平均专利价值度的比较，以及美国超出中国的百分比。表 6-2 显示，美国产业平均专利价值度最高，为 8.66；中国也是产业平均专利价值度最高，为 7.80。美国大学平均专利价值度远远高于中国大学，高出 39.90%，接近 40%；美国科研院所平均专利价值度高出中国科研院所 26.22%。

表 6-2　2001～2017 年中美大学、产业、科研院所三种类型平均专利价值度的比较

国家	大学	产业	科研院所
美国	8.45	8.66	8.57
中国	6.04	7.80	6.79
美国超出中国的百分比/%	39.90	11.03	26.22

本章参考文献

曹晨，胡元佳. 2011. 综合专利价值指数与药物经济价值的相关性研究. 中国医药工业杂志，42（7）：560-562.

马天旗. 2018. 高价值专利筛选. 北京：知识产权出版社.

Bakker J. 2017. The log-linear relation between patent citations and patent value. Scientometrics，110（2）：879-892.

Fischer T，Leidinger J. 2014. Testing patent value indicators on directly observed patent value-An empirical analysis of Ocean Tomo patent auctions. Research Policy，43（3）：519-529.

Hsieh C H. 2013. Patent value assessment and commercialization strategy. Technological Forecasting and Social Change，80（2）：307-319.

Reitzig M. 2003. What determines patent value？Insights from the semiconductor industry. Research Policy，32（1）：13-26.

Sapsalis E，de la Potteriea B V，Navon R. 2006. Academic versus industry patenting：an in-depth analysis of what determines patent value. Research Policy，35（10）：1631-1645.

第七章　基于技术转让方网络的专利运营模式研究

专利权人在实践过程中是如何完成专利技术转让的？是专利权人直接将其专利技术成功转让给第三方还是通过其他中介机构间接地转让给第三方？国企、高新技术企业、大专院校和知识产权服务机构等不同主体在专利技术交易过程中各发挥什么作用？形成何种专利运营模式？

网络分析被广泛应用于社会学研究（Volpi and Clark，2019；Garretson et al.，2018）、创新研究（Nepelski and de Prato，2018；Hirai et al.，2018；Ferrary and Granovetter，2009）、知识管理研究（Lee et al.，2018；Barao et al.，2017）、科学合作研究（Gui et al.，2018；Zhang et al.，2016）、引文网络分析（Lu et al.，2018；Lathabai et al.，2018）、期刊聚类网络研究（张琳等，2012；Leydesdorff et al.，2018）、技术管理（Peng and Dey，2013；Balaman et al.，2018）等领域。与技术主体有关的网络研究成果主要限于发明者合作网络（Whittington，2018；Hur and Park，2016）、公司合作网络（Schleich et al.，2017；Peng and Meng，2016）、产学研合作网络（Xiao et al.，2018；Huggins and Prokop，2017）等方面的研究。鲜有对专利技术转移过程中的转让方网络进行研究的成果。

已有的网络分析相关研究成果为本书提供了很好的思路和基础。本书拟基于专利转让数据著录中的转让人-转让人矩阵构建技术转让方网络，并在此基础上凝练专利运营模式，以推动国家知识产权商业运营体系的建设和发展。

第一节　数据检索与研究方案

一、数据检索与分布

本章数据来源于北京合享智慧科技有限公司开发的科技创新服务平台incoPat。我们按照图7-1的检索流程，得到1985～2018年中国全部发明授权专利中的转让专利数据为共计309 781件让发明授权专利，其年度分布和年度增长率如图7-2所示。

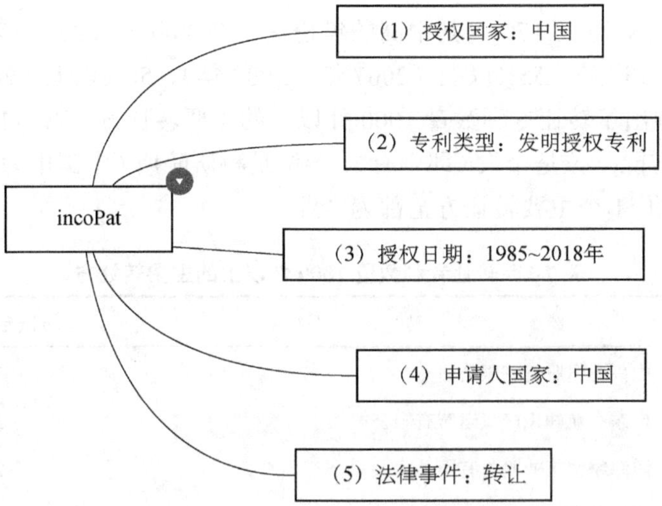

图 7-1　转让专利数据的检索流程

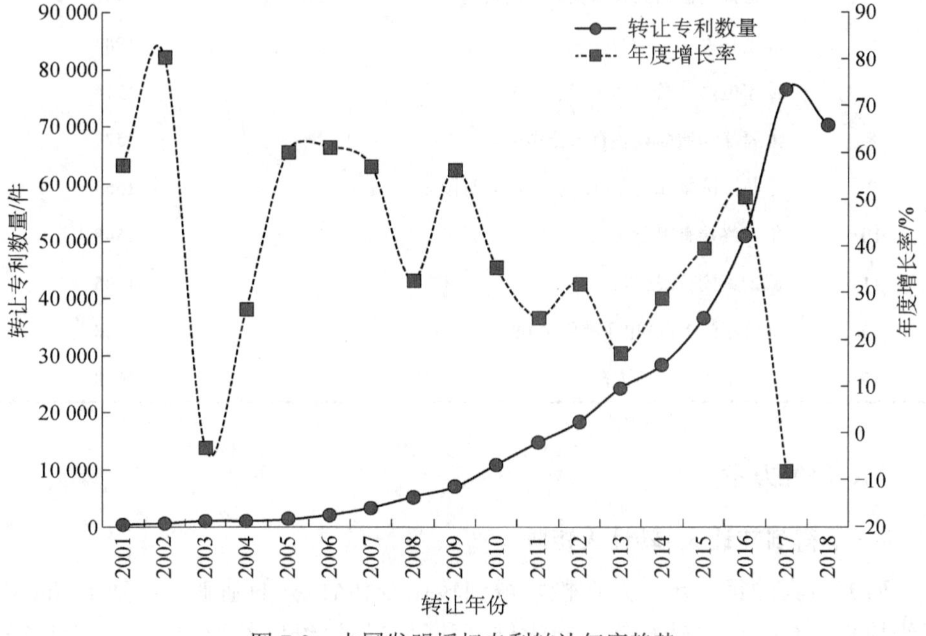

图 7-2　中国发明授权专利转让年度趋势

图 7-2 揭示了中国发明授权专利转让的年度趋势。2001～2006 年，转让的发明授权专利数量较少；2007 年开始明显增加，呈现出比较快速的发展趋势；2015～2018 年，呈现出高速发展趋势，年度转让的发明授权专利数量在 35 000 件以上，2017 年和 2018 年的年度转让数量更是高达 70 000 件以上。2001～2017

年的平均增长率为38.17%，其中高的年份达到80%以上（2002年）、60%以上（2005年、2006年）、55%以上（2007年、2009年）、50%以上（2016年）。

表7-1列出了转让专利数量1000件以上的主要转让方。表7-1显示，这13个主要转让方除一位是个人（邱则有）、一位是科研院所（中国电力科学研究院）之外，其余的11个主要转让方全部为企业。

表7-1 转让专利数量1000件以上的主要转让方

序号	转让方	转让专利数量/件
1	中兴通讯股份有限公司	3668
2	广东高航知识产权运营有限公司	3302
3	鸿海精密工业股份有限公司	2387
4	华为技术有限公司	2270
5	鸿富锦精密工业（深圳）有限公司	1997
6	邱则有	1984
7	国家电网公司	1914
8	大唐移动通信设备有限公司	1579
9	中芯国际集成电路制造（上海）有限公司	1563
10	华为终端有限公司	1548
11	武钢集团有限公司	1305
12	上海华虹NEC电子有限公司	1238
13	中国电力科学研究院	1048

二、研究方案

（一）得到转让人-转让人矩阵

研究方案的第一步，是在检索得到转让专利数 据的基础上，基于IncoPat多维检索平台，同时选择第一检索维度和第二检索维度都为转让人，于是得到转让人-转让人矩阵。

（二）绘制转让人-转让人网络模型

得到“转让人-转让人矩阵”数据后，运用Ucinet网络分析工具包及其网络绘制软件Netdraw，进行技术转让网络数据分析和网络绘制。并依据中介中心度指标，识别出其中的子网络，在此基础上提炼专利运营模式。

（三）综合中介度与转让专利数量指标，总结专利运营模式

在技术转让网络及其中介度和子网络分析的基础上，结合转让专利数量排前几位的公司的专利转让趋势及特征，总结专利运营模式。

第二节 技术转让方网络绘制及子网络分析

我们选择转让专利数量最多的前100位转让方，在得到其共同转让专利的矩阵之后，采用转让人-转让人的原始矩阵数据绘制技术转让方网络。虽然名列前茅的公司转让专利数量多达千位数以上，但公司之间联合转让专利数量一般只有百位数，甚至是十位数或个位数。在这种情况下，比较难以选择合适的阈值将转让人-转让人矩阵进行标准化处理，因此我们采用原始矩阵数据绘制技术转让方网络（图7-3）。

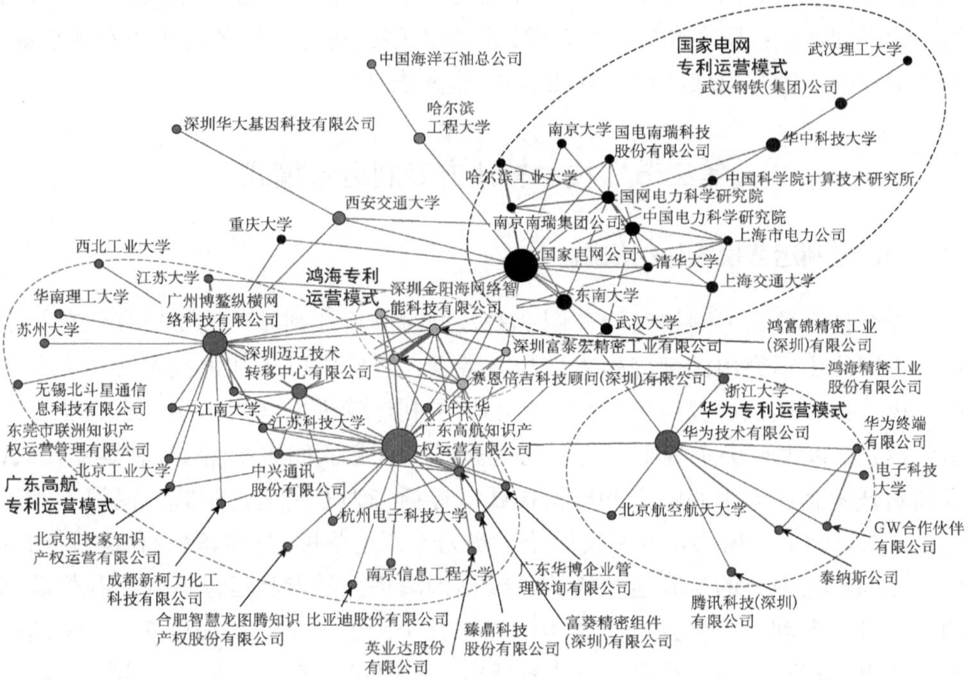

图7-3 转让专利数量最多的前100位技术转让方网络的中介中心度

图7-3比较清晰地显现出几个相对比较独立的子网络：以国家电网公司为中心的子网络、以广东高航知识产权运营有限公司为中心的子网络、以广州博鳌纵横网络科技有限公司为中心的子网络、以华为技术有限公司为中心的子网络；还有一个位于整个网络中间地带，虽然子网络中心不是特别明显，但却联

系比较紧密，并且相对比较集中的鸿海精密工业股份有限公司/鸿富锦精密工业（深圳）有限公司等形成的子网络。由于网络左下部分的两个子网络都是以知识产权服务机构为中心的，属于同一性质的子网络，因此我们将其合并为一个子网络。图 7-3 网络中，中介中心度高于 5 的转让方及其中介中心度和转让专利数量如表 7-2 所示。

表 7-2 中介中心度高于 5.0 的转让方及其中介中心度和转让专利数量

序号	转让方	中介中心度	转让专利数量/件
1	广东高航知识产权运营有限公司	10.702	3 302
2	国家电网公司	10.260	1 914
3	广州博鳌纵横网络科技有限公司	6.589	377
4	华为技术有限公司	6.274	2 270

表 7-2 与表 7-1 对比显示，中介中心度高的转让方，并不一定就拥有比较高的转让专利数量；反之亦然。中兴通讯股份有限公司拥有最多的转让专利数量，但其中介中心度却很低，仅为 0.024，未进入表 7-2。

第三节 技术转让方专利运营模式

一、专利运营模式总结依据

综合技术转让方网络结构（图 7-3），同时分析专利转让数量较高但在技术转让方网络中不突出的部分技术转让方数据，总结出以下几种技术转让方专利运营模式：以知识产权服务机构为中心的专利运营模式，或称为广东高航专利运营模式；以大型央企为中心的专利运营模式，或称为国家电网专利运营模式；以高新技术企业为中心的专利运营模式，包括华为专利运营模式、鸿海专利运营模式等，因篇幅所限，本书仅讨论了华为专利运营模式和鸿海专利运营模式；以一流高校为中心的专利运营模式，或称为清华大学专利运营模式。我们总结的上述几种专利运营模式，主要考虑以下几个因素：第一，在图 7-3 网络结构中呈现出比较明显的子网络，由此概括出一种模式。第二，转让专利数量较多，且具有持续性，如果较多的转让专利数据主要集中于某一年度，而其他年度寥寥无几，我们便不会选择。比如，大唐移动通信设备有限公司，共转让专利 1579 件，而其中 2011 年转让的数量高达 1461 件，占总数的 92.53%，其他年份则很少。第三，共同转让人比较多，若共同转让人太少，则形不成网络和模式。比如，表 7-1 中转让专利数量较多的主体邱则有，其共同转让人只有湖南邱则有专利战略策划有限公司，另外其 2010 年转让专利数量为 1744 件，占总数 1984 件的 87.90%，过于集中，因此没有将其视为一种模式。

二、代表性专利运营模式分析

（一）广东高航专利运营模式

成立于 2012 年的广东高航知识产权运营有限公司，在不到六年的时间里，就促成了 3000 多件发明授权专利的技术交易。该公司专注于为客户提供全方位的知识产权运营服务，包括知识产权战略制度设计、创新产品开发、知识产权成果转让交易、知识产权授权许可等综合解决方案，涵盖专利、商标、版权等领域；同时致力于线上线下科技成果推广展示，引导技术转移，推动成果转化，整合技术资源，服务科技创新。该公司在国内一线城市开设多家分公司，与中国科学院、华南理工大学、广州市科学技术局、北京智银投资管理有限公司等众多科研院校及机构开展产学研政全方位的合作，汇聚了近百位拥有丰富知识产权运营经验的专业人士。图 7-4 是用前 50 位转让人-转让人矩阵构建的广东高航专利技术转让方网络。

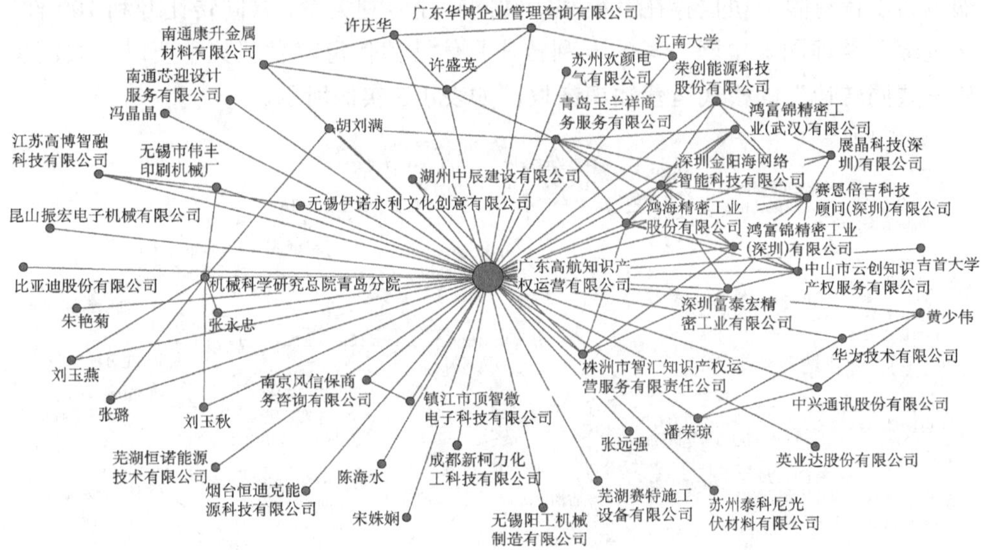

图 7-4　广东高航知识产权运营有限公司专利技术转让方网络

图 7-4 显示了广东高航知识产权运营有限公司与多家公司、部分大学、部分个人专利权人和科研院所等，在专利运营活动中形成的技术转让方网络。与其联合转让专利数量最多、强度最大的公司是华为技术有限公司，他们联合转让专利

358 件。实践中，一些企业或个人将专利权转让给广东高航知识产权运营有限公司，而后广东高航知识产权运营有限公司再将其转让给第三方，即广东高航知识产权运营有限公司往往以“受让—转让”的模式成为专利转让人，运营知识产权。

（二）国家电网专利运营模式

国家电网公司成立于 2002 年 12 月，是由中央直接管理的国有独资公司，是关系国民经济命脉和国家能源安全的特大型国有重点骨干企业。国家电网公司是我国央企技术创新与专利运营成功的典型企业。截至 2018 年底，其共转让专利 1914 件。国家电网公司以投资建设运营电网为核心业务，承担着保障安全、经济、清洁、可持续电力供应的基本使命。公司经营区域覆盖 26 个省级行政区。2016～2018 年，公司蝉联《财富》世界 500 强第二位、中国 500 强企业第一位，是全球最大的公用事业企业。图 7-5 展示了国家电网专利运营模式专利技术转让方前 50 位的转让人-转让人网络。

图 7-5 显示，国家电网公司与全国电网系统的很多家公司、研究院和部分大学与个人等专利权人之间存在着共同转让专利技术的情形。其中与中国电力科学研究院之间共同转让关系强度最大，双方共同转让专利 282 件；与中电普瑞电力工程有限公司也存在着很强的共同转让专利关系，共同转让专利 109 件。通过深入整理国家电网公司的专利转让具体法律信息，发现其主要以“共同受让—共同转让”的模式运营知识产权，如表 1-5 实例所示。

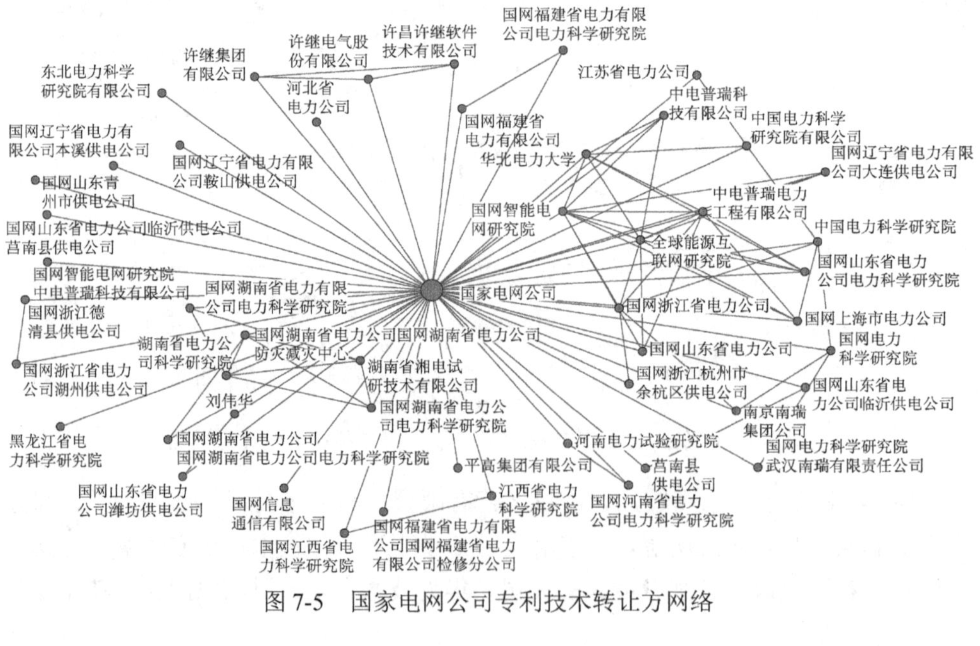

图 7-5　国家电网公司专利技术转让方网络

（三）华为专利运营模式

华为技术有限公司是全球领先的信息与通信解决方案供应商。公司围绕客户的需求持续创新，在电信网络、企业网络、消费者和云计算等领域构筑了端到端的解决方案优势。目前，华为技术有限公司的产品和解决方案已经应用于 170 多个国家和地区，服务全球 1/3 的人口。图 7-6 展示了华为技术有限公司专利技术转让方网络。

图 7-6 显示，华为技术有限公司与多家公司、部分大学和一些个人之间，存在着共同转让人关系。其中与 GW 合作伙伴有限公司和广东高航知识产权运营有限公司存在着最强的联合转让关系，转让次数分别为 361 次和 358 次。通过细致整理华为技术有限公司专利转让具体法律信息发现，华为技术有限公司很多专利是以“华为技术有限公司—知识产权服务机构—其他公司或个人”的模式进行的。中兴专利运营模式与此模式类似。

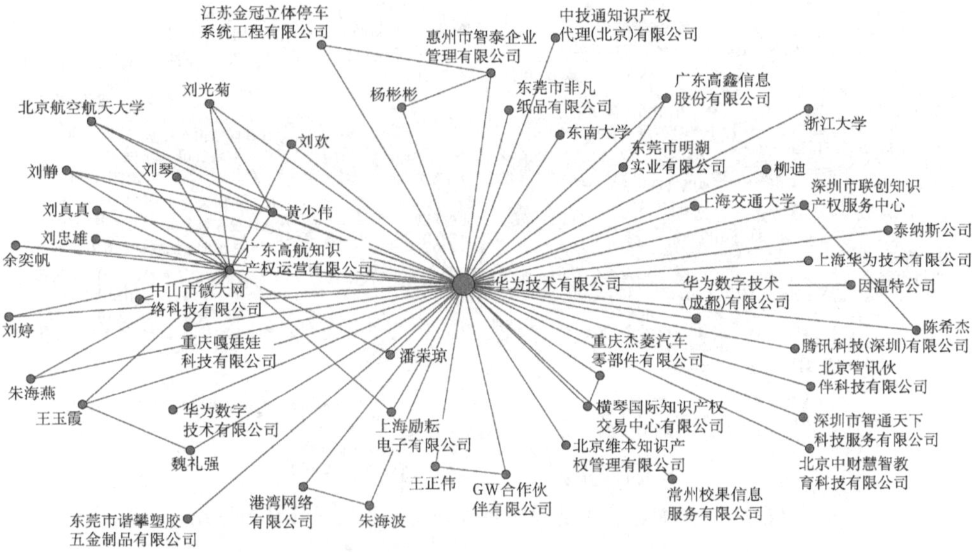

图 7-6　华为技术有限公司专利技术转让方网络

（四）鸿海专利运营模式

鸿海精密工业股份有限公司成立于 1974 年，是全球电脑、通信、消费类电子代工领域规模最大、成长最快的国际集团。公司多年来致力于研发创新，以核心技术为中心，包括纳米技术、环保工程技术、平面显示器技术、无线通信技术、精密模具技术、伺服器技术、光电/光通信技术材料与应用技术及网络技术等。图 7-7 展示了鸿海精密工业股份有限公司专利技术转让方网络。

图 7-7 显示，鸿海精密工业股份有限公司与大陆很多科技公司，尤其是很多南方公司之间存在着专利共同转让人网络关系。与华为技术有限公司不同的是，鸿海精密工业股份有限公司与其关联企业鸿富锦精密工业（深圳）有限公司之间存在着最强的共同转让人关系，通过细致整理鸿海精密工业股份有限公司专利转让的具体法律信息，发现有 80%左右的发明授权专利是鸿海精密工业股份有限公司与鸿富锦精密工业（深圳）有限公司共同申请，而后又共同转让给第三方的。与华为技术有限公司类似的是，鸿海精密工业股份有限公司也与一些知识产权中介服务机构之间存在着一些共同转让方关系，其运营也往往遵循“鸿海精密工业股份有限公司与鸿富锦精密工业（深圳）有限公司—知识产权服务机构—其他公司或个人”的模式进行。

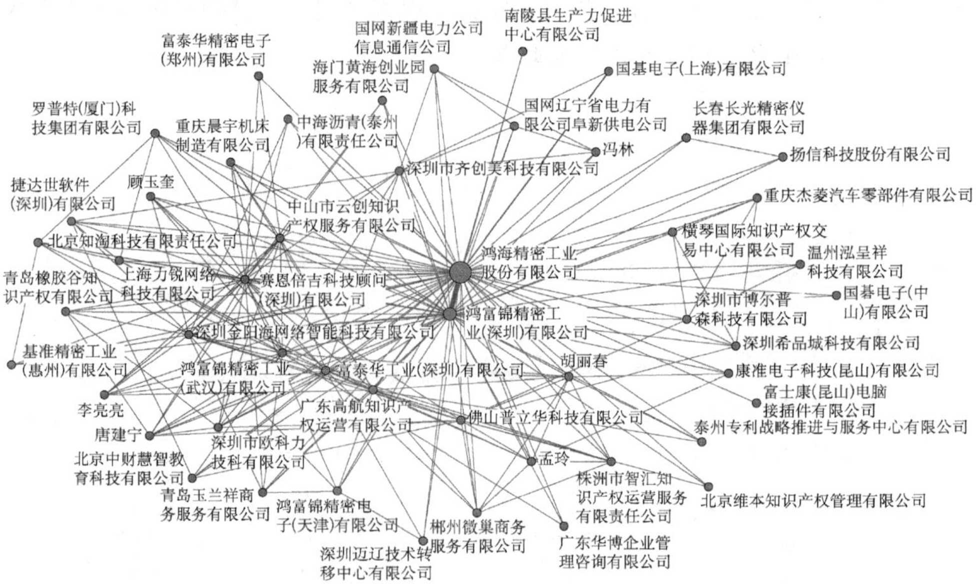

图 7-7　鸿海精密工业股份有限公司专利技术转让方网络

（五）清华大学专利运营模式

清华大学发明专利申请量在国内高校中一直遥遥领先。基于 incoPat 的检索数据，2012～2017 年每年的发明专利申请量都超过 2000 件。为推动专利技术等科技成果转化，清华大学成立了专门的“清华大学成果与知识产权管理办公室”，设有知识产权与技术转移等多个栏目。2001～2018 年，清华大学共有 962 件发明授权专利被转让，图 7-8 展示了清华大学专利技术转让方网络。

图 7-8 显示，清华大学与多家公司之间存在着共同转让关系，其转让方网络中只有北京化工大学和深圳清华大学研究院为大专院校。与前几种专利运营

模式明显不同的是，清华大学与其他联合转让主体的强度比较低，其中强度最高的两个主体——博奥生物集团有限公司和同方股份有限公司，也均只有27次共同转让行为。

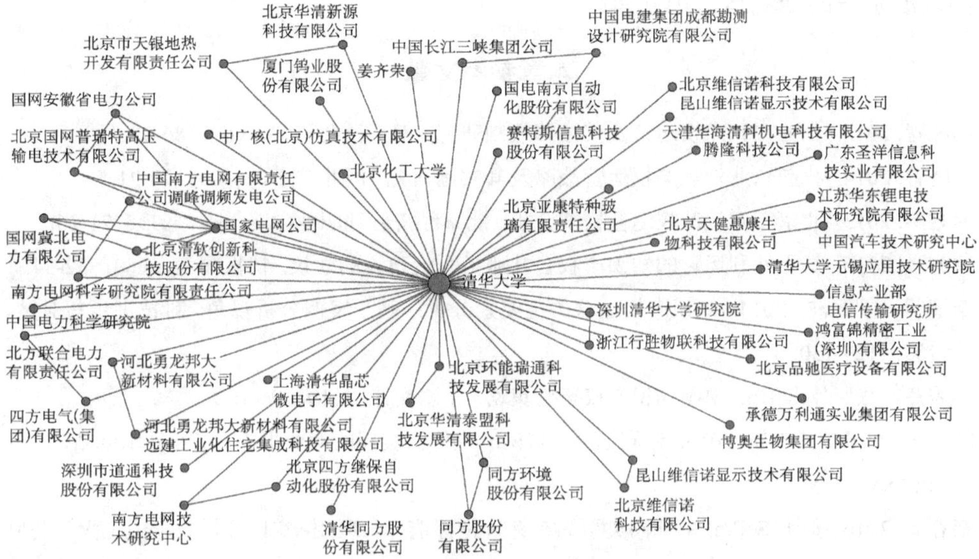

图7-8　清华大学专利技术转让方网络

第四节　主要结论与未来研究

本章基于incoPat科技创新服务平台检索得到309 781件中国发明授权专利技术转让数据，运用社会网络分析方法中的中介中心度指标，结合专利转让数量指标，在确定专利运营模式提炼依据的基础上，总结了具有代表性的几种专利运营模式：以知识产权服务机构为中心的专利运营模式，或称为广东高航专利运营模式；以大型央企为中心的专利运营模式，或称为国家电网专利运营模式；以高新技术企业为中心的专利运营模式，包括华为专利运营模式、鸿海专利运营模式和中兴专利运营模式等，因篇幅所限，本书仅讨论了华为专利运营模式和鸿海专利运营模式；以一流高校为中心的专利运营模式，或称为清华大学专利运营模式。在此基础上，进一步深入分析了每种模式的具体运营路径。专利运营模式的总结和深入分析，对推动我国科技成果转化、助力"知识产权强国战略"的实施，具有重要的理论意义和现实意义。

下一步我们将基于技术受让方网络分析、技术转让方-受让方有向网络分析等，从不同视角探索中国专利技术交易过程中形成的、比较成功的、对推动我国科技成果转化具有重要借鉴和参考作用的专利运营模式，还将探索美国、欧盟、日本等发达国家和地区的专利运营模式，以及我国不同经济发展区域在不同发展阶段的专利运营模式等。

本章参考文献

冯晓青. 2013. 企业知识产权运营及其法律规制研究. 南京社会科学，（6）：86-92.

冯晓青. 2014. 我国企业知识产权运营战略及其实施研究. 河北法学，（10）：10-21.

何耀琴. 2013. 北京市知识产权运营模式分析. 北京经济管理职业学院学报，（3）：21-26.

黄鹏飞. 2016. 基于专利运营的知识产权公共服务平台建设的建议. 情报探索，（8）：32-34.

李黎明，刘海波. 2014. 知识产权运营关键要素分析：基于案例分析视角. 科技进步与对策，（10）：123-130.

林秀芹，张贤伟. 2016. 中国知识产权运营策略. 学术交流，（1）：96-102.

陆介平，林蓉，王宇航. 2015. 专利运营：知识产权价值实现的商业形态. 工业技术创新，（2）：248-254.

栾春娟. 2016. 基于 SciVal 中外同类型高校评价指标选择与应用：实证分析大连理工大学与麻省理工学院. 科学与管理，（3）：3-9.

宋柳平. 2015. 创新驱动发展战略下华为知识产权运营战略. 电子知识产权，（5）：22-23.

陶鑫良. 2015-05-13. 完善职务发明制度 助推创新驱动发展. 中国知识产权报，第 1 版.

陶鑫良. 2016. 职务发明性质之约定和职务发明报酬及奖励：我国专利法第四次修订中有关职务发明若干问题的讨论. 知识产权，（3）：3-13.

田家林，顾晓燕. 2014a. 基于创新主体视角的区域知识产权运营效率提升对策. 科学学与科学技术管理，（12）：62-70.

田家林，顾晓燕. 2014b. 基于超效率 DEA 的知识产权运营效率产业比较研究. 合作经济与科技，（20）：36-38.

王振宇，於超. 2016. 区域工业企业的知识产权运营效率对比研究. 科技管理研究，（20）：164-169.

杨筱，李振，曾立. 2015. 国防知识产权市场运营模式研究. 科技进步与对策，（13）：145-150.

张琳，梁立明，刘则渊，等. 2012. 基于期刊聚类与 SOOI 分类体系的科学结构研究. 科学学研究，（9）：1292-1300.

Agrawal A，Henderson R. 2002. Putting patents in context：Exploring knowledge transfer from MIT. Management Science，48（1）：44-60.

Apple R D. 1989. Patenting university research：Harry Steenbock and the Wisconsin Alumni

Research Foundation. Isis，80（303）：375-394.

Balaman S Y，Wright D G，Scott J，et al. 2018. Network design and technology management for waste to energy production：An integrated optimization framework under the principles of circular economy. Energy，143：911-933.

Barao A，de Vasconcelos J B，Rocha A，et al. 2017. A knowledge management approach to capture organizational learning networks. International Journal of Information Management，37（6）：735-740.

Bengoa M，Martinez-San Roman V，Perez P. 2017. Do R&D activities matter for productivity? A regional spatial approach assessing the role of human and social capital. Economic Modelling，60：448-461.

Dechenaux E，Goldfarb B，Shane S，et al. 2008. Appropriability and commercialization：Evidence from MIT inventions. Management Science，54（5）：893-906.

Etzkowitz H. 2013. StartX and the ‘Paradox of Success’：Filling the gap in Stanford's entrepreneurial culture. Social Science Information，52（4）：605-627.

Ferrary M，Granovetter M. 2009. The role of venture capital firms in Silicon Valley's complex innovation network. Economy and Society，38（2）：326-359.

Garretson O，Fan J B，Mbatia P N，et al. 2018. When family replaced friendship：Mobile communication and network change in Kenya. Sociological Forum，33（4）：900-922.

George G. 2005. Learning to be capable：Patenting and licensing at the Wisconsin Alumni Research Foundation 1925-2002. Industrial and Corporate Change，14（1）：119-151.

Gui Q C，Liu C L，Du D B. 2018. Does network position foster knowledge production? Evidence from international scientific collaboration network. Growth and Change，49（4）：594-611.

Hirai A H，Sappenfield W M，Ghandour R M，et al. 2018. The collaborative improvement and innovation network（CoIIN）to reduce infant mortality：An outcome evaluation from the US South，2011 to 2014. American Journal of Public Health，108（6）：815-821.

Huggins R，Prokop D. 2017. Network structure and regional innovation：A study of university-industry ties. Urban Studies，54（4）：931-952.

Hur W，Park J. 2016. Network patterns of inventor collaboration and their effects on innovation outputs. Sustainability，8（4）：295.

Jain S，George G. 2007. Technology transfer offices as institutional entrepreneurs：The case of wisconsin alumni research foundation and human embryonic stem cells. Industrial and Corporate Change，16（4）：535-567.

Lathabai H H，George S，Prabhakaran T，et al. 2018. An integrated approach to path analysis for weighted citation networks. Scientometrics，117（3）：1871-1904.

Lee J E，Sung J H，Sarpong D，et al. 2018. Knowledge management for fostering biostatistical collaboration within a research network：The RTRN case study. International Journal of Environmental Research and Public Health，15（11）：2533.

Leute K. 2005. Patenting and licensing of university-based genetic inventions：A view from experience at Stanford University's office of technology licensing. Community Genetics，8（4）：217-222.

Leydesdorff L，Wagner C S，Bornmann L. 2018. Betweenness and diversity in journal citation networks as measures of interdisciplinarity：A tribute to Eugene Garfield. Scientometrics，114（2）：567-592.

Lu M L，Qu Z H，Wang M X，et al. 2018. Recommending authors and papers based on ACTTM community and bilayer citation network. China Communications，15（7）：111-130.

Maresch D，Fink M，Harms R. 2016. When patents matter：The impact of competition and patent age on the performance contribution of intellectual property rights protection. Technovation，57-58：14-20.

Máté D，Kun A I，Fenyves V. 2016. The impacts of trademarks and patents on labour productivity in the knowledge-intensive business service sectors. Amfiteatru Economic Journal，18（41）：104-119.

Nepelski D，de Prato G. 2018. The structure and evolution of ICT global innovation network. Industry and Innovation，25（10）：940-965.

Peng C，Meng Y J. 2016. Empirical study of manufacturing enterprise collaboration network：Formation and characteristics. Robotics and Computer-Integrated Manufacturing，42：49-62.

Peng G，Dey D. 2013. A dynamic view of the impact of network structure on technology adoption：The case of OSS development. Information Systems Research，24（4）：1087-1099.

Schleich B R，Seok H，Yoon S W. 2017. Performance assessment in homogeneous/heterogeneous collaborative enterprise networks with inventory adjustment. European Journal of Operational Research，261（3）：958-970.

Swamidass P M. 2013. University startups as a commercialization alternative：Lessons from three contrasting case studies. Journal of Technology Transfer，38（6）：788-808.

Volpi F，Clark J A. 2019. Activism in the Middle East and North Africa in times of upheaval：Social networks' actions and interactions. Social Movement Studies，18（1）：1-16.

Whittington K B. 2018. A tie is a tie? Gender and network positioning in life science inventor collaboration. Research Policy，47（2）：511-526.

Xiao L，Xu S H，Zeng X X. 2018. Design and analysis of knowledge transfer in the process of university-industry collaborative innovation based on social network theory. Journal of Internet Technology，19（4）：1155-1167.

Zhang Y，Chen K H，Zhu G L，et al. 2016. Inter-organizational scientific collaborations and policy effects：an ego-network evolutionary perspective of the Chinese Academy of Sciences. Scientometrics，108：1383-1415.

第八章　国家电网公司三种类型专利整体分析

关于专利的具体类别，不同国家和地区有着不同的规定。在我国，专利被细分为发明专利、实用新型专利和外观设计专利三种类型（曾庆平等，2008）。《专利法》中将发明专利定义为对产品、方法或其改进所提出的新的技术方案；实用新型专利又称小发明或小专利，通常是指对产品的形状、构造或其结合所提出的适于实用的新的技术方案（邓仪友，2003）；外观设计专利是指对产品的形状、图案结合以及色彩与形状、图案的结合所做出的富有美感并适于工业应用的新设计，外观设计是指工业品的外观设计，也就是工业品的式样（潘波，2009）。国家电网公司的专利技术涵盖了专利的全部类型。本章将基于国家电网公司的整体专利数据分析三种类型专利的分布状况以及变化趋势，从而探索其中蕴含的规律。

第一节　空 间 分 布

一、申请人国家/组织

专利申请是获得专利权的必须程序。在我国，专利权的获取需要专利持有人向国家专利机关提出申请，经国家专利机关批准并颁发证书（知识产权出版社，2010）。专利申请数量在一定程度上反映了企业技术创新的活力与其科研实力。研究专利申请的空间分布有助于了解该企业在其技术创新过程中对不同区域资源的调动情况，构建区域创新模型（Hamidi et al.，2019），并以此为依据，深入探索企业在专利申请过程中的空间合作关系。我们以国家电网公司的所有专利数据为基础，按照申请人国家/组织进行分类排序，从而得到该公司不同申请人国家/组织专利数量表（表 8-1）。

表 8-1　国家电网公司不同申请人国家/组织专利数量表

序号	申请人国家/组织	专利数量/件	占比/%
1	中国	137 157	99.97
2	德国	33	0.02
3	非洲地区知识产权组织	3	0.00

续表

序号	申请人国家/组织	专利数量/件	占比/%
4	美国	2	0.00
5	世界知识产权组织	2	0.00
6	英国	1	0.00
7	印度	1	0.00
8	日本	1	0.00
总计		137 200	100.00

注：①这里的中国，不包括澳台两个地区的数据；②联合申请专利在统计时分别计入。

表 8-1 显示，国家电网公司专利技术的申请人基本都来源于中国，这部分专利数量占总体专利数量的 99.97%；紧随其后的是德国，专利数量为 33 件；此外，非洲地区知识产权组织（ARIPO）、美国、世界知识产权组织、英国、印度和日本都参与了国家电网公司部分专利的申请工作。由此说明，国家电网公司的技术创新和研发活动主要还是在中国展开，但与其他国家/组织保持着一定的合作关系。

二、专利公开国家/组织

专利公开是专利寻求保护的一种方式，是专利从申请到授权的一个必经程序。经济学中通常把专利公开产生的技术知识传播称为一种技术溢出效应，或者信息的正外部性（李晨乐和叶静怡，2016）。专利公开国家/组织即专利文件首先公开的国家/组织，代表该国家/组织能率先获得专利的所有信息，这对国家相关技术的发展以及该技术领域本身的应用都具有非常重大的影响。探索专利公开国家/组织的分布特征对我们了解国家电网公司专利技术运营模式具有非常重要的意义。因此，我们将检索到的国家电网公司所有专利数据按照专利公开国家/组织进行分类排序，得到国家电网公司不同国家/组织专利公开数量表（表 8-2）。

表 8-2 显示，国家电网公司的专利技术在中国公开最多，占据所有专利数量的 99.20%；除此之外，世界知识产权组织和美国也是国家电网公司公开专利数量较多的国家和组织。说明国家电网公司的专利技术运营和应用主要在中国进行，这与其主营业务多集中在中国有关。

表 8-2　国家电网公司专利公开的国家/组织

序号	专利公开国家/组织	专利数量/件	占比/%
1	中国	136 100	99.20
2	世界知识产权组织	735	0.54

续表

序号	专利公开国家/组织	专利数量/件	占比/%
3	美国	175	0.13
4	欧洲专利局（EPO）	44	0.03
5	澳大利亚	24	0.02
6	加拿大	24	0.02
7	巴西	16	0.01
8	德国	16	0.01
9	印度	13	0.01
10	英国	9	0.01
11	日本	8	0.01
12	南非	6	0.00
13	欧亚专利组织（EAPO）	5	0.00
15	韩国	5	0.00
16	非洲地区知识产权组织	3	0.00
17	新加坡	3	0.00
18	丹麦	2	0.00
19	西班牙	2	0.00
20	欧盟	2	0.00
21	新西兰	2	0.00
22	芬兰	1	0.00
23	菲律宾	1	0.00
24	俄罗斯	1	0.00
	总计	137 197	100.00

注：①这里的中国不包括澳台两个地区的数据；②联合申请专利在统计时分别计入。

三、申请人省级行政区

国家电网公司的专利申请和公开主要都在中国内地展开。那么，哪些省级行政区在专利技术创新运营过程中表现得较活跃呢？不同省级行政区之间是否存在很大的差距呢？为了对专利创新和运营过程进行更为精确的把控，我们在申请人国家/组织的基础上，将空间区域进一步细化到各省级行政区上，从而得到更具体的国家电网公司专利申请在省级行政区的分布（表 **8-3**）。

表 8-3　国家电网公司专利申请在省级行政区的分布

序号	省级行政区	专利数量/件	占比/%
1	北京	70 339	51.70
2	山东	12 355	9.08
3	江苏	8 266	6.08
4	河南	7 037	5.17
5	浙江	6 128	4.50
6	辽宁	3 858	2.84
7	天津	3 309	2.43
8	河北	3 238	2.38
9	福建	2 495	1.83
10	四川	2 178	1.60
11	江西	2 070	1.52
12	安徽	1 992	1.46
13	湖北	1 701	1.25
14	山西	1 620	1.19
15	新疆	1 504	1.10
16	重庆	1 377	1.01
17	上海	1 374	1.01
18	黑龙江	1 193	0.87
19	湖南	987	0.72
20	吉林	862	0.63
21	甘肃	577	0.42
22	陕西	476	0.34
23	广东	353	0.25
24	青海	351	0.25
25	宁夏	222	0.16
26	内蒙古	169	0.12
27	云南	6	0.00
28	广西	5	0.00
29	西藏	2	0.00
30	贵州	1	0.00
总计		136 045	99.91

注：①海南专利数量为 0，故表中未列示；②联合申请专利在统计时分别计入。

表 8-3 显示，国家电网公司申请专利数量最多的省级行政区是北京市，占据所有专利数量的 51.70%，由此推断北京市是国家电网公司专利申请中重要的一个基地，大部分研发活动都是以这里为中心展开的。此外，山东、江苏、河南、浙江和辽宁都是申请专利数量排名靠前的省级行政区，说明它们在国家电网公司的专利申请过程中都扮演着重要的角色。

四、申请人城市

我们在上述省级行政区的基础上将空间区域做进一步细分，选取专利数量较多的城市进行排序。表 8-4 列出了国家电网公司申请专利数量最多的前 15 个城市。

表 8-4　国家电网公司申请专利数量最多的前 15 个城市

序号	申请人城市	专利数量/件	占比/%
1	北京	70 339	51.70
2	济南	4 353	3.20
3	南京	3 637	2.67
4	天津	3 309	2.43
5	杭州	2 047	1.50
6	许昌	1 877	1.38
7	福州	1 737	1.28
8	郑州	1 597	1.17
9	南昌	1 562	1.14
10	重庆	1 377	1.01
11	潍坊	1 376	1.01
12	上海	1 374	1.01
13	平顶山	1 198	0.88
14	沈阳	1 094	0.80
15	石家庄	1 084	0.80

表 8-4 显示，国家电网公司申请专利数量较多的城市有北京、济南、南京、天津、杭州和许昌，它们基本都代表了各自省级行政区在国家电网公司专利布局中的位置。由此推测，这些地区的企业与国家电网公司的技术创新与运营有

着密切的联系，可在后续的研究中重点进行探索与了解。

五、专利优先权国家/组织

专利优先权是指专利申请人就其发明创造第一次在某国提出专利申请后，在法定期限内，又在中国以相同主题的发明创造提出专利申请的，根据有关法律规定，其在后申请以第一次专利申请的日期作为其申请日，专利申请人依法享有的这种权利，就是优先权（徐阔，2011）。专利优先权的目的在于，排除在其他国家抄袭此专利者有抢先提出申请，取得注册之可能（徐玉麟，2009）。了解国家电网公司专利优先权国家/组织，对把握专利态势、识别技术创新趋势具有非常重要的意义（Bencze et al.，2019）。表 8-5 列出了国家电网公司不同专利优先权国家/组织所对应的专利数量（表 8-5）。

表 8-5　国家电网公司不同专利优先权国家/组织专利数量表 单位：件

序号	专利优先权国家/组织	专利数量
1	中国	2630
2	世界知识产权组织	10

表 8-5 显示，国家电网公司的专利优先权主要集中于中国和世界知识产权组织，优先权在中国的专利数量为 2630 件，优先权在世界知识产权组织的专利数量为 10 件。由此推断，国家电网公司以后的专利创新运营主阵地还是在中国，世界知识产权组织将起到辅助作用。

第二节　主　　体

一、申请人类型

在前述部分，我们介绍了国家电网公司的专利技术在不同区域的分布情况。为进一步了解专利申请过程中的合作关系和内在机制，我们以专利申请主体作为新的研究角度进行探索与分析。专利申请主体是指从事专利申请工作的组织、单位或个人（尹杰，2017）。国家电网公司拥有数十万件专利，这些专利的申请仅凭企业自身是无法实现的。那么，国家电网公司的专利申请主体有哪些？不同的主体之间存在怎样的联系？为了回答这些问题，我们首先以产学研主体为基础，对国家电网公司的专利技术进行分类排序，得到国家电网公司不同产学研主体专利数量表（表 8-6）。

表 8-6　国家电网公司不同产学研主体专利数量表

序号	申请人类型	专利数量/件	占比/%
1	企业	132 737	84.40
2	科研单位	13 961	8.88
3	大专院校	7 320	4.66
4	机关团体	2 190	1.39
5	个人	982	0.62
6	其他主体	77	0.05
总计		157 267	100.00

表 8-6 显示，国家电网公司的专利技术共涉及 6 种申请主体，其中企业占据最主要的位置，由企业申请的专利数量占总体专利的 84.40%；此外，科研单位、大专院校、机关团体、个人和一些其他主体也在国家电网公司的专利申请活动中提供了一定的辅助作用。

二、申请人

在技术创新的研究过程中，产学研合作作为一个热点话题一直深受学界关注。学者们研究发现，农业（Li et al.，2018）、化工（Yan et al.，2017）、造纸（Wang and Yang，2013）和纳米科技（栾春娟和尹娜娜，2018）等领域都存在产学研合作效应，而国家电网公司作为我国电力行业的领军企业，其专利创新运营必然也是以产学研合作网络为依托展开的（栾春娟等，2019）。为了了解其具体对应机构和网络构建过程，我们首先将检索到的国家电网公司专利数据按照不同产学研申请人进行分类排序，表 8-7 列出的是专利数量最多的前 19 位申请人。

表 8-7　国家电网公司前 19 位申请人专利数量　　　　单位：件

序号	申请人	专利数量
1	国家电网公司	119 469
2	中国电力科学研究院	7 184
3	国网江苏省电力有限公司	6 959
4	国网天津市电力公司	3 647
5	国网福建省电力有限公司	3 381
6	国网北京市电力公司	3 060

续表

序号	申请人	专利数量
7	国网河北省电力公司	2 947
8	国网浙江省电力公司	2 871
9	许继集团有限公司	2 106
10	国网山东省电力公司电力科学研究院	1 901
11	国网上海市电力公司	1 886
12	国网湖南省电力公司	1 818
13	国家电网有限公司	1 577
14	平高集团有限公司	1 559
15	国网新源控股有限公司	1 524
16	许继电气股份有限公司	1 378
17	华北电力科学研究院有限责任公司	1 280
18	国网智能电网研究院	1 119
19	南京南瑞集团公司	1 103

表 8-7 显示，申请专利最多的前 19 位申请人中，既包含了产业，又包含了科研院所，整体来看仍是产业领衔、科研院所参与的格局，但也有个别科研院所占据了重要的位置。如中国电力科学研究院共申请 7184 件专利，位列所有申请人的第二。由此更加证实，国家电网公司的专利申请过程存在产学研联合申请的情况，且部分产业与研究院之间有紧密的合作关系。

三、标准化申请人

在国家电网公司的发展历程中，无论是企业自身，还是其合作企业，在专利申请过程中均存在申请人名称不一致的情况，这样会降低我们数据的准确性。为了提升研究的可信度，我们将申请人名称进行标准化，按照专利数量由多到少的顺序进行排列，表 8-8 列出了国家电网公司专利数量最多的前 18 个标准化申请人。

表 8-8　国家电网公司前 18 位标准化申请人专利数量　　单位：件

序号	标准化申请人	专利数量
1	国家电网-C	131 575
2	许继电气-C	2 144
3	华北电大-E	977

续表

序号	标准化申请人	专利数量
4	华电集团-C	600
5	许继集团-C	529
6	清华大学-E	514
7	江苏电力-C	492
8	东南大学-E	390
9	国电南瑞-C	340
10	河海大学-E	263
11	东北电大-E	219
12	东北电力-C	186
13	浙江大学-E	176
14	南瑞继保-C	138
15	北邮大学-E	123
16	中科院所-T	118
17	四方股份-C	109
18	天津大学-E	109

注：①C 代表产业类公司；②E 代表大学；③标准化申请人全称见附表 8。

表 8-8 显示，在专利数量排名前 5 的标准化申请人中，同时出现了许继电气和许继集团，经了解得知许继电气为许继集团的控股子公司，由此推断许继集团是国家电网公司的主要合作企业，且有很多专利的合作申请都是通过许继电气来对接的；此外，华北电大、清华大学和东南大学等也申请了较多的专利，为国家电网公司的技术创新提供了重要的支撑。

四、当前专利权人

当前专利权人指的是截至数据检索日，国家电网公司的专利技术对应的专利权人。表 8-9 列出了国家电网公司专利数量最多的前 17 位当前专利权人。

表 8-9　国家电网公司前 17 位当前专利权人专利数量表　单位：件

序号	当前专利权人	专利数量
1	国家电网公司	131 807
2	国网江苏省电力有限公司	8 007
3	中国电力科学研究院	6 772

续表

序号	当前专利权人	专利数量
4	国网福建省电力有限公司	3 836
5	国网天津市电力公司	3 611
6	国网河北省电力公司	3 215
7	国网北京市电力公司	3 061
8	国网浙江省电力公司	2 875
9	许继集团有限公司	2 032
10	国网上海市电力公司	1 987
11	国网山东省电力公司电力科学研究院	1 821
12	国网湖南省电力公司	1 800
13	国家电网有限公司	1 712
14	国网新源控股有限公司	1 634
15	平高集团有限公司	1 515
16	许继电气股份有限公司	1 358
17	华北电力科学研究院有限责任公司	1 282

表 8-9 显示，除国家电网公司外，专利数量较多的企业还有国网江苏省电力有限公司、国网福建省电力有限公司和国网天津市电力公司等。此外，还有两个研究院处于靠前的位置，它们是中国电力科学研究院和国网山东省电力公司电力科学研究院。其中，中国电力科学研究院的专利数量为 6772 件，仅次于国家电网公司，应在后续的研究中对其进行重点观察与分析。

五、代理机构

专利代理机构是经省专利管理局审核，国家知识产权局批准设立，可以接受委托人的委托，在委托权限范围内以委托人的名义办理专利申请或其他专利事务的服务机构（徐玉麟，2009）。研究这些代理机构可以帮助我们更好地了解国家电网公司专利技术创新和运营的过程（栾春娟等，2019）。以专利代理机构为基础，将国家电网公司的专利技术进行分类排序，选取前 20 位代理机构列出，从而得到国家电网公司前 20 位代理机构专利数量表（表 8-10）。

表 8-10 国家电网公司前 20 位代理机构专利数量 单位：件

序号	代理机构	专利数量
1	北京安博达知识产权代理有限公司	7605
2	北京集佳知识产权代理有限公司	4679

续表

序号	代理机构	专利数量
3	北京康信知识产权代理有限责任公司	3976
4	郑州睿信知识产权代理有限公司	3832
5	天津盛理知识产权代理有限公司	3458
6	南京纵横知识产权代理有限公司	3396
7	济南圣达知识产权代理有限公司	3217
8	杭州华鼎知识产权代理事务所	3105
9	济南诚智商标专利事务所有限公司	2542
10	石家庄新世纪专利商标事务所有限公司	2286
11	石家庄国为知识产权事务所	2116
12	福州元创专利商标代理有限公司	2024
13	北京三友知识产权代理有限公司	1800
14	成都行之专利代理事务所	1571
15	郑州红元帅专利代理事务所	1504
16	郑州联科专利事务所	1499
17	浙江翔隆专利事务所	1469
18	福州展晖专利事务所	1450
19	哈尔滨市松花江专利商标事务所	1431
20	成都信博专利代理有限责任公司	1403

表 8-10 显示，专利数量最多的代理机构是北京安博达知识产权代理有限公司，达到 7605 件；其次是北京集佳知识产权代理有限公司，专利数量为 4679 件；专利数量排在前 3 位的机构都来自北京，由此说明北京是专利申请最为活跃的地区之一，与前述内容相呼应。此外，郑州睿信知识产权代理有限公司和天津盛理知识产权代理有限公司也处于前列，说明它们在国家电网公司专利申请的过程中也发挥着重要的作用。

第三节　专利技术领域

一、国民经济门类

《国民经济行业分类》（GP/T 4754—2017）是规定我国全社会经济活动分类与代码的标准，该标准采用线分类法和分层次编码方法，将国民经济行业划分为门类、大类、中类和小类四个层次。《国民经济行业分类》（GP/T 4754—2017）共包含 20 个门类，编号为大写英文字母 A 到 T（国家统计局，2008）。《国民经济行业分类》（GP/T 4754—2017）标准的应用对我国科普产业统计体系的建立具有非常重要的意义（Ren and Liu，2014）。将此标准应用到专利计量中，可以大大提高专利统计的效率。我们将检索到的所有专利数据按照国民经济门类进行分类，得到国家电网公司国民经济各门类专利数量表（表 8-11）。

表 8-11 国家电网公司国民经济各门类专利数量表 单位：件

序号	国民经济门类	专利数量
1	C	125 990
2	I	6 316
3	E	4 234
4	D	289
5	A	54
6	OTH	8

注：①表中代码含义详见附表 1；②跨国民经济门类申请专利在统计时分别计入。

表 8-11 显示，国家电网公司的专利技术主要涉及 5 个国民经济门类，其中专利数量最多的是 C 门类，共有 125 990 件，占总体专利数量的 92.04%；紧随其后的是 I 门类，专利数量为 6316 件；专利数量较多的还有 E 门类，共有 4234 件；剩余的国民经济门类包含的专利数量很少，在国家电网公司的技术创新过程中影响较小。

二、国民经济大类

为了更深入地了解国家电网公司专利技术涉及的行业，我们将所有的专利数据再以国民经济大类为基础进行细分，得到国家电网公司国民经济前 41 位大类专利数量表（表 8-12）。

表 8-12 国家电网公司国民经济前 41 位大类专利数量表 单位：件

序号	国民经济大类	专利数量
1	C38	53 006
2	C40	32 927
3	C39	11 943

续表

序号	国民经济大类	专利数量
4	C34	9 703
5	C33	6 507
6	I63	6 316
7	C35	3 114
8	E47	2 553
9	E48	1 568
10	C24	1 543
11	C41	1 207
12	C37	1 133
13	C36	1 028
14	C26	974
15	C23	663
16	C31/32	615
17	C18	500
18	C21	495
19	C30	292
20	D46	197
21	C19	107
22	D44	92
23	E50	72
24	C27	57
25	C25	54
26	C17	51
27	E49	41
28	A02	33
29	C42	19
30	C29	13
31	C13	10
32	C22	10
33	C28	9
34	A01	8

续表

序号	国民经济大类	专利数量
35	A04	7
36	C14	5
37	A01/02	4
38	A03	2
39	C16	2
40	C20	2
41	C15	1

注：①表中代码含义详见附表 2；②跨国民经济大类申请专利在统计时分别计入。

表 8-12 显示，国家电网公司专利数量最多的国民经济大类是 C38，达到 53 006 件；其次是 C40，专利数量为 32 927 件。专利数量最多的前 5 位国民经济大类都属于 C 门类，这也进一步证明了前述结论。此外，专利数量较多的其他大类还有 I63 和 C35，它们所代表的行业同样值得我们关注。

三、IPC 部

将专利技术按照 IPC 的格式进行整理，对激发研究人员的创新灵感具有非常重要的作用（Ji et al.，2019）。我们将检索得到的所有专利数据按照 IPC 部类进行分类，得到国家电网公司 IPC 各部专利数量（表 8-13）。

表 8-13　国家电网公司 IPC 各部专利数量　　单位：件

序号	IPC 部	专利数量
1	H	61 496
2	G	53 675
3	B	15 593
4	E	7 134
5	F	6 043
6	A	4 484
7	C	2 034
8	D	93

注：①表中代码含义详见附表 3；②跨 IPC 部申请专利在统计时分别计入。

表 8-13 显示，国家电网公司的专利技术在八个 IPC 部类中都有涉及，排名

第一的 IPC 部是 H，专利数量为 61 496 件；其次是 G，专利数量为 53 675 件；其余各部类也对应有一定数量的专利。这反映出国家电网公司的专利技术在以一种跨学科、跨领域合作的态势发展。

四、IPC 大类

表 8-14 列出了专利数量排在前 50 位的 IPC 大类。

表 8-14　国家电网公司前 50 位 IPC 大类专利数量　　单位：件

序号	IPC 大类	专利数量
1	H02	39 377
2	G01	30 498
3	H01	15 546
4	G06	13 131
5	H04	7 973
6	G08	4 766
7	G05	3 893
8	B25	3 523
9	E04	3 498
10	B65	2 705
11	B66	2 290
12	F16	2 286
13	G09	2 140
14	E02	1 499
15	A01	1 474
16	H05	1 409
17	G02	1 385
18	E06	1 205
19	G07	1 158
20	B08	1 156
21	B60	1 029
22	B23	918

续表

序号	IPC 大类	专利数量
23	A62	840
24	B21	831
25	B01	790
26	B62	783
27	F24	693
28	F21	646
29	F03	623
30	A47	611
31	C08	572
32	E05	533
33	H03	418
34	C09	413
35	E01	385
36	F04	377
37	A63	364
38	F23	352
39	A42	341
40	B64	283
41	A41	273
42	E21	265
43	B05	263
44	F17	260
45	C23	259
46	A45	253
47	F01	250
48	C02	226
49	B26	222
50	A61	220

注：①表中代码含义详见附表 4；②跨 IPC 部申请专利在统计时分别计入。

表 8-14 显示，国家电网公司专利数量最多的 IPC 大类是 H02，达到 39 377

件；专利数量超过 10 000 件的大类还有 G01、H01 和 G06。

五、IPC 小类

我们在前述基础上将检索到的专利数据以 IPC 小类为单位进行细分，选取专利数量最多的前 50 位 IPC 小类并将其列出，得到国家电网公司前 50 位 IPC 小类专利数量表（表 8-15）。

表 8-15　国家电网公司前 50 位 IPC 小类专利数量　　单位：件

序号	IPC 小类	专利数量
1	G01R	21 309
2	H02G	14 686
3	H02J	13 102
4	H02B	7 857
5	G06Q	7 173
6	G06F	6 032
7	H01R	5 183
8	H04L	4 187
9	H01H	3 840
10	G01N	3 387
11	H02H	3 340
12	H01F	2 969
13	E04H	2 878
14	G05B	2 625
15	G08C	2 463
16	G08B	2 285
17	H01B	2 238
18	B25B	1 943
19	H04N	1 664
20	H04B	1 583
21	H02M	1 516
22	B65H	1 462
23	G02B	1 340
24	G06K	1 285

续表

序号	IPC 小类	专利数量
25	G01K	1 272
26	G09F	1 182
27	G05D	1 175
28	E02D	1 173
29	B08B	1 156
30	G01B	1 156
31	G01D	1 121
32	A01M	1 056
33	E06C	1 028
34	H05K	975
35	B66C	956
36	B25H	945
37	G01M	935
38	G09B	926
39	H04W	889
40	B66F	860
41	G07C	707
42	B65D	644
43	H01M	626
44	F21V	623
45	B01D	609
46	F16L	586
47	B62B	585
48	H02S	563
49	B66D	544
50	A62B	534

注：①表中代码含义详见附表 5；②跨 IPC 小类申请专利在统计时分别计入。

表 8-15 显示，国家电网公司涉及专利数量最多的 IPC 小类是 G01R，达到 21 309 件，由此说明“测量电变量；测量磁变量”是国家电网公司一直以来重点攻克的技术；紧随其后的是 H02G 和 H02J，专利数量分别为 14 686 件和 13 102 件，这也从侧面说明“电缆或电线的安装，或光电组合电缆或电线的安

装”以及“供电或配电的电路装置或系统；电能存储系统”是国家电网公司应用较为广泛的技术。

第四节　时间分布

将国家电网公司的所有专利数据在时间轴上展开，观察各个时期的专利数量，有利于我们探索国家电网公司技术创新规律，从而总结出具有参考意义的发展思路与方法。

一、申请年

在这一部分，我们将2000～2018年国家电网公司申请专利数量都列出来（表8-16），并以此为依据绘制出国家电网公司各年份申请专利数量图（图8-1）。

表8-16　2000～2018年国家电网公司申请专利数量表　　单位：件

申请年份	申请专利数量
2000	3
2001	3
2002	12
2003	30
2004	61
2005	62
2006	91
2007	245
2008	1 119
2009	1 996
2010	2 795
2011	5 178
2012	11 504
2013	19 882
2014	23 997
2015	24 508
2016	21 764
2017	18 837
2018	5 110

图 8-1 显示，2000～2015 年，国家电网公司的专利申请数量呈现逐年上升的态势，且在 2015 年达到峰值，为 24 508 件，这体现出国家电网公司的专利创新一直在以较快的速度向前发展；2016 年开始，国家电网公司的专利申请数量出现回落，结合国家电网公司的发展情况推断，2015 年以后，国家电网公司的技术体系和基础架构已经建成，接下来主要进行改善修补工作，因此专利申请数量呈现下降的趋势。

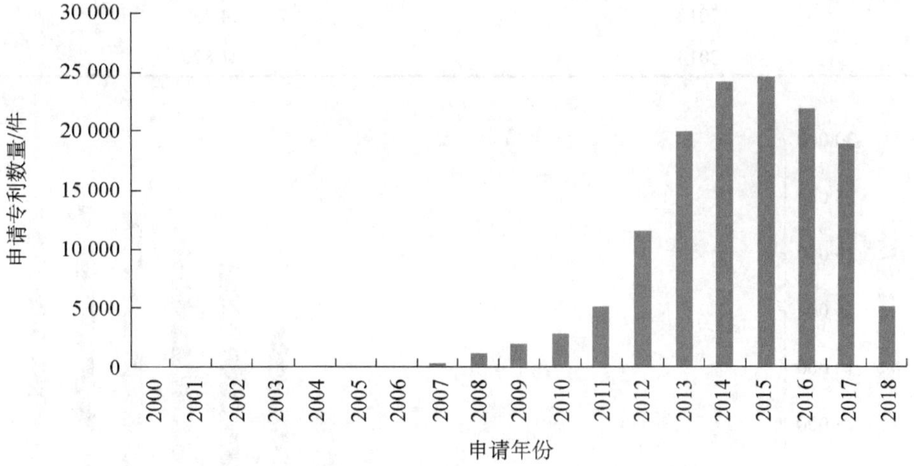

图 8-1　2000～2018 年国家电网公司申请专利数量图

二、授权年

表 8-17 列出了 2003～2018 年国家电网公司授权专利数量。我们以此为依据绘制出 2003～2018 年国家电网公司授权专利数量图（图 8-2）。

表 8-17　2003～2018 年国家电网公司授权专利数量表　　单位：件

授权年份	授权专利数量
2003	2
2004	3
2005	7
2006	22
2007	73
2008	201
2009	782
2010	1 734
2011	3 135

续表

授权年份	授权专利数量
2012	6 131
2013	13 551
2014	19 238
2015	22 351
2016	23 832
2017	24 259
2018	21 876

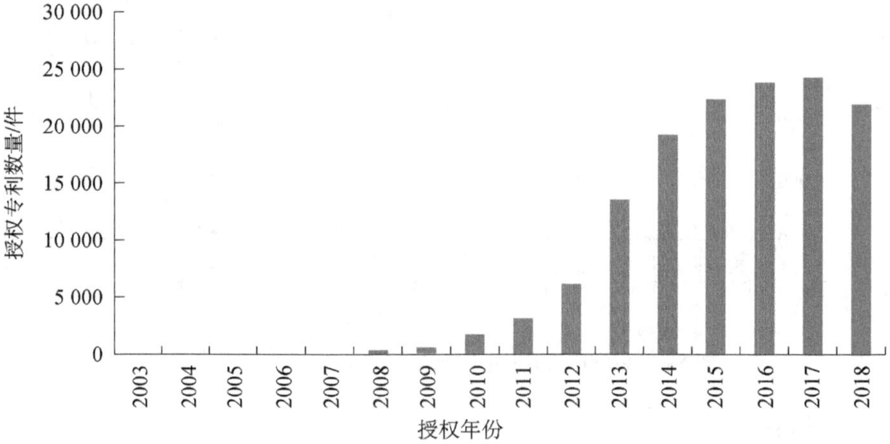

图 8-2　2003～2018 年国家电网公司授权专利数量图

图 8-2 显示，2003～2017 年国家电网公司的授权专利数量呈现逐年上升的趋势，且在 2009～2015 年以极快的速度增长。由此说明，这段时间是国家电网公司技术创新的“黄金时期”，在后续研究中应针对这个时期进行更为细致的分析与探索。

三、转让年

表 8-18 列出了国家电网公司在各个年份的转让专利数量。我们以此为基础，绘制出 2005～2018 年国家电网公司转让专利数量图（图 8-3）。

表 8-18　2005～2018 年国家电网公司转让专利数量表　　单位：件

转让年份	转让专利数量
2005	3

续表

转让年份	转让专利数量
2006	1
2007	3
2008	14
2009	33
2010	25
2011	75
2012	5980
2013	7262
2014	3554
2015	1244
2016	2016
2017	1758
2018	784

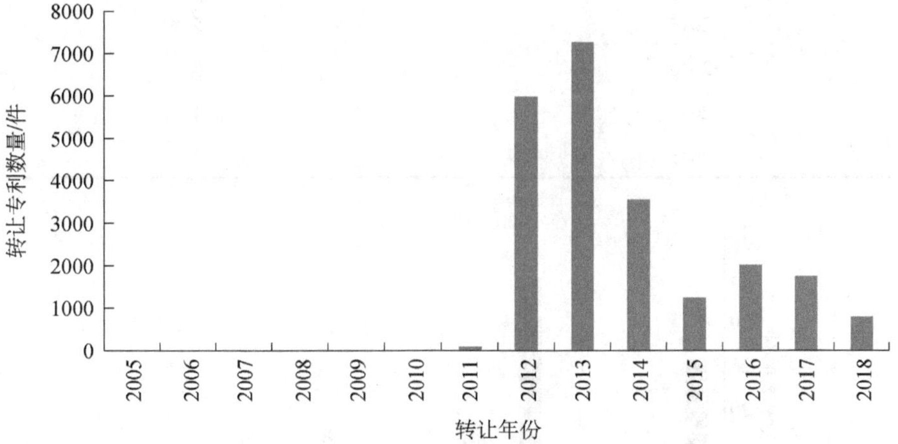

图 8-3　2005～2018 年国家电网公司转让专利数量图

图 8-3 显示，国家电网公司在 2012～2017 年的转让专利数量较多，2013 年更是达到 7262 件，由此说明国家电网公司在这几年中进行了频繁的专利转让受让活动，其中蕴含的专利运营规律值得我们去总结和把握。

四、许可年

专利实施许可也称专利许可证贸易，是指专利技术所有人或其授权人许可他人在一定期限、一定地区内，以一定方式实施其所拥有的专利，并向他人收取使用费用，分为制造许可、使用许可、销售许可等，具有促进专利技术成果的转化、应用和推广的作用（徐玉麟，2009）。表 8-19 列出了 2008～2018 年国家电网公司许可专利数量，我们以此为基础，绘制出国家电网公司各年份许可专利数量图（图 8-4）。

表 8-19　2008～2018 年国家电网公司许可专利数量　　单位：件

许可年份	许可专利数量
2008	26
2009	14
2010	5
2011	35
2012	19
2013	0
2014	5
2015	5
2016	5
2017	4
2018	5

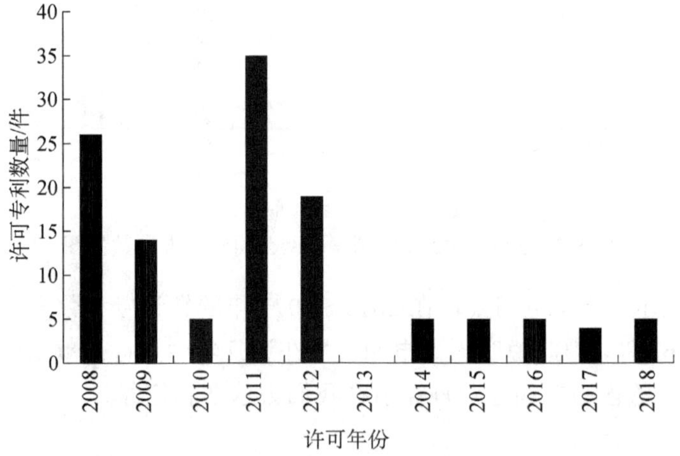

图 8-4　2008～2018 年国家电网公司许可专利数量图

图 8-4 显示，国家电网公司许可专利数量最多的是 2011 年，达到 35 件；

紧随其后的是2008年，许可专利数量为26件；此外，2012年和2009年也是许可专利较多的年份，许可专利数量分别是19件和14件。专利许可是国家电网公司专利运营中一个重要的组成部分，需要我们进一步探索与分析。

第五节　其 他 事 项

一、当前法律状态

了解专利技术的法律状态，对我们探索国家电网公司的专利运营模式具有非常重要的作用。表8-20列出了国家电网公司当前各个法律状态下的专利数量。

表8-20　国家电网公司当前各法律状态专利数量　　单位：件

当前法律状态	专利数量
授权	74 878
实质审查	24 281
权利终止	15 206
驳回	8 778
撤回	5 628
公开	4 461
放弃	2 863
PCT-有效期满	488
暂缺	188
部分进入指定国家	129

注：表中数据截至检索日。

表8-20显示，截至检索日，国家电网公司处于授权状态的专利数量为74 878件，实质审查的有24 281件，权利终止的有15 206件，驳回8778件，撤回5628件，公开4461件，放弃2863件。另外我们注意到，有488件处于PCT-有效期满的状态，还有129件部分进入指定国家。PCT的全称是Patent Cooperation Treaty，中文译为《专利合作条约》。PCT是专利领域的一项国际合作条约，通过PCT，申请人只需要提供一份国际申请，便可请求条约中多个国家对其专利进行保护（Erstling and Boutillon，2005），它是专利领域继巴黎公约之后的又一个具有国际合作意义的条约。

二、专利公开类型

表 8-21 列出的是国家电网公司各专利公开类型及其所占的比例。在检索到的所有国家电网公司专利数据中，实用新型专利占 48.49%，发明申请专利占 32.18%，发明授权专利占 17.92%，外观设计专利占 1.38%。

表 8-21　国家电网公司各专利公开类型数量

专利公开类型	专利数量/件	占比/%
实用新型	66 531	48.49
发明申请	44 143	32.18
发明授权	24 588	17.92
外观设计	1 888	1.38
检索报告	30	0.02
译文	8	0.01
其他	7	0.01
短期专利	1	0.00

三、专利有效状况

有效专利是指专利申请被授权后，仍处于有效状态的专利。只有该专利还处在法定保护期限内，且专利权人按照规定缴纳了年费，该专利才算有效专利（徐玉麟，2009）。表 8-22 列出了国家电网公司处于不同有效状况的专利数量。

表 8-22　国家电网公司专利技术有效状况　　单位：件

专利有效性	专利数量
有效	74 920
失效	32 490
审中	28 776
PCT-有效期满	613
PCT-有效期内	122
部分专利失效	7

表 8-22 显示，截至检索日，国家电网公司的有效专利数量为 74 920 件，失效专利为 32 490 件，审中的专利数量为 28 776 件，PCT-有效期满的有 613 件，PCT-有效期内的有 122 件，还有 7 件处于部分专利失效状态。

本章参考文献

邓仪友. 2003. 专利实施强制许可制度的意义，作用，历史//国家知识产权局知识产权发展研究中心. 规则知识产权的权利行使. 北京：专利文献出版社：87-95.

国家统计局. 2008. 国民经济行业分类注释. 北京：中国统计出版社.

李晨乐，叶静怡. 2016. 专利公开、技术溢出与专利私人价值. 中央财经大学学报，（9）：112-121.

栾春娟，郜叶欣，汪凌雪. 2019. 基于受让方网络的专利运营模式研究. 科学与管理，39（3）：1-7.

栾春娟，尹娜娜. 2018. 全球纳米科技前三强机构三螺旋创新网络分析. 科学与管理，38（2）：34-44.

潘波. 2009. 商业标识的不正当竞争法律保护. 内蒙古大学硕士学位论文.

徐阔. 2011. 专利权质权制度研究. 苏州大学硕士学位论文.

徐玉麟. 2009. 中华人民共和国专利法释义. 北京：中国法制出版社.

尹杰. 2017. 基于新增创新主体专利申请谈“万众创新”. 中国发明与专利，14（10）：117-121.

曾庆平，韩晶，王媛哲. 2008. 甘肃省高校专利产出分析及发展对策. 甘肃科技，（6）：1-6.

知识产权出版社. 2010. 中华人民共和国专利法实施细则. 第三版. 北京：知识产权出版社.

中国专利局审查-部分类审查室. 1991. 国际专利分类法概要及应用. 北京：专利文献出版社.

Bencze Z，Fraihat N，Varga O. 2019. Patent landscape analysis of dental caries in primary teeth. International Journal of Environmental Research and Public Health，16（12）：2220.

Erstling J，Boutillon I. 2005. The Patent Cooperation Treaty：At the center of the international patent system. William Mitchell Law Review，32：1583-1601.

Hamidi S，Zandiatashbar A，Bonakdar A. 2019. The relationship between regional compactness and regional innovation capacity（RIC）：Empirical evidence from a national study. Technological Forecasting and Social Change，142：394-402.

Ji Y，Qiu Q Y，Feng P E，et al. 2019. Empirical study on the impact of knowledge in international patent classification on design inspiration of undergraduate students. International Journal of Technology and Design Education，29（4）：803-820.

Li E L，Yao F，Xi J X，et al. 2018. Evolution characteristics of government-industry-university-research cooperative innovation network for China's agriculture and influencing factors：Illustrated according to agricultural patent case. Chinese Geographical Science，28（1）：137-152.

Ren W H，Liu G B. 2014. To delve into establishment of science popularization industry statistical system//Kocaoglu D F，Anderson T R，Daim T U，et al. 2014 Portland International Conference on Management of Engineering & Technology. New York：IEEE：411-416.

Wang X X，Yang L. 2013. The research on paper industry of innovation network in cooperation of industry-university-research institute in Shandong province//Lee G. Proceedings of 2013 2nd International Conference on Social Science and Education（ICSSE 2013）Volume 47. Newark：Information Engineering Research Institute：86-90.

Yan H Y，Bao X Z，He Q. 2017. Social network analysis of innovation of industry-university-research cooperation in chemical industry（based on China patent licensing data）. Bulgarian Chemical Communications，49：98-103.

第九章　国家电网公司专利时空–技术领域演进及专利价值度分析

第一节　时间–技术领域演进趋势

国家电网公司自2002年12月29日成立起，始终坚持将创新驱动作为自己的发展战略（Jiang and Zhu，2017）。在这10多年的发展历程当中，它逐渐成长为一个成熟的、有能力担当重任的大企业。近年来，学者们分别对国家电网公司的组织架构改革（程如海，2014；王小松，2017；刘宇炫，2019）、智能电网和特高压电网建设的发展现状（Li et al.，2018；Liu et al.，2019）以及企业未来的技术发展方向（Tian et al.，2018；鲁刚，2019）做了探讨，但并没有从具体的技术门类或技术领域对专利技术的演进进行深入分析。国家电网公司的专利技术涉及多个领域。在时间演进的不同阶段，其技术领域的发展是否存在一定的规律？本章将分析国家电网公司发明授权专利、转让受让专利和许可专利在各技术领域的发展趋势，从而为其专利技术创新运营模式的凝练提供依据。

一、专利授权、转让、许可年发展趋势

（一）专利授权年发展趋势

专利被授权，意味着专利申请人正式成为专利权人，该专利可以受到《专利法》的保护。对于社会而言，专利授权是将知识产权转化为生产力的关键（金亮等，2019）；对于一个行业或一个企业来说，授权专利数量是衡量其创新产出水平的重要指标（肖叶，2019）。国家电网公司从建立之初发展到现在，每年的授权专利数量都在发生着变化。那么，国家电网公司发明授权专利的整体发展趋势是怎样的呢？我们选取了2003～2018年共24 590条发明授权专利数据，绘制出其年度发展趋势（图9-1）。

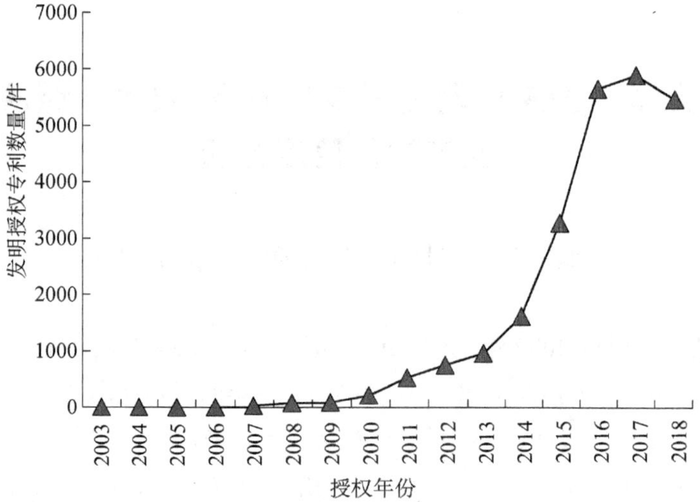

图 9-1　国家电网公司发明授权专利发展趋势（2003～2018 年）

图 9-1 显示，国家电网公司的发明授权专利在公司成立之初增长速度是比较缓慢的，但在一定时间的积累之后，公司的发明授权专利进入高速发展时期。整体上，我们将其划分为两个阶段：第一阶段为 2003～2010 年缓慢发展阶段。第二阶段为 2011～2018 年快速发展阶段。需要注意的是，我们的数据收集截止时间是 2018 年中期，并未将 2018 年的数据全部统计进去，因此图中 2017～2018 年的转折可以忽略。该图清晰显示，从 2011 年开始，国家电网公司的发明授权专利一直处于持续高速增长阶段，这也体现出随着能源问题的不断加剧以及科学技术的持续发展，国家电网公司在自主创新方面的投入也在不断增加。

（二）专利转让年发展趋势

专利转让包括专利权和专利申请权的转让，它可以比较完整地勾勒出转让方和受让方之间专利转移的全部过程，是技术转移的一种重要方式（谢祥等，2019）。技术转移对弥补技术缺陷、实现关联单位协同创新具有非常重要的意义（江艳泓，2019）。我们在进行国家电网公司专利技术创新运营研究时，除了要关注前面涉及的发明授权专利，还需要关注与其有关的转让受让专利，从而进行多维度的专利运营分析。因此，我们选取了 2005～2018 年共 8167 条数据，绘制出国家电网公司各年度转让受让专利发展趋势（图 9-2）。

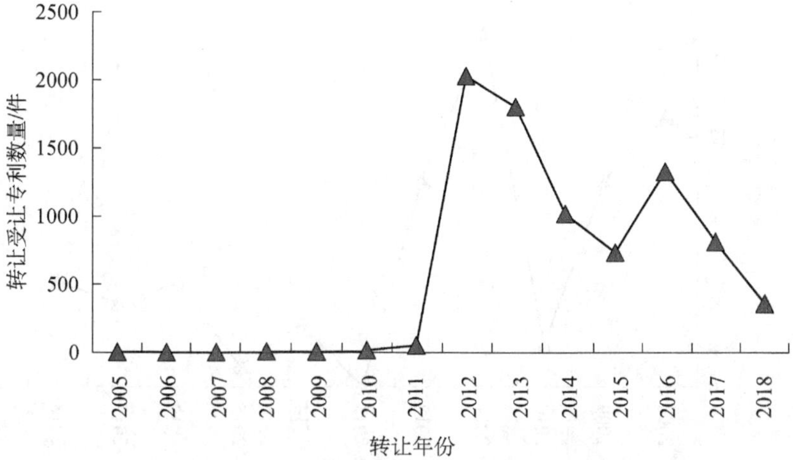

图 9-2 国家电网公司转让受让专利发展趋势（2005～2018 年）

图 9-2 显示，在国家电网公司成立的最初几年，即 2005～2010 年，整体的转让受让专利发展都是比较平缓的，其数量也很少。从 2011 年开始，增长幅度逐渐提升，且在 2012 年更是实现了飞跃，数量直接从 2001 年的 51 件增长为 2030 件。在 2012 年以后，转让专利数量又开始减少，虽然在 2016 年又展现出上升的趋势，但也只出现了一个拐点，整体仍然保持下降的趋势。在这个图中，我们重点关注 2012 年和 2016 年的两个拐点，经过分析，我们可以得出在这两年，国家电网公司专注于专利运营方面的实施，因此我们在进行专利运营方面的研究时，可重点参照国家电网公司在这两年做出的举措。

（三）专利许可年发展趋势

专利许可的作用是实现专利技术成果的转化、应用和推广，这有利于科学技术进步和社会生产，从而促进社会经济的发展和进步（刘海芳，2014）。我们前面所研究的，无论是国家电网公司的专利授权，还是专利转让受让，都是国家电网公司专利技术储备的方式，而真正应用到公司的发展中，能够落到实处的专利技术有多少，也是值得我们关注的一个问题。因此，我们检索了 2008～2018 年国家电网公司的全部许可专利共 70 件，绘制出国家电网公司许可专利发展趋势（图 9-3）。

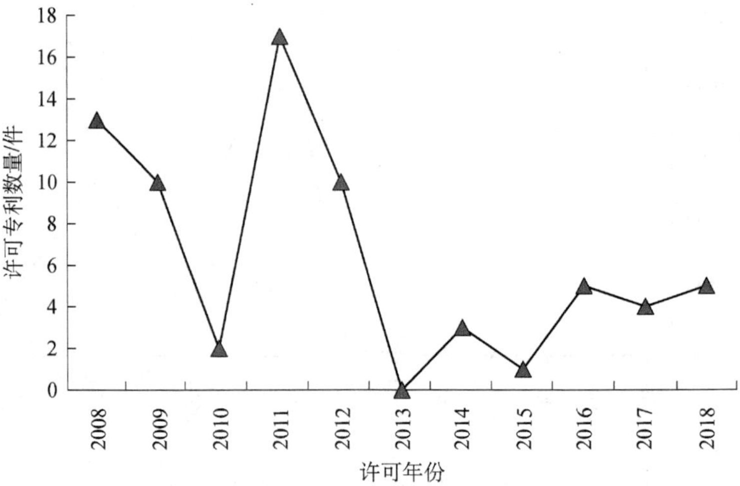

图 9-3　国家电网公司许可专利发展趋势（2008～2018 年）

图 9-3 显示，国家电网公司的许可专利数量只有在 2008 年、2009 年、2011 年和 2012 年达到 10 件或 10 件以上，其中 2011 年最多，也才 17 件。许可专利与申请、转让专利数量均存在较大的差距，这充分展示出专利技术发展的特点，即大多数专利都无法直接转化为生产力。但一个公司只有积累了足够多的专利储备，形成自己的专利池，才能更有效率地取得理想的成果（许琦，2018）。这也是国家电网公司专利技术创新运营给其他企业，甚至我国知识产权管理发展带来的启示。

（四）申请年–授权年矩阵

国家电网公司的专利技术发展不仅取决于公司自身的创新投入力度，而且与国家整体知识产权管理的发展水平有关（曾爱民，2017）。研究国家电网公司专利申请—授权发展历程，有利于我们深入了解公司创新与国家知识产权管理的协同发展。考虑到专利从申请到授权需要一定的时间，因此我们检索时将申请年和授权年错开一定的年限，最终设定申请年份为 2000～2018 年，授权年份为 2003～2018 年，检索出不同年份组合对应的专利数量，然后绘制出整体的申请年–授权年矩阵，并以三维立体图的形式呈现出来（图 9-4）。为便于观察，我们在表 9-1 中只列出了 2010～2018 年的数据。

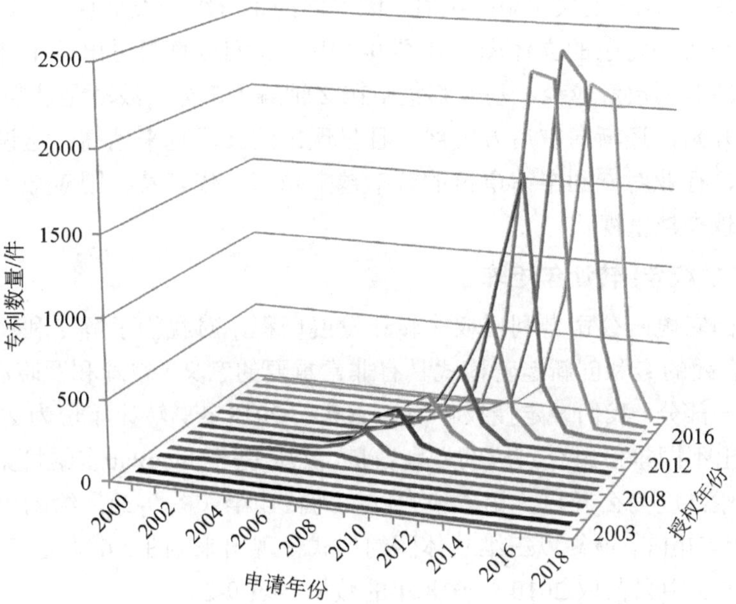

图 9-4　国家电网公司专利申请年-授权年三维立体图

表 9-1　2010～2018 年国家电网公司专利申请年-授权年矩阵　单位：件

授权年份 \ 申请年份	2010	2011	2012	2013	2014	2015	2016	2017	2018
2010	0	0	0	0	0	0	0	0	0
2011	47	1	0	0	0	0	0	0	0
2012	316	98	0	0	0	0	0	0	0
2013	231	476	121	0	0	0	0	0	0
2014	163	453	786	168	9	0	0	0	0
2015	51	241	993	1653	304	23	0	0	0
2016	37	105	583	2259	2215	429	10	0	0
2017	1	15	90	672	2371	2183	547	16	0
2018	6	11	30	144	766	2148	2061	305	1

表 9-1 显示，在所有的年份组合中，2014 年申请、2017 年授权的专利数量最多，达到 2371 件。我们将每一年的专利申请数量、授权数量分别求和取平均值，发现 2014 年对应的平均专利申请数量最多，为 377 件，2017 年对应的平均授权专利数量最多，为 310 件。这一方面说明国家电网公司在 2014 年的创新热情最高，另一方面也反映出专利从申请到授权的一般间隔时间为 3 年。

在构建申请年-授权年矩阵图时，因不同的年份组合类型众多，最终呈现出来的是一个较为复杂的立体图。在图 9-4 中，我们可直观看出前半部分的年份组合对应的专利数量较少，基本都集中在 *Z* 轴偏下部分，波动是从整个 *XOY* 平面的中间开始，逐渐向右后方发展，且呈现出的波段越来越高。这说明随着时代的发展，行业对专利申请审核的效率越来越高，代表着我国对知识产权体系的构建也越来越重视。

（五）授权年–转让年矩阵

探索国家电网公司专利授权—转让发展历程，对我们了解专利技术转化规律、探索有效的专利创新运营模式具有非常重要的意义（曾莉和罗晓涵，2015）。因此在这一部分，我们设定授权年份为 2003～2018 年，转让年份为 2005～2018 年，检索出不同年份组合对应的专利数量，然后基于 incoPat 多维检索平台，选择第一检索维度为公开日，第二检索维度为转让年（图 9-5），绘制出整体的授权年-转让年矩阵，最终以三维立体图的形式呈现出来（图 9-6）。为了方便观察，我们在表 9-2 中只截取 2010～2018 年的数据（表 9-2）。

图 9-5　国家电网公司专利授权年-转让年矩阵检索界面

表 9-2　2010～2018 年国家电网公司专利授权年-转让年矩阵　单位：件

转让年份 \ 授权年份	2010	2011	2012	2013	2014	2015	2016	2017	2018
2010	8	5	1	1	0	0	0	0	0
2011	3	15	15	12	4	0	1	0	0
2012	102	234	397	459	462	194	50	10	0
2013	74	188	263	358	468	275	104	9	2
2014	25	76	74	141	292	162	171	54	7

续表

转让年份＼授权年份	2010	2011	2012	2013	2014	2015	2016	2017	2018
2015	12	23	21	26	80	301	144	94	28
2016	2	5	11	16	27	90	758	254	163
2017	1	5	7	9	29	110	166	325	161
2018	0	1	9	12	12	53	57	41	172

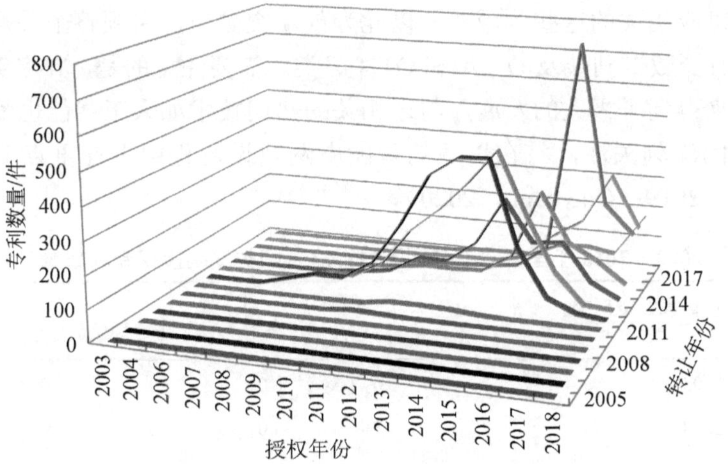

图 9-6　国家电网公司专利授权年-转让年三维立体图

2005年授权数据缺失

图 9-6 显示的年份组合分两种情况，一种是授权年早于转让年，这种情况下每个组合在 Z 轴对应的数字表示的是转让专利权的专利数量。结合表 9-2 来看，授权年为 2010 年，转让年为 2012 年，它们所对应的数字“102”表示国家电网公司在 2010 年得到授权、2012 年转让出专利权的专利数量为 102 件；另一种是转让年早于授权年，这种情况下每个组合对应到 Z 轴上的数字表示的是转让专利申请权的专利数量。如授权年为 2016 年，转让年为 2012 年，它们所对应的数字“50”表示国家电网公司在 2012 年将 50 件专利的专利申请权转让出去，它们在 2016 年得到授权。我们将表 9-2 中每一年对应的授权专利数量和转让专利数量分别求和取平均值，发现：2016 年对应的平均授权专利数量最多，为 103 件；2012 年对应的平均转让专利数量最多，为 135 件。这说明专利从申请年到转让年的一般间隔时间为 4 年。从图 9-6 中我们观察到，波段最高的位置对应的授权年和转让年均为 2016 年，专利数量为 758 件。因此我们可以重点研究 2016 年国家电网公司在专利运营方面进行的举措，从而总结出有效的专利运营模式。

二、授权年分类号

（一）授权年–国民经济门类

我们将国家电网公司 2003～2018 年的发明授权专利按国民经济门类进行归类，得到各门类的发明授权专利数量表（表 9-3）。

表 9-3 显示，2003～2018 年国家电网公司发明授权专利数量较多的三个门类是 C、I 和 E，其中 C 门类占据了绝大多数比例。这三个门类的发明授权专利数量基本呈现出逐年上升的态势，说明国家电网公司一直以来都将主要精力放在与电力供应相关的这些领域，并以此为创新突破口，引领整个公司的发展。此外，也有少数专利涉及 D、A 和 OTH 门类。需要注意的是，排名第二的 I 门类在近年来得到了极大的发展，与之相关的热门技术如人工智能也受到了国家电网公司的深刻关注，将在以后的智能电网建设过程中进行重点培育与应用（Chi et al.，2019；Guo et al.，2020）。

表 9-3　2003～2018 年国家电网公司国民经济各门类发明授权专利数量 单位：件

年份＼国民经济门类	C	I	E	D	A	OTH
2003	2	0	0	0	0	0
2004	2	1	0	0	0	0
2006	5	0	0	0	0	0
2007	31	1	0	0	0	0
2008	75	3	1	0	0	0
2009	84	5	0	0	0	0
2010	193	16	5	2	0	0
2011	481	33	15	1	0	0
2012	694	42	11	5	2	0
2013	894	49	9	7	2	0
2014	1491	84	37	6	1	0
2015	3018	153	91	12	1	0
2016	5147	243	170	15	1	0
2017	5468	287	127	12	1	0
2018	4969	363	132	6	2	2

注：①2005 年数据缺失，故未在表格中显示；②表中代码含义详见附表 1；跨国民经济门类申请专利在统计时分别计入。

（二）授权年–国民经济大类

我们将检索得到的国家电网公司 2003～2018 年的发明授权专利细化到国民经济行业大类进行分类统计，按照大类中专利数量由多到少的顺序进行排序，并将数量最多的前 6 位列出，如表 9-4 所示。

表 9-4　2003～2018 年国家电网公司前 6 位国民经济大类发明授权专利数量表

单位：件

年份＼国民经济大类	C38	C40	C39	C34	I63	C33
2003	1	0	0	0	0	0
2004	1	1	0	0	1	0
2006	2	1	1	0	0	0
2007	24	3	1	0	1	1
2008	47	20	2	1	3	1
2009	37	28	5	6	5	4
2010	76	71	15	15	16	2
2011	211	149	33	32	33	12
2012	306	202	46	51	42	26
2013	365	265	81	71	49	30
2014	710	427	97	86	84	39
2015	1277	915	208	235	153	149
2016	2199	1268	553	393	243	272
2017	2495	1229	739	400	287	256
2018	2308	1155	698	329	363	164
均值	671	382	165	108	85	64

注：①2005 年数据缺失，故未在表格中显示；②表中代码含义详见附表 2；③跨国民经济大类申请专利在统计时分别计入。

表 9-4 显示，国家电网公司发明授权专利数量最多的大类是 C38，经计算得年度平均专利数量为 671 件；年度平均专利数量超过 100 件的大类有 C38、C40、C39 以及 C34，它们均属于 C 门类。

（三）授权年–IPC 部

我们将国家电网公司 2003～2018 年的发明授权专利按照 IPC 部进行分类，得到该公司 IPC 各部发明授权专利数量表（表 9-5）。

表 9-5　2003～2018 年国家电网公司 IPC 部发明授权专利数量表　单位：件

年份＼IPC 部	H	G	B	F	E	C	A	D
2003	1	0	0	0	0	1	0	0
2004	2	1	0	0	0	0	0	0
2006	2	2	1	0	0	0	0	0
2007	27	5	2	1	0	1	1	0
2008	57	26	4	2	1	5	0	0
2009	50	36	4	8	0	3	0	0
2010	103	107	14	18	9	9	2	0
2011	284	222	41	32	27	25	6	0
2012	387	301	64	44	28	44	17	2
2013	452	415	98	69	28	44	10	2
2014	830	624	113	88	65	50	23	0
2015	1532	1353	347	145	153	87	54	0
2016	2691	2215	643	244	288	199	98	2
2017	2939	2279	607	263	237	171	86	4
2018	2818	2199	506	202	205	123	95	9
均值	812	652	163	74	69	51	26	1

注：①2005 年数据缺失，故未在表格中显示；②表中代码含义详见附表 3；③跨 IPC 部申请专利在统计时分别计入。

在表 9-5 中，我们将各部对应的专利数量求和取平均值，结果显示，国家电网公司历年的发明授权专利中，处于 H 部的专利数量最多，平均每年达到 812 件；其次是处于 G 部的专利，平均每年达到 652 件；紧随其后的还有 B 部、F 部和 E 部；D 部的专利数量最少，2018 年最多也只有 9 件。这些数据为我们指明了国家电网公司的创新方向，也为今后针对性研究和专业性人才的吸取提供了参考。

（四）授权年–IPC 大类

我们将国家电网公司 2003～2018 年的发明授权专利按照 IPC 大类分类，选取专利数量最多的前 6 位大类，如表 9-6 所示。

表 9-6　2003～2018 年国家电网公司前 6 位 IPC 大类发明授权专利数量表

单位：件

年份 \ IPC 大类	H02	G01	G06	H01	H04	G05
2003	1	0	0	0	0	0
2004	1	1	0	0	1	0
2006	2	1	1	0	0	0
2007	11	4	1	16	1	0
2008	26	21	4	29	4	4
2009	25	25	6	22	8	4
2010	60	70	21	32	22	9
2011	177	151	44	87	44	20
2012	247	207	51	106	60	23
2013	294	254	91	112	66	31
2014	564	394	117	180	106	63
2015	1084	869	283	299	193	103
2016	1714	1185	641	709	306	208
2017	2044	1108	853	660	347	206
2018	1930	1123	818	539	410	144
均值	545	361	195	186	105	54

注：①2005 年数据缺失，故未在表格中显示；②表中代码含义详见附表 4；③跨 IPC 大类申请专利在统计时分别计入。

在表 9-6 中，我们将每个大类对应的所有年份的专利数量求和取平均值，发现国家电网公司的发明授权专利在 H02 中的数量最多，平均达到 545 件；平均专利数量超过 100 件的 IPC 大类除 H02 外，还有 G01、G06、H01 和 H04。由此可见，国家电网公司始终专注于智能电网的建设，将电力输送技术以及调度过程中的通信技术作为自己创新研究的重点。

（五）授权年–IPC 小类

我们将国家电网公司 2003～2018 年的发明授权专利按 IPC 小类进行分类，选取专利数量最多的前 7 位小类列出，如表 9-7 所示。

表 9-7　2003～2018 年国家电网公司前 7 位 IPC 小类发明授权专利数量表

单位：件

年份＼IPC 小类	G01R	H02J	H02G	G06F	G06Q	H02B	H04I
2003	0	1	0	0	0	0	0
2004	0	0	1	0	0	0	0
2006	1	0	0	1	0	1	0
2007	3	8	1	0	1	0	0
2008	18	6	3	3	0	1	3
2009	19	8	4	6	1	2	3
2010	53	14	21	17	3	5	15
2011	116	77	62	37	4	23	29
2012	131	96	82	39	6	21	43
2013	189	138	91	75	10	19	42
2014	267	328	93	83	28	34	67
2015	624	598	213	176	86	117	117
2016	815	758	462	420	226	267	190
2017	790	770	746	566	367	302	223
2018	853	846	591	508	366	234	273
均值	259	243	158	129	73	68	67

注：①2005 年数据缺失，故未在表格中显示；②表中代码含义详见附表 5；③跨 IPC 小类申请专利在统计时分别计入。

在表 9-7 中，我们将每个小类对应的所有年份的专利数量求和取平均值，发现 G01R 和 H02J 两个小类中的专利数量最多，平均每年达到 259 件和 243 件。平均每年专利数量超过 100 件的小类还有 H02G 和 G06F，由此说明这四项是电力供应和信息传递所需要的重要技术。

三、转让年分类号

（一）转让年–国民经济门类

从更细致的层面研究国家电网公司的转让受让专利，对我们探索其专利技术的整体运营规律有很重要的意义。我们将检索到的 2005～2018 年国家电网公司转让受让专利按照国民经济门类进行分类，得到该公司国民经济各门类转让受让专利数量表（表 9-8）。

表 9-8　2005～2018 年国家电网公司国民经济各门类转让受让专利数量

单位：件

年份 \ 国民经济门类	C	I	E	D	A	OTH
2005	3	0	0	0	0	0
2006	1	0	0	0	0	0
2007	1	0	0	0	0	0
2008	6	0	0	0	0	0
2009	5	0	0	0	0	0
2010	15	0	0	0	0	0
2011	50	1	0	0	0	0
2012	1903	88	32	7	0	0
2013	1664	94	33	10	3	0
2014	892	93	26	2	2	0
2015	644	72	15	2	1	0
2016	1153	142	23	3	0	0
2017	744	44	13	9	0	0
2018	327	17	10	2	0	0
均值	529	39	11	3	0	0

注：表中代码含义详见附表 1。

我们将表 9-8 中国民经济各门类对应的所有年份专利数量求和取平均值，发现国家电网公司转让受让专利最多的门类是 C，平均每年达到 529 件；排在第二位和第三位的行业门类是 I 和 E，平均每年的专利数量分别是 39 件和 11 件，相较 C 门类落差幅度很大。这些数据反映出国家电网公司专利运营的主要阵地也是制造业，信息传输、软件和信息技术服务业，以及建筑业。

（二）转让年-国民经济大类

为了深入到具体行业中探查国家电网公司的专利运营方法，我们在以门类为依据进行划分的基础上，再将专利细分到各大类中，并将数量排在前 7 位的大类列出，如表 9-9 所示。

表 9-9　2005～2018 年国家电网公司前 7 位国民经济大类转让受让专利数量表

单位：件

年份 \ 国民经济大类	C38	C40	C39	C34	I63	C33	C26
2005	2	0	0	0	0	1	0
2006	1	0	0	0	0	0	0
2007	1	0	0	0	0	0	0
2008	3	1	1	0	0	0	1
2009	2	0	1	0	0	1	0
2010	9	4	1	0	0	1	0
2011	21	12	5	4	1	2	0
2012	846	626	140	140	88	51	26
2013	786	447	168	84	94	53	32
2014	384	183	104	57	93	40	31
2015	264	160	87	33	72	28	17
2016	458	222	170	88	142	64	35
2017	354	188	75	38	44	19	31
2018	137	99	29	24	17	11	15
均值	233	139	56	33	39	19	13

注：表中代码含义详见附表 2。

表 9-9 显示，国家电网公司专利转让受让最密集的大类有 C38、C40、C39、C34 和 I63。将各大类对应的所有年份专利数量求和取平均值发现，国家电网公司平均每年的转让受让专利数量超过 100 件的大类是 C38 和 C40，分别是 233 件和 139 件，再往后又会呈现出很大的落差，这表示国家电网公司专利运营以电气机械和器材制造业以及仪器仪表制造业的技术为主，其他相关技术为辅（He et al.，2019）。

（三）转让年－IPC 部

在从行业角度探查国家电网公司转让受让专利分布情况之后，我们再从专业科目的角度来研究总结。我们以 IPC 表为标准，将所有年份的国家电网公司转让受让专利对应到各个部类中，得到 2005～2018 年国家电网公司 IPC 各部转让受让专利数量表（表 9-10）。

表 9-10　2005～2018 年国家电网公司 IPC 各部转让受让专利数量表　单位：件

年份 \ IPC 部	H	G	B	F	E	C	A	D
2005	2	0	1	0	0	0	0	0
2006	1	0	0	0	0	1	0	0
2007	1	0	0	0	0	0	0	0
2008	3	3	0	0	0	1	0	0
2009	3	0	0	0	0	2	1	0
2010	8	7	0	0	1	0	0	0
2011	28	22	5	1	2	2	3	0
2012	1008	893	166	126	71	56	19	1
2013	970	735	143	74	63	71	24	3
2014	526	368	78	77	47	53	24	0
2015	372	297	61	37	29	28	19	0
2016	700	460	154	56	47	86	23	2
2017	434	303	48	35	24	55	14	1
2018	164	144	28	19	13	29	7	0
均值	301	231	49	30	21	27	10	0

注：表中代码含义详见附表 3。

我们将表 9-10 中各部对应的所有年份专利数量求和取平均值，发现在 IPC 各部中，H 部对应的平均每年的专利数量最多，达到 301 件；其次是 G 部，平均转让受让专利数量是 231 件。经计算得，这两个部类的专利数量占所有转让受让专利数量的 79.4%，这说明国家电网公司的专利运营主要集中在电学和物理部，并在其他领域也有少量涉及。

（四）转让年–IPC 大类

我们以 IPC 大类为基础，将所有转让受让专利进行分类，并将专利数量最多的 7 个大类列出来（表 9-11）。

表 9-11　2005～2018 年国家电网公司前 7 位 IPC 大类转让受让专利数量表

单位：件

年份 \ IPC 大类	H02	G01	G06	H01	H04	G05	G08
2005	2	0	0	1	0	0	0

续表

年份 \ IPC 大类	H02	G01	G06	H01	H04	G05	G08
2006	0	0	0	1	0	0	0
2007	1	0	0	0	0	0	0
2008	2	2	1	1	0	0	0
2009	2	0	0	1	0	0	0
2010	5	4	1	5	1	1	1
2011	19	13	3	9	4	1	4
2012	694	606	171	258	128	89	67
2013	670	457	190	222	123	45	50
2014	266	177	125	155	101	33	20
2015	184	146	101	96	80	29	23
2016	294	196	173	246	148	37	26
2017	301	177	82	95	54	31	11
2018	104	84	40	48	21	17	6
总计	2544	1862	887	1138	660	283	208

注：表中代码含义详见附表 4。

表 9-11 显示，在国家电网公司 2005～2018 年的转让受让专利中，H02 大类包含的专利数量最多，总共为 2544 件；其次是 G01 大类，共有 1862 件；专利总量超过 1000 件的大类还有 H01 大类，为 1138 件。在表 9-11 中，我们可直观看出 H02、G01、H01、G06 和 H04 大类在所有的专利数量中占比最大，说明它们是国家电网公司专利运营过程中最为重要的 5 个对象。

（五）转让年–IPC 小类

我们将检索到的国家电网公司转让受让专利数据进一步细分到 IPC 小类，选取专利数量最多的 7 个小类列出，如表 9-12 所示。

表 9-12　2005～2018 年国家电网公司前 7 位 IPC 小类转让受让专利数量表

单位：件

年份 \ IPC 小类	G01R	H02J	H02G	G06F	G06Q	H02B	H04L
2005	0	0	2	0	0	0	0
2006	0	0	0	0	0	0	0

续表

年份 \ IPC 小类	G01R	H02J	H02G	G06F	G06Q	H02B	H04L
2007	0	1	0	0	0	0	0
2008	1	0	0	0	0	0	0
2009	0	0	1	0	0	1	0
2010	4	3	3	1	0	0	1
2011	13	4	8	3	0	2	2
2012	431	245	259	116	45	76	91
2013	362	338	143	146	34	45	92
2014	118	129	49	94	28	23	60
2015	103	81	39	75	22	27	52
2016	126	123	79	144	27	52	107
2017	132	135	47	58	27	31	40
2018	60	58	28	31	13	11	15
总计	1350	1117	658	668	196	268	460

注：表中代码含义详见附表 5。

表 9-12 显示，2005～2018 年，国家电网公司转让受让专利对应最多的 IPC 小类是 G01R，包含专利有 1350 件；紧随其后的是 H02J，为 1117 件；专利数量明显多于其他小类的还有 G06F 和 H02G，分别是 668 件和 658 件。由此说明，这四项是国家电网公司在专利运营过程中最为重要的技术。

四、许可年分类号

（一）许可年–国民经济门类

专利许可也是专利运营过程中的一个关键部分，它对专利技术成果的转化、应用和推广具有非常重要的作用（雷孝平等，2019）。表 9-13 将国家电网公司 2008～2018 年的许可专利按照国民经济各门类分类进行了排列。

表 9-13　2008～2018 年国家电网公司国民经济各门类许可专利数量表 单位：件

年份 \ 国民经济门类	C	I	E	D	A	OTH
2008	13	0	0	0	0	0
2009	10	0	0	0	0	0
2010	2	0	0	0	0	0

续表

年份 \ 国民经济门类	C	I	E	D	A	OTH
2011	16	0	0	1	0	0
2012	9	1	0	0	0	0
2014	3	0	0	0	0	0
2015	1	0	0	0	0	0
2016	4	1	0	0	0	0
2017	4	0	0	0	0	0
2018	5	0	0	0	0	0
总计	67	2	0	1	0	0

注：表中代码含义详见附表 1；2013 年数据缺失。

表 9-13 显示，国家电网公司的许可专利涉及的国民经济门类有 C、I 和 D。其中 C 门类包含的专利数量最多，为 67 件；I 和 D 门类分别只有 2 件和 1 件。经计算得，C 门类占据了国家电网公司全部许可专利的 95.7%。

（二）许可年–国民经济大类

我们将检索到的国家电网公司 2008～2018 年的许可专利按照国民经济大类进行分类，将专利数量排在前 7 位的大类列出，如表 9-14 所示。

表 9-14　2008～2018 年国家电网公司前 7 位国民经济大类许可专利数量表

单位：件

年份 \ 国民经济大类	C38	C40	C39	C34	I63	C33	C26
2008	7	3	1	2	0	0	0
2009	6	4	0	0	0	0	0
2010	0	1	0	1	0	0	0
2011	4	8	1	1	0	0	1
2012	2	4	0	2	1	0	1
2014	2	1	0	0	0	0	0
2015	0	1	0	0	0	0	0
2016	2	0	0	1	1	0	0
2017	2	1	0	0	0	1	0
2018	4	1	0	0	0	0	0
总计	29	24	2	7	2	1	2

注：表中代码含义详见附表 2；2013 年数据缺失。

表 9-14 显示，C38 和 C40 中包含的专利数量最多，分别是 29 件和 24 件；C34 中包含的专利数量为 7 件，其余大类中仅包含 2 件或者 1 件。各大类中不同年份专利数量的变化并无规律可言。

（三）许可年–IPC 部

我们在研究国家电网公司的许可专利发展状况时，除了要把它们对应到各个行业，还需要从专利标准的角度进行划分。表 9-15 是将国家电网公司的许可专利按照 IPC 部进行分类，从而得到的该公司 IPC 各部许可专利数量表。

表 9-15 2008～2018 年国家电网公司 IPC 各部许可专利数量表 单位：件

年份 \ IPC 部	H	G	B	F	E	C	A	D
2008	11	5	0	2	0	0	0	0
2009	9	4	0	1	0	0	0	0
2010	0	2	0	1	0	0	0	0
2011	5	9	1	2	0	3	0	0
2012	3	5	2	0	0	1	0	0
2014	2	2	0	0	0	1	0	0
2015	0	1	0	0	0	0	0	0
2016	3	0	1	0	1	0	1	0
2017	3	1	0	0	1	0	0	0
2018	4	1	0	0	0	0	0	0
总计	40	30	4	6	2	5	1	0

注：表中代码含义详见附表 3；2013 年数据缺失。

表 9-15 显示，除 D 部外，国家电网公司的许可专利在其余 IPC 各部中均有涉及。我们将每个部类对应的各年份专利数量求和发现，包含专利数量最多的是 H 部，共有 40 件；其次是 G 部，包含专利 30 件；剩余的 5 个部类中包含的专利数量均未超过 10 件。

（四）许可年–IPC 大类

我们将国家电网公司 2008～2018 年的许可专利按照 IPC 大类进行分类，国家电网公司的许可专利包含在 22 个 IPC 大类中。选取专利数量最多的 7 个大类，如表 9-16 所示。

表 9-16　2008～2018 年国家电网公司前 7 位 IPC 大类许可专利数量表 单位：件

年份＼IPC 大类	H02	G01	G06	H01	H04	G05	G08
2008	10	2	1	1	1	3	0
2009	4	4	0	6	0	0	0
2010	0	0	1	0	0	1	0
2011	4	8	1	2	0	0	0
2012	3	4	0	0	1	0	1
2014	0	1	0	2	0	0	0
2015	0	1	0	0	0	0	0
2016	2	0	0	0	1	0	0
2017	3	1	0	0	0	0	0
2018	4	1	0	0	0	0	0
总计	30	22	3	11	3	4	1

注：表中代码含义详见附表 4；2013 年数据缺失。

表 9-16 显示，将每个大类对应的所有年份专利数量求和，发现包含专利最多的两个 IPC 大类是 H02 和 G01，数量分别是 30 件和 22 件；其次是 H01，包含专利数量 11 件；其余各大类包含的专利数量与前面所述大类都有较大差距，均未超过 10 件。

（五）许可年–IPC 小类

在上述研究的基础上，将国家电网公司 2008～2018 年的许可专利以 IPC 小类为基础进一步细分，将专利数量排在前 8 位的 IPC 小类列出，如表 9-17 所示。

表 9-17　2008～2018 年国家电网公司前 8 位 IPC 小类许可专利数量　单位：件

年份＼IPC 小类	G01R	H02J	H02G	G06F	G06Q	H02B	H04L	H02H
2008	2	7	0	0	1	0	1	5
2009	4	0	0	0	0	0	0	3
2010	0	0	0	1	0	0	0	0
2011	6	0	0	1	0	0	0	2
2012	4	1	1	0	0	0	1	1
2014	0	0	0	0	0	0	0	0

续表

年份＼IPC 小类	G01R	H02J	H02G	G06F	G06Q	H02B	H04L	H02H
2015	1	0	0	0	0	0	0	0
2016	0	0	2	0	0	0	1	0
2017	1	1	2	0	0	0	0	0
2018	1	4	0	0	0	0	0	0
总计	19	13	5	2	1	0	3	11

注：表中代码含义详见附表 5；2013 年数据缺失。

表 9-17 显示，专利数量最多的小类是 G01R，为 19 件；包含专利数量超过 10 件的 IPC 小类有 G01R、H02J 和 H02H，这也进一步证明这三项技术是国家电网公司创新发展的核心技术。

第二节　空间–技术领域

专利空间分布分析和重点领域分析是专利分析中常用的两种方法（刘东方，2019）。前者通过统计企业专利在不同空间区域的专利数量以及相关机构，分析出企业在国内外进行专利布局的重要渠道，从而找出技术专利竞争的热点地区和进行专利布局的主要机构（王元地等，2015）；后者主要通过《国民经济行业分类》（GP/T 4754—2017）以及 IPC 对专利进行划分，了解某企业专利的技术构成和当前主要创新机构关注的技术焦点，有助于研究企业的技术侧重点以及技术优势范围（武建龙等，2009；Chen Z L and Chen W，2017）。本章拟综合两种分析方法对国家电网公司的发明授权专利展开研究。

一、国家/组织、省级行政区、城市分布

（一）专利公开国家/组织

国家电网公司是中国电力工业发展的代表性企业，是全球大型公用事业企业之一（辛保安，2019）。在变革发展的过程中，国家电网公司逐步建立起集国内科研院所和海外研发机构于一体的科技创新体系（石书德，2015）。从空间分布的角度研究国家电网公司相关专利技术，对我们了解其专利布局、完善创新体系有重要意义（祝影，2005）。因此，我们将检索到的 2003～2018 年 24 590 条发明授权专利数据按照专利公开国家/组织进行分类，得到国家电网公司不同国家/组织专利公开数量表（表 9-18）。

表 9-18 显示，国家电网公司的所有发明授权专利共涉及 14 个不同的国家/组织，其中中国对应的专利数量为 24 448 件，占全部专利数量的 99.4%；在美国公开的专利数量居于第二，只有 93 件。由此说明，国家电网公司的创新阵地主要是在中国，其发展运营还是以国内的研究机构为主。

表 9-18　国家电网公司不同国家/组织专利公开数量　　单位：件

序号	专利公开国家/组织	专利数量
1	中国	24 448
2	美国	93
3	澳大利亚	17
4	加拿大	8
5	欧洲专利局	6
6	日本	6
7	欧亚专利组织	5
8	德国	1
9	丹麦	1
10	西班牙	1
11	芬兰	1
12	英国	1
13	韩国	1
14	俄罗斯	1

注：联合申请专利在统计时分别计入。

（二）申请人省级行政区

国家电网公司在国内的研发机构包括各直属科研单位、直属产业单位、省属科研单位以及一些外部科技力量，类型众多（蒋福佑和王虹，2013），因此我们需要在表 9-18 的基础上，按照不同的申请人省级行政区（不含香港和澳门）进行更细致的统计分类，从而得到国家电网公司不同申请人省级行政区专利数量表（表 9-19）。

表 9-19　国家电网公司发明授权专利的省级行政区分布　　单位：件

序号	省级行政区	发明授权专利数量
1	北　京	13 684
2	山　东	2 335

续表

序号	省级行政区	发明授权专利数量
3	江　苏	1 744
4	河　南	1 304
5	浙　江	1 016
6	上　海	480
7	天　津	402
8	辽　宁	387
9	福　建	376
10	河　北	308
11	四　川	301
12	湖　北	257
13	重　庆	241
14	江　西	203
15	广　东	203
16	山　西	183
17	安　徽	172
18	黑龙江	150
19	湖　南	147
20	吉　林	133
21	新　疆	115
22	陕　西	113
23	甘　肃	83
24	宁　夏	51
25	青　海	26
26	台　湾	17
27	内蒙古	14
28	广　西	2
29	贵　州	1
30	云　南	1

注：西藏和海南的数据缺失，故未在表格中显示。

在表 9-19 中，专利数量超过 1000 件的申请人省级行政区分别是北京、山东、江苏、河南和浙江。其中，北京对应的专利数量最多，为 13 684 件，占全部专利数量的 56%；其余省级行政区的专利数量占比均未超过 10%。由此说明，在国家电网的技术创新方面，北京不仅走在了国内最前端，而且撑起了整个国家电网研发创新的半壁江山。

（三）申请人城市

为了对国家电网公司发明授权专利在空间分布上有更为清晰的了解，我们将分类单位进一步缩小到城市，得到该公司不同申请人城市专利数量表。为方便分析，表 9-20 截取了前 34 位城市数据作为研究对象。

表 9-20　国家电网公司发明授权专利分布（Top 34）　　单位：件

序号	申请人城市	发明授权专利数量
1	济南	1177
2	南京	864
3	许昌	489
4	平顶山	388
5	杭州	372
6	常州	323
7	福州	258
8	潍坊	221
9	郑州	221
10	武汉	205
11	成都	184
12	石家庄	156
13	扬州	155
14	沈阳	155
15	南昌	153
16	深圳	145
17	长沙	145
18	宁波	121
19	湖州	119
20	临沂	110
21	济宁	107
22	金华	104
23	绍兴	101

续表

序号	申请人城市	发明授权专利数量
24	哈尔滨	98
25	西安	98
26	无锡	92
27	烟台	92
28	合肥	85
29	青岛	76
30	长春	75
31	兰州	72
32	苏州	72
33	德州	70
34	莱芜	69

注：2019 年 1 月，国务院批复撤销莱芜市，辖区划归济南市。检索本表数据时，其还为单列市，全书余同。

表 9-20 显示，专利数量超过 100 件的城市共有 23 个；与表 9-19 联系来看，一些省级行政区某个城市甚至超过其他整个省级行政区的专利数量，由此说明我国专利技术的创新发展在各个省级行政区之间还是极不平衡的；此外，在表 9-20 中，我们也发现某些非省会城市，如许昌、平顶山、常州等均位于表中靠前的位置，由此说明这些城市在专利技术的创新运营方面有独特的发展模式，值得其他城市去学习。

二、公开国家/组织分类号

（一）公开国家/组织国民经济门类

对国家电网公司的发明授权专利进行地域-技术分类，有助于我们研究不同地域专利技术在国民经济行业中的分布特点，进而对现有的专利技术创新运营模式进行针对性改进。表 9-21 是将国家电网公司的发明授权专利在以不同公开国家/组织分类的基础上，再按照国民经济各门类进行划分，得到的不同国家/组织国民经济各门类发明授权专利数量表。

表 9-21 不同国家/组织国民经济各门类发明授权专利数量 单位：件

国家/组织 \ 国民经济门类	C	I	E	D	A	OTH
中国	22 428	1 267	597	65	10	2
美国	86	6	0	1	0	0

续表

国家/组织 \ 国民经济门类	C	I	E	D	A	OTH
澳大利亚	14	2	1	0	0	0
加拿大	7	1	0	0	0	0
欧洲专利局	4	2	0	0	0	0
日本	6	0	0	0	0	0
欧亚专利组织	3	2	0	0	0	0
德国	1	0	0	0	0	0
丹麦	0	0	0	0	0	0
西班牙	1	0	0	0	0	0
芬兰	1	0	0	0	0	0
英国	1	0	0	0	0	0
韩国	1	0	0	0	0	0
俄罗斯	1	0	0	0	0	0

注：表中代码含义详见附表 1。

表 9-21 显示，在所有的国民经济门类中，E、D、A 和 OTH 包含的专利基本都在中国公开；对国家电网公司最为重要的 C 和 I 两大门类中的专利，还有一部分要从国外进行技术引进（杜小武和马美艳，2019）。这说明，对于国家电网公司发展最为重要的核心专利技术，我们还无法做到完全自给自足。这是我们今后需要努力的方向。

（二）公开国家/组织国民经济大类

为了对不同国家/组织的专利分布有更为精确细致的了解，我们将所有国家/组织的专利数据按照国民经济大类进行细分，从而得到不同国家/组织国民经济各大类发明授权专利数量表。为方便分析，表 9-22 截取了前 6 位作为研究对象。

表 9-22　不同国家/组织国民经济各大类发明授权专利数量（Top 6） 单位：件

国家/组织 \ 国民经济大类	C38	C40	C39	C34	I63	C33
中国	10 003	5 697	2 461	1 611	1 267	953
美国	38	25	12	6	6	3
澳大利亚	6	6	0	0	2	0
加拿大	5	1	1	0	1	0

续表

国民经济大类 / 国家/组织	C38	C40	C39	C34	I63	C33
欧洲专利局	2	1	1	0	2	0
日本	2	2	1	1	0	0
欧亚专利组织	1	0	2	0	2	0
德国	0	1	0	0	0	0
丹麦	0	0	0	0	0	0
西班牙	0	0	1	0	0	0
芬兰	1	0	0	0	0	0
英国	0	1	0	0	0	0
韩国	1	0	0	0	0	0
俄罗斯	0	0	0	1	0	0

注：表中代码含义详见附表 2。

综合表 9-22 中的全部数据，我们得知国家电网公司的发明授权专利分布最多的 5 个国民经济大类是 C38、C40、C39、C34 和 I63，由此说明这 5 个是与国家电网公司发展联系最为紧密的行业。在这 5 个行业中，中国公开的专利技术虽然都占据较大比重，但仍然有一部分来自国外，这也说明这 5 个行业中仍存在我们需要但尚未掌握的技术。

（三）公开国家/组织 IPC 部

明确不同国家/组织的发明授权专利在国民经济行业的分布规律后，我们选取一个新的标准，即 IPC，对这些专利数据重新进行整理研究。表 9-23 是将国家电网公司发明授权专利按照 IPC 各部进行分类得到的不同国家/组织 IPC 各部发明授权专利数量表。

表 9-23　不同国家/组织 IPC 各部发明授权专利数量　　单位：件

IPC 部 / 国家/组织	H	G	B	F	E	C	A	D
中国	12 082	9 715	2 429	1 102	1 040	760	392	19
美国	67	47	10	14	0	2	0	0
澳大利亚	7	9	2	0	1	0	0	0

续表

国家/组织 \ IPC 部	H	G	B	F	E	C	A	D
加拿大	5	4	0	0	0	0	0	0
欧洲专利局	5	2	0	0	0	0	0	0
日本	3	3	2	0	0	0	0	0
欧亚专利组织	3	2	0	0	0	0	0	0
德国	0	1	0	0	0	0	0	0
丹麦	0	0	0	0	0	0	0	0
西班牙	0	1	0	0	0	0	0	0
芬兰	1	0	0	0	0	0	0	0
英国	0	1	0	0	0	0	0	0
韩国	1	0	0	0	0	0	0	0
俄罗斯	1	0	1	0	0	0	0	0

注：表中代码含义详见附表 3。

表 9-23 的横向位置列出的是 IPC 的八个大部，我们可直观看出后四个部涉及的专利技术基本都在中国公开，而越往前的部类，虽然对应的在中国公开的专利数量也在增加，但始终存在一些专利需要从国外引入。在除中国外的其他国家/组织中，在美国公开的专利数量最多，说明除中国外美国对国家电网公司专利技术发展的影响最大。

（四）公开国家/组织 IPC 大类

我们将国家电网公司的发明授权专利在 IPC 部的基础上进一步划分，得到不同国家/组织 IPC 各大类发明授权专利数量表。为方便分析，表 9-24 截取了前 8 位数据作为研究对象。

表 9-24　不同国家/组织 IPC 各大类发明授权专利数量（Top 8）　单位：件

国家/组织 \ IPC 大类	H02	G01	G06	H01	H04	G05	G08	E04
中国	8115	5380	2901	2771	1550	803	521	501
美国	50	24	21	16	9	11	1	0
澳大利亚	3	4	2	2	2	1	2	1
加拿大	4	1	2	0	2	0	2	0
欧洲专利局	2	1	1	0	3	0	0	0

续表

IPC 大类 国家/组织	H02	G01	G06	H01	H04	G05	G08	E04
日本	3	1	1	1	0	0	0	0
欧亚专利组织	1	0	2	0	2	0	0	0
德国	0	1	0	0	0	0	0	0
丹麦	0	0	0	0	0	0	0	0
西班牙	0	0	1	0	0	0	0	0
芬兰	1	0	0	0	0	0	0	0
英国	0	1	0	0	0	0	0	0
韩国	1	0	0	0	0	0	0	0
俄罗斯	0	0	0	1	0	0	0	0

注：表中代码含义详见附表 4。

表 9-24 显示，国家电网公司的发明授权专利涉及最多的三个 IPC 大类是 H02、G01 和 G06。在这三个大类中，中国公开的专利数量最多，其次是美国，剩余国家/组织在这三个大类中对应的专利数量均为个位数。

（五）公开国家/组织 IPC 小类

为了了解国家电网公司涉及的具体技术在国内外的公开情况，我们将所有的专利数据按照 IPC 小类进行分类，得到不同国家/组织 IPC 各小类发明授权专利数量表。为方便分析，表 9-25 截取了专利数量较多的前 7 位国家/组织作为研究对象。

表 9-25　不同国家/组织 IPC 各小类发明授权专利数量（Top 7）　单位：件

IPC 小类 国家/组织	G01R	H02J	H02G	G06F	G06Q	H02B	H04L
中国	3850	3611	2360	1914	1088	1024	994
美国	23	27	6	12	7	1	3
澳大利亚	3	3	0	0	1	0	2
加拿大	0	3	1	1	1	0	1
欧洲专利局	1	2	0	1	0	0	3
日本	1	0	2	0	1	1	0
欧亚专利组织	0	1	0	2	0	0	2
德国	0	0	0	0	0	0	0

续表

IPC 小类 / 国家/组织	G01R	H02J	H02G	G06F	G06Q	H02B	H04L
丹麦	0	0	0	0	0	0	0
西班牙	0	0	0	1	0	0	0
芬兰	0	0	1	0	0	0	0
英国	1	0	0	0	0	0	0
韩国	0	1	0	0	0	0	0
俄罗斯	0	0	0	0	0	0	0

注：表中代码含义详见附表 5。

表 9-25 显示，在国外某个国家/组织公开的专利数量超过 10 件的 IPC 小类是 G01R、H02J 和 G06F，且对应的国家都是美国。由此说明国家电网公司在这 3 种技术类别上对国外还具有较强的依赖性，应该作为今后突破的重点。

三、省级行政区分类号

（一）省级行政区国民经济门类

根据前文的统计分类，国家电网公司的发明授权专利绝大多数公开自国内，因此我们在探索其专利技术的创新运营模式时，需将国内的专利数据作为重点研究对象。我们选取公开国别为中国的专利数据，按照不同省级行政区（不包括香港和澳门）和国民经济门类进行交叉分类，得到不同省级行政区国民经济各门类发明授权专利数量表（表 9-26）。

表 9-26 显示，共有 30 个省级行政区参与了国家电网公司的专利技术创新，但每个省级行政区对应的国民经济门类并不完全相同。它们共同涉及的国民经济门类是 C。在这一门类中，北京的专利数量最多，为 12 445 件；此外，山东、江苏、河南三省的专利数量均超过 1000 件。另外两个包含省级行政区较多的国民经济门类是 I 和 E，但与 C 相比，其专利数量存在很大的差距。

表 9-26　不同省级行政区国民经济各门类发明授权专利数量　　单位：件

国民经济门类 / 省级行政区	C	I	E	D	A	OTH
北京	12 445	783	362	27	4	2
山东	2 179	75	66	8	0	0
江苏	1 590	104	46	0	0	0

续表

省级行政区＼国民经济门类	C	I	E	D	A	OTH
河南	1 247	34	13	5	4	0
浙江	929	51	30	4	1	0
上海	457	10	11	1	0	0
天津	366	24	7	3	0	0
辽宁	368	14	3	1	0	0
福建	347	22	7	0	0	0
河北	289	6	6	6	0	0
四川	274	18	7	2	0	0
湖北	242	7	7	1	0	0
重庆	222	17	0	2	0	0
江西	189	13	1	0	0	0
广东	142	61	0	0	0	0
山西	172	3	7	0	1	0
安徽	159	9	3	1	0	0
黑龙江	140	4	6	0	0	0
湖南	146	0	0	1	0	0
吉林	126	3	1	3	0	0
新疆	106	3	5	0	0	0
陕西	112	1	0	0	0	0
甘肃	77	1	5	0	0	0
宁夏	47	3	1	0	0	0
青海	24	0	2	0	0	0
台湾	16	1	0	0	0	0
内蒙古	13	0	1	0	0	0
广西	2	0	0	0	0	0
贵州	1	0	0	0	0	0
云南	1	0	0	0	0	0

注：①西藏和海南的数据缺失，故未在表格中显示；②表中代码含义详见附表 1。

（二）省级行政区国民经济大类

为了探索不同省级行政区的专利技术在更细致行业中的分布情况，我们将国家电网公司在国内各省级行政区公开的发明授权专利按国民经济大类进行分类，得到不同省级行政区国民经济各大类发明授权专利数量表。为方便分析，表 9-27 截取了专利数量较多的前 5 位省级行政区的前 6 位国民经济大类作为研究对象。

表 9-27　前 5 位省级行政区的前 6 位国民经济大类发明授权专利数量　单位：件

国民经济大类 / 省级行政区	C38	C40	C39	C34	I63	C33
北京	5335	3292	1631	834	783	501
山东	871	438	142	292	75	170
江苏	813	381	181	86	104	42
河南	674	224	80	89	34	67
浙江	443	215	72	78	51	40

注：表中代码含义详见附表 2。

表 9-27 显示，C38 和 C40 中包含的专利技术在所有省级行政区中均占据最大的比例。除了这两个大类，北京的专利技术主要涉及 C39，山东的专利技术主要涉及 C34。它们均是国家电网公司创新发展的重要行业（Chi et al.，2019；Li and Wang，2019；葛兆军等，2018）。

（三）省级行政区 IPC 部

我们将国家电网公司在不同省级行政区公开的发明授权专利按 IPC 部进行分类，得到不同省级行政区 IPC 各部发明授权专利数量表（表 9-28）。

表 9-28　不同省级行政区 IPC 各部发明授权专利数量　单位：件

IPC 部 / 省级行政区	H	G	B	F	E	C	A	D
北京	6534	5776	1195	568	599	371	192	11
山东	1084	725	500	137	125	138	68	0
江苏	963	712	115	53	84	24	27	3
河南	779	335	142	66	33	62	22	0
浙江	522	363	117	72	56	18	12	0
上海	274	185	31	17	17	9	8	0
天津	174	187	21	23	14	9	4	0
辽宁	214	141	27	24	13	9	3	0
福建	215	162	45	11	11	6	5	0

续表

IPC 部 / 省级行政区	H	G	B	F	E	C	A	D
河北	130	135	29	17	11	13	10	0
四川	148	123	22	11	12	7	5	0
湖北	118	128	15	6	11	11	1	1
重庆	109	133	26	18	1	3	2	0
江西	102	79	20	4	4	21	5	0
广东	135	82	6	3	1	2	3	2
山西	74	72	20	13	11	13	3	0
安徽	84	60	22	3	9	5	4	0
黑龙江	85	46	16	10	6	1	3	0
湖南	67	65	10	9	1	9	5	2
吉林	50	45	18	15	4	13	6	0
新疆	61	30	11	12	6	3	3	0
陕西	59	58	2	3	0	5	0	0
甘肃	42	30	8	4	5	4	0	0
宁夏	25	24	4	0	1	1	0	0
青海	15	4	5	2	4	2	1	0
台湾	8	11	0	0	0	0	0	0
内蒙古	11	2	2	0	1	0	0	0
广西	0	1	0	1	0	0	0	0
贵州	0	0	0	0	0	1	0	0
云南	0	1	0	0	0	0	0	0

注：①西藏和海南的数据缺失，故未在表格中显示；②表中代码含义详见附录 3。

表 9-28 显示，在 8 个 IPC 部中，北京的专利数量均占据最大比例；在 H 中，排名前三的省级行政区是北京、山东和江苏，它们的专利数量占该部类国内全部专利数量的 71%；同样，在 G 中排名前三的也是这三个省级行政区，它们的专利数量占到该部类全部专利数量的 74.2%。由此说明，总体专利数量较多的省级行政区，往往也在重要部类中占据更多的份额。

（四）省级行政区 IPC 大类

表 9-29 是将各省级行政区的发明授权专利按照 IPC 大类进一步细分，从而得

到的不同省级行政区 IPC 各大类发明授权专利数量表。为方便分析，表 9-29 只截取了发明授权专利最多的前 6 位省级行政区的前 6 位 IPC 大类作为研究对象。

表 9-29　前 6 位省级行政区的前 6 位 IPC 大类发明授权专利数量　　单位：件

省级行政区 \ IPC 大类	H02	G01	G06	H01	H04	G05
北京	4473	3057	1902	1298	939	476
山东	692	408	160	316	100	75
江苏	716	385	236	168	127	52
河南	461	225	75	294	39	22
浙江	345	198	92	131	62	34
上海	152	117	40	122	25	16

注：表中代码含义详见附表 4。

表 9-29 显示，涉及专利数量较多的 4 个 IPC 大类分别是 H02、G01、G06 和 H01，其中 H02 大类的专利数量最多，为 8115 件。在 H02 大类中，公开省级行政区为北京的专利数量为 4473 件，占该大类全部专利数量的 55%；此外，在其余大类中，北京的专利数量均占据最大比例。由此可见，北京是国家电网公司核心技术的主要培育基地。

（五）省级行政区 IPC 小类

为了使专利技术类别与空间领域有更为具体的对应组合，我们将国家电网公司各省级行政区发明授权专利按照 IPC 小类进行分类，得到不同省级行政区 IPC 各小类发明授权专利数量表。为方便分析，表 9-30 截取了发明授权专利最多的前 6 位省级行政区的前 6 位 IPC 小类作为研究对象。

表 9-30　前 6 位省级行政区的前 6 位 IPC 小类发明授权专利数量　　单位：件

省级行政区 \ IPC 小类	G01R	H02J	H02G	G06F	G06Q	H02B
北京	2242	2204	1145	1280	761	483
山东	238	195	313	103	47	132
江苏	296	382	163	147	89	69
河南	153	140	113	53	18	94
浙江	131	118	119	57	29	67
上海	100	64	39	19	17	31

注：表中代码含义详见附表 5。

表 9-30 显示，在表的整体排列中，专利数量靠前的几个省级行政区仍未发生变化，但针对每一个小类的具体数量排名，却有了细微的改变。如在 G01R 和 H02J 中，山东的专利数量少于江苏，而在 H02G 中，山东的专利数量多于江苏。由此可见，对于具体的技术类别，不同区域的侧重点不同（冯仁涛和余翔，2012）。这为我们今后专利技术的研究和应用提供了参考。

四、城市分类号

（一）城市国民经济门类

在大多数省级行政区中，专利技术的创新培育往往都集中在某几个发展较好的城市。以城市为基本空间单元对国家电网公司的发明授权专利进行研究，有利于我们掌握更加精准的地域信息，为进一步的研究奠定良好的基础。因此我们选择国家电网公司相关城市的专利数据，按照国民经济各门类进行分类，得到前 50 位城市国民经济各门类发明授权专利数量表（表 9-31）。

表 9-31 前 50 位城市国民经济各门类发明授权专利数量 单位：件

城市 \ 国民经济门类	C	I	E	D	A	OTH
北京	12 444	783	362	27	4	2
济南	1 119	33	19	1	0	0
南京	785	74	3	0	0	0
许昌	463	23	3	0	0	0
上海	457	10	11	1	0	0
天津	366	24	7	3	0	0
平顶山	387	0	1	0	0	0
杭州	330	27	11	4	0	0
常州	299	18	6	0	0	0
福州	236	18	4	0	0	0
重庆	222	17	0	2	0	0
潍坊	208	7	6	0	0	0
郑州	208	9	2	2	0	0
武汉	192	7	5	1	0	0
成都	163	17	2	2	0	0

续表

国民经济门类 城市	C	I	E	D	A	OTH
石家庄	147	3	0	6	0	0
扬州	124	5	26	0	0	0
沈阳	148	5	0	1	0	0
南昌	141	12	0	0	0	0
深圳	85	60	0	0	0	0
长沙	144	0	0	1	0	0
宁波	115	5	1	0	0	0
湖州	106	10	2	0	1	0
临沂	101	0	3	6	0	0
济宁	92	10	4	1	0	0
金华	98	1	5	0	0	0
绍兴	93	2	5	0	0	0
哈尔滨	93	4	1	0	0	0
西安	97	1	0	0	0	0
无锡	88	0	4	0	0	0
烟台	88	2	2	0	0	0
合肥	78	5	1	1	0	0
青岛	70	3	3	0	0	0
长春	71	2	0	2	0	0
兰州	66	1	5	0	0	0
苏州	65	3	2	0	0	0
德州	64	1	5	0	0	0
莱芜	67	1	1	0	0	0
日照	57	2	5	0	0	0
乌鲁木齐	57	1	2	0	0	0
太原	53	1	6	0	0	0
洛阳	54	0	3	1	2	0
淮安	57	2	1	0	0	0

续表

城市＼国民经济门类	C	I	E	D	A	OTH
东营	47	2	9	0	0	0
枣庄	54	0	4	0	0	0
温州	51	1	1	0	0	0
聊城	45	3	0	0	0	0
南平	47	0	0	0	0	0
嘉兴	42	1	3	0	0	0
盐城	45	1	0	0	0	0

注：表中代码含义详见附表 1。

表 9-31 显示，并没有哪一个城市的专利能均匀地涉及各个门类。但是，在一些较为重要的门类中，仍有部分城市值得我们关注。如济南在 C 门类中有 1119 件专利，南京在 I 门类中有 74 件专利，它们对国家电网公司的专利技术发展都具有非常重要的作用。

（二）城市国民经济大类

为了了解各城市的专利技术在一些具体行业内的分布情况，我们将国家电网公司涉及的所有城市发明授权专利按国民经济大类进行分类，得到不同城市国民经济各大类发明授权专利数量表。为方便分析，表 9-32 截取了前 4 位城市的前 7 位国民经济大类发明授权专利数量作为研究对象。

表 9-32　前 4 位城市的前 7 位国民经济大类发明授权专利数量　单位：件

城市＼国民经济大类	C38	C40	C39	C34	I63	C33	C26
北京	5335	3291	1631	834	783	501	166
济南	376	264	80	201	33	84	14
南京	339	240	147	28	74	13	3
许昌	263	97	53	14	23	13	0

注：表中代码含义详见附表 2。

表 9-32 显示，北京在这 7 个经济大类中的专利数量均遥遥领先其他 3 个城市，且在所有研究大类中的专利数量都超过 100 件。C38、C40、C39 和 C34 是包含专利数量较多的 4 个大类，不难发现，除许昌在 C40 中的专利数量仅 97 件

外，所有城市在 C38 和 C40 中的专利数量均超过 100 件；而在 C39 和 C34 中专利数量超过 100 的城市分别还有南京（147 件）和济南（201 件）。

（三）城市 IPC 部

将国家电网公司涉及所有城市的发明授权专利按照 IPC 部类进行分类，得到不同城市 IPC 各部发明授权专利数量表。为方便分析，表 9-33 只截取了前 12 位城市数据作为研究对象。

表 9-33　前 12 位城市 IPC 各部发明授权专利数量　　单位：件

城市 \ IPC 部	H	G	B	F	E	C	A	D
济南	465	406	299	85	40	43	37	0
南京	430	460	32	18	7	6	2	0
许昌	330	160	23	16	9	0	1	0
平顶山	235	46	84	20	2	30	0	0
杭州	148	180	33	26	14	8	0	0
常州	214	103	23	15	15	6	14	2
福州	134	125	25	2	7	2	4	0
潍坊	102	51	70	7	19	9	4	0
郑州	97	98	13	19	4	8	3	0
武汉	88	118	7	1	6	8	0	0
成都	74	99	15	2	7	5	0	0
石家庄	47	88	9	13	1	12	0	0

注：表中代码含义详见附表 3。

在表 9-33 中，我们可以发现常州是唯一一个专利技术同时涉及八个部类的城市；济南、南京、许昌无论是总体的专利数量，还是在重要部类中所占的比例，均在所有城市中属于靠前位置。值得注意的是，虽然某些城市的总体专利数量较少，但分布较为集中。如武汉的总体专利数量较少，但它在 H 和 G 两个部类中的排序仍然比较靠前。

（四）城市 IPC 大类

我们在上述研究的基础上，将专利数据进一步按照 IPC 大类进行细分，得到国家电网公司涉及不同城市 IPC 各大类发明授权专利数量表。为方便分析，表 9-34 截取了前 4 位城市的前 6 位 IPC 大类发明授权专利数量作为研究对象。

表 9-34　前 4 位城市的前 6 位 IPC 大类发明授权专利数量　单位：件

城市 \ IPC 大类	H02	G01	G06	H01	H04	G05
济南	336	248	95	108	43	43
南京	335	228	198	24	84	32
许昌	249	96	46	52	25	15
平顶山	76	41	3	172	1	2

注：表中代码含义详见附表 4。

表 9-34 显示，专利数量最多的四个 IPC 大类是 H02、G01、G06 和 H01。不同大类对应的主要城市各不相同。H02 和 G01 中专利数量最多的是济南；G06 中专利数量最多的是南京，为 198 件；H01 中专利数量最多的是平顶山，为 172 件。由此说明，在国家电网公司重要技术的研发上，这些主要城市都有各自擅长的领域。

（五）城市 IPC 小类

为了更好地了解不同城市所擅长的具体技术类别，我们将专利数据按照 IPC 小类进行分类，得到不同城市 IPC 各小类发明授权专利数量表。为方便分析，表 9-35 截取了前 6 位城市前 5 位 IPC 小类发明授权专利数量作为研究对象。

在表 9-35 中，我们选取专利数量最多的 3 个城市作为分析对象，它们分别是济南、南京、许昌。济南在 G01R、H02J 和 H02G 三个小类中的专利数量均超过 100 件；南京对应的专利数量超过 100 件的小类有 G01R、H02J 和 G06F，其中 H02J 中的专利数量更是达到 261 件；许昌专利数量较多的 IPC 小类是 H02J，为 104 件。

表 9-35　前 6 位城市的前 5 位 IPC 小类发明授权专利数量　单位：件

城市 \ IPC 小类	G01R	H02J	H02G	G06F	G06Q
济南	125	106	163	62	28
南京	173	261	17	124	75
许昌	86	104	14	37	6
杭州	75	58	12	36	16
平顶山	21	5	27	0	2
常州	58	49	55	3	3

注：表中代码含义详见附表 5。

第三节　时空–专利价值度

对于一个企业来说，掌握相关的专利技术可以提升其核心竞争力，从而给企业带来更多的效益。然而不同的专利技术具有不同的价值，最终给企业带来的利益也不相同。多年来，学界对专利价值进行了非常多的研究，目前来看相关成果可被归纳为专利价值的内涵（Pakes，1986；郑素丽和宋明顺，2012；Lanjouw，1998；Suzuk，2011）、专利价值评估指标体系的构建（马慧民等，2007；Harhoff et al.，2003；Sherry and Teece，2004；李清海等，2007）以及专利价值评估方法的探索（赵蕴华等，2013；Zhang et al.，2017；Ercan and Kayakutlu，2014；胡小君和陈劲，2014）三个方面。本章采用 incoPat 创新平台嵌入的专利价值度指标，直接计算和衡量本书中的专利价值。该指标的计算依赖于 incoPat 平台自主研发的专利价值模型①，融合了专利分析行业内最普遍和最重要的技术指标，比如技术稳定性、技术先进性、保护范围等 20 多个技术指标。通过设定指标权重、计算顺序等参数，充分融合专利大数据和 AI 技术，将 AI 技术植入专利价值度计算等应用模块（裴宏和陈婕，2018）。与以往小样本的、手工计算专利价值度相比，基于全球专利大数据和人工智能强大技术手段计算得出的专利价值度更具有客观性和科学性。

一、授权年–专利价值度

（一）时间–专利价值度

表 9-36 列出的是将国家电网公司发明授权专利按照不同授权年份和不同专利价值度进行交叉分类后得到的各授权年–专利价值度组合对应的专利数量。在表中，我们将各授权年份中不同专利价值度对应的专利数量作为权数，计算出加权平均数，即为每年的平均专利价值度。

表 9-36　国家电网公司发明授权专利授权年–专利价值度矩阵

授权年份	不同专利价值度对应专利数量/件									平均专利价值度
	2	3	4	5	6	7	8	9	10	
2003	0	0	0	0	0	0	0	2	0	9.00
2004	0	0	0	0	0	0	1	2	0	8.67
2006	0	0	0	0	0	0	1	4	0	8.80

① 合享价值度是如何计算的？ https：//www.incopat.com/hElp/sysdoc/FAQ5.3.html[2018-02-01].

续表

授权年份	不同专利价值度对应专利数量/件									平均专利价值度
	2	3	4	5	6	7	8	9	10	
2007	0	0	0	0	0	0	5	19	8	9.09
2008	0	0	0	0	0	1	10	38	30	9.23
2009	0	0	0	2	0	1	21	39	26	8.94
2010	0	0	2	11	0	2	37	98	66	8.87
2011	0	0	7	13	1	9	86	269	145	8.91
2012	0	0	17	9	3	18	137	397	173	8.83
2013	0	4	30	17	8	30	237	492	143	8.56
2014	4	13	28	11	20	236	662	511	134	8.17
2015	35	53	20	36	13	1294	1049	721	54	7.65
2016	66	224	79	98	79	2428	1397	1237	48	7.40
2017	40	35	20	40	11	2270	1368	2090	22	7.87
2018	0	0	2	7	63	2512	1664	1219	7	7.74

表 9-36 显示，国家电网公司专利价值度为 10 的专利授权数量最多的年份是 2012 年，达到 173 件；2011 年、2013 年和 2014 年专利价值度为 10 的专利授权数均超过 100 件；此外，该公司平均专利价值度最高的年份是 2008 年，达到 9.23；2003 年和 2007 年的平均专利价值度均不低于 9，这说明国家电网公司在这三个年份的发明授权专利均具有很高的水平。

（二）转让年–专利价值度

研究国家电网公司不同年份转让受让专利的专利价值度情况，对我们了解专利转移规律、提高其专利运营效率具有非常重要的作用。因此，我们检索得到国家电网公司转让受让专利转让年–专利价值度矩阵，并以此为基础，计算出各年份的平均专利价值度（表 9-37）。

表 9-37 国家电网公司转让受让专利转让年–专利价值度矩阵

转让年份	不同专利价值度对应专利数量/件									平均专利价值度
	2	3	4	5	6	7	8	9	10	
2005	0	0	0	0	0	0	1	1	1	9.00
2006	0	0	0	0	0	0	1	0	0	8.00
2007	0	0	0	0	0	0	0	1	0	9.00

续表

转让年份	不同专利价值度对应专利数量/件									平均专利价值度
	2	3	4	5	6	7	8	9	10	
2008	0	0	0	0	0	0	1	3	2	9.17
2009	0	0	0	0	0	0	1	4	0	8.80
2010	0	0	0	2	0	0	1	8	4	8.67
2011	0	0	2	0	0	2	6	25	16	8.92
2012	0	4	17	13	4	21	611	1043	317	8.75
2013	0	10	34	12	12	25	517	832	362	8.71
2014	0	19	23	27	20	24	472	321	112	8.21
2015	1	41	18	38	16	28	366	196	31	7.73
2016	3	190	55	67	33	49	595	293	43	7.15
2017	0	6	0	6	3	7	426	339	26	8.41
2018	0	0	0	0	0	12	215	124	6	8.35

表 9-37 显示，在 2012 年和 2013 年，专利价值度为 9 和 10 的专利数量均占据很高的比例，由此说明国家电网公司的核心专利技术在这两年的转移频率很高；整体来看，各年份的平均专利价值度均处于较高的层次，除 2015 年和 2016 年外，都达到 8 以上。

二、地域–专利价值度

（一）省级行政区–专利价值度

在这一部分，我们试图通过不同地域专利价值度的角度分析国家电网公司专利技术的空间发展态势，以求为今后国家电网公司整体的发展运营提供经验。我们通过检索得到国家电网公司发明授权专利的省级行政区–专利价值度矩阵，并以此为基础计算出各省级行政区对应的平均专利价值度。

表 9-38　国家电网公司各省级行政区发明授权专利平均专利价值度

序号	省级行政区	专利数量/件	平均专利价值度
1	北京	13 684	7.79
2	山东	2 335	7.47
3	江苏	1 744	7.99
4	河南	1 304	7.97

续表

序号	省级行政区	专利数量/件	平均专利价值度
5	浙江	1 016	7.89
6	上海	480	8.50
7	天津	402	7.78
8	辽宁	387	7.78
9	福建	376	8.00
10	河北	308	7.82
11	四川	301	7.91
12	湖北	257	8.08
13	重庆	241	8.18
14	江西	203	8.07
15	广东	203	7.81
16	山西	183	8.00
17	安徽	172	7.88
18	黑龙江	150	8.01
19	湖南	147	7.97
20	吉林	133	8.02
21	新疆	115	7.62
22	陕西	113	8.31
23	甘肃	83	8.00
24	宁夏	51	7.12
25	青海	26	7.88
26	台湾	17	6.71
27	内蒙古	14	7.64
28	广西	2	7.00
29	贵州	1	6.00
30	云南	1	8.00

注：①海南数据缺失，故本表中未列出；②本表数据不含港澳台地区。

表 9-38 显示，在所有省级行政区中，平均专利价值度最高的是上海，为 8.50；北京的专利数量远远超过其他省级行政区，但其平均专利价值度还有一定的提升空间。此外，江苏、河南、浙江三个省级行政区不仅专利数量较多，其平均专利价值度都在 7.9 左右，值得我们进行更细致的研究了解。

（二）城市–专利价值度

我们将空间范围缩小到城市，检索到国家电网公司发明授权专利城市–专利价值度矩阵，并以此为依据，计算出前46位城市平均专利价值度（表9-39）。

表9-39　国家电网公司前46位城市发明授权专利平均专利价值度

序号	城市	专利数量/件	平均专利价值度
1	济南	1177	7.81
2	南京	864	8.05
3	许昌	489	8.09
4	平顶山	388	7.98
5	杭州	372	8.31
6	常州	323	7.93
7	福州	258	7.97
8	潍坊	221	7.31
9	郑州	221	8.18
10	武汉	205	8.14
11	成都	184	7.98
12	石家庄	156	7.93
13	扬州	155	7.97
14	沈阳	155	7.85
15	南昌	153	8.18
16	深圳	145	7.80
17	长沙	145	7.97
18	宁波	121	7.57
19	湖州	119	7.59
20	临沂	110	6.94
21	济宁	107	7.10
22	金华	104	7.72
23	绍兴	101	7.80
24	哈尔滨	98	8.22
25	西安	98	8.31
26	无锡	92	8.23
27	烟台	92	6.64

续表

序号	城市	专利数量/件	平均专利价值度
28	合肥	85	7.92
29	青岛	76	8.03
30	长春	75	7.83
31	兰州	72	7.89
32	苏州	72	8.15
33	德州	70	7.13
34	莱芜	69	7.70
35	日照	64	6.98
36	乌鲁木齐	60	7.77
37	太原	60	8.45
38	洛阳	60	6.30
39	淮安	60	7.67
40	东营	58	6.74
41	枣庄	58	7.78
42	温州	53	6.94
43	聊城	48	6.42
44	南平	47	7.66
45	嘉兴	46	7.96
46	盐城	46	8.02

表 9-39 显示，平均专利价值度最高的城市是太原，为 8.45；在专利数量 Top 5 的城市中，杭州的平均专利价值度最高，为 8.31，此外南京和许昌的平均专利价值度也均高于 8。这些城市的专利技术创新运营实践可以为我们研究专利技术的培育和运营模式提供很好的参考。

本章参考文献

程如海. 2014. 国家电网公司新一轮组织架构变革探析：基于组织扁平化的视角. 山东大学硕士学位论文.

杜小武，马美艳. 2019. 技术引进对企业自主创新能力的影响研究. 西安石油大学学报（社会科学版），28（1）：56-61.

冯仁涛，余翔. 2012. 我国区域技术专业化模式比较研究. 科研管理，33（10）：9-16.

葛兆军，李锡成，高克力，等. 2018. 编制研究变电站通用设备推进设备通用互换. 电力设备管理，（2）：84-87.
胡小君，陈劲. 2014. 基于专利结构化数据的专利价值评估指标研究. 科学学研究，（3）：343-351.
江艳泓. 2019. 基于社会网络分析的长三角城市群专利转让研究. 中国科学技术大学硕士学位论文.
蒋福佑，王虹. 2013. 中国能源企业科技创新体系建设及其实践研究：以国家电网公司为例. 生态经济，（12）：111-113.
金亮，郑本荣，胡浔. 2019. 专利授权合同设计与生产外包：基于企业社会责任的视角. 南开管理评论，22（3）：40-53.
雷孝平，张海超，陈亮. 2019. 从专利许可数据试析生物医药领域的技术转移. 中国科技资源导刊，51（1）：62-71.
李清海，刘洋，吴泗宗，等. 2007. 专利价值评价指标概述及层次分析. 科学学研究，（2）：281-286.
刘东方. 2019. 专利地图分析方法研究. 中国集体经济，（27）：162-163.
刘海芳. 2014. 反垄断法对专利实施许可控制的必要性. 经济研究导刊，（22）：311-312.
刘宇炫. 2019. 关于新形势下国家电网公司混合所有制改革战略的思考. 电力设备管理，（6）：22，28.
鲁刚. 2019-08-12. 推动传统电网向能源互联网转变. 中国能源报，第 25 版.
马慧民，王鸣涛，叶春明. 2007. 日美知识产权综合评价指标体系介绍. 商场现代化，（31）：301-302.
裴宏，陈婕. 2018. 合享：IP 服务业里的 AI 企业. http：//www.cnEip.org.cn/html/16/27646.html[2018-05-17].
石书德. 2015. 国家电网：建设集团科技创新体系，企业管理，（10）：64-67.
王小松. 2017. 国网交流公司发展战略研究. 内蒙古财经大学硕士学位论文.
王元地，柳美君，马倩雯，等. 2015. 高校技术许可的空间分布及网络结构特征研究：基于我国 2008-2012 年省际高校技术许可分析. 科技管理研究，35（4）：68-75.
武建龙，陶微微，王宏起. 2009. 基于专利地图的企业研发定位方法及实证研究. 科学学研究，27（2）：220-225.
肖叶. 2019. 税制结构对创新产出的影响：基于 286 个地级市专利授权数据的实证分析. 税务研究，（8）：26-31.
谢祥，高新宇，李志鹏，等. 2019. 区域间专利转让的网络结构研究. 科技管理研究，39（7）：170-176.
辛保安. 2019. 国家电网如何打造负责任的国际形象？中国报道，（1）：30-32.

许琦. 2018. 专利池组建与管理研究述评. 情报探索，（1）：117-123.

曾爱民. 2017. 企业科技创新与知识产权管理. 中国新技术新产品，（19）：123-124.

曾莉，罗晓涵. 2015. 专利转化及相关基本概念辨析与思考. 科技进步与对策，32（12）：109-113.

赵蕴华，张静，李岩，等. 2013. 基于机器学习的专利价值评估方法研究. 情报科学，31（12）：15-18.

郑素丽，宋明顺. 2012. 专利价值由何决定：基于文献综述的整合性框架. 科学学研究，30（9）：1316-1323，1332.

祝影. 2005. 全球研发网络：跨国公司研发全球化的空间结构研究. 华东师范大学博士学位论文.

Chen Z L，Chen W. 2017. Study on patent mapping of harmonic drive technology //Kun Z，Wang Z，Miracle J. Proceedings of the 2017 7th International Conference on Mechatronics，Computer and Education Informationization. Paris：Atlantis Press：284-288.

Chi Y Y，Shen L，Cui W P，et al. 2019. A survey of power-grid artificial intelligence//Proceedings of 2019 2nd International Conference on Mechanical Engineering，Industrial. Ottawa：Clausius Scientific Pr Inc.

Ercan S，Kayakutlu G. 2014. Patent value analysis using support vector machines. Soft Computing，18（2）：313-328.

Guo L，Jin Q Q，Liu Y，et al. 2020. Big Data-Based Attack Scenario Reconstruction Architecture in Smart Grid//Communications，Signal Processing，and Systems 2018 CSPS：Systems Proceedings：Lecture Notes in Electrical Engineering（LNEE 517）：1178-1187.

Harhoff D，Scherer F M，Vopel K. 2003. Citations，family size，opposition and the value of patent rights. Research Policy，32（8）：1343-1363.

He Y M，Guo Y X，Kuang J T，et al. 2019. Application research on general equipment of 35-750kV substation of state grid corporation in China//2019 2nd International Conference on Electrical Materials and Power Equipment（ICEMPE）Proceedings，652-657.

Jiang F Y，Zhu J. 2017. Analysis on the practice and experience of the five and three system construction of state Grid//Haur L W，Tsang Y F，Dzikuc M，et al. Proceedings of the 3rd 2017 International Conference on Sustainable Development. Paris：Atlantis Press：307-310.

Lanjouw J O. 1998. Patent protection in the shadow of infringement：Simulation estimations of patent value. The Review of Economic Studies，65（4）：671-710.

Li D D，Wang X Y. 2019. The future application of transmission line automatic monitoring and deep learning technology based on vision//2019 IEEE 4th International Conference on Cloud

Computing and Big Data Analysis. New York：IEEE.

Li Z，Gong Y，Song P，et al. 2018. Photovoltaicvirtual synchronous generator engineering application effects analysis and optimization//2018 China International Conference on Electricity Distribution. New York：IEEE：1604-1610.

Liu W W，Tao Y，Yang Z L，et al. 2019. Exploring and visualizing the patent Collaboration network：A case study of smart grid field in China. Sustainability，11（2）：18.

Pakes A. 1986. Patents as options：Some estimates of the value of holding European patent stocks. EconomEtrica，54（4）：755-784.

Sherry E F，Teece D J. 2004. Royalties，evolving patent rights，and the value of innovation. Research Policy，33（2）：179-191.

Suzuki J. 2011. Structural modeling of the value of patent. Research Policy，40（7）：986-1000.

Tian W F，Wang Y，Zeng P F，et al. 2018. IMS number transformation design for SGCC IoT network//2018 5th International Conference on Systems and Informatics. New York：IEEE：215-220.

Zhang Y，Qian Y，Huang Y，et al. 2017. An entropy-based indicator system for measuring the potential of patents in technological innovation：Rejecting moderation. Scientometrics，111：1925-1946.

附　　录

附表 1　国民经济门类说明表

序号	国民经济门类	含义
1	C	制造业
2	I	信息传输、软件和信息技术服务业
3	E	建筑业
4	D	电力、热力、燃气及水生产和供应业
5	A	农、林、牧、渔业
6	OTH	其他
7	B	采矿业

附表 2　国民经济大类说明表

序号	国民经济大类	含义
1	A01	农业
2	A01/02	农、林业混合
3	A02	林业
4	A03	畜牧业
5	A04	渔业
6	B08/09/10	黑色/有色/非金属矿采选业
7	C13	农副食品加工业
8	C14	食品制造业
9	C15	酒、饮料和精制茶制造业
10	C16	烟草制品业
11	C17	纺织业
12	C18	纺织服装、服饰业
13	C19	皮革、毛皮、羽毛及其制品和制鞋业
14	C20	木材加工和木、竹、藤、棕、草制品业
15	C21	家具制造业
16	C22	造纸和纸制品业

续表

序号	国民经济大类	含义
17	C23	印刷和记录媒介复制业
18	C24	文教、工美、体育和娱乐用品制造业
19	C25	石油加工、炼焦和核燃料加工业
20	C26	化学原料和化学制品制造业
21	C27	医药制造业
22	C28	化学纤维制造业
23	C29	橡胶和塑料制品业
24	C30	非金属矿物制品业
25	C31/32	黑色/有色金属冶炼和压延加工业
26	C33	金属制品业
27	C34	通用设备制造业
28	C35	专用设备制造业
29	C36	汽车制造业
30	C37	铁路、船舶、航空航天和其他运输设备制造业
31	C38	电气机械和器材制造业
32	C39	计算机、通信和其他电子设备制造业
33	C40	仪器仪表制造业
34	C41	其他制造业
35	C42	废弃资源综合利用业
36	D44	电力、热力生产和供应业
37	D46	水的生产和供应业
38	E47	房屋建筑业
39	E48	土木工程建筑业
40	E49	建筑安装业
41	E50	建筑装饰和其他建筑业
42	I63	电信、广播电视和卫星传输服务

附表 3　IPC 部说明表

序号	IPC 部	含义
1	A	人类生活必需（农、轻、医）
2	B	作业；运输

续表

序号	IPC 部	含义
3	C	化学；冶金
4	D	纺织；造纸
5	E	固定建筑物（建筑、采矿）
6	F	机械工程；照明；加热；武器；爆破
7	G	物理
8	H	电学

附表 4　IPC 大类说明表

序号	IPC 大类	含义
1	A01	农业；林业；畜牧业；狩猎；诱捕；捕鱼
2	A23	其他类不包含的食品或食料；及其处理
3	A47	家具；家庭用的物品或设备；咖啡磨；香料磨；一般吸尘器
4	A61	医学或兽医学；卫生学
5	A62	救生；消防
6	A63	运动；游戏；娱乐活动
7	B01	一般的物理或化学的方法或装置
8	B05	一般喷射或雾化；对表面涂覆液体或其他流体的一般方法
9	B08	清洁
10	B09	固体废物的处理；被污染土壤的再生
11	B21	基本上无切削的金属机械加工；金属冲压
12	B22	铸造；粉末冶金
13	B23	机床；其他类目中不包括的金属加工
14	B24	磨削；抛光
15	B25	手动工具；轻便机动工具；手动器械的手柄；车间设备；机械手
16	B29	塑料的加工；一般处于塑性状态物质的加工
17	B32	层状产品
18	B60	一般车辆
19	B62	无轨陆用车辆
20	B64	飞行器；航空；宇宙航行
21	B65	输送；包装；贮存；搬运薄的或细丝状材料
22	B66	卷扬；提升；牵引

续表

序号	IPC 大类	含义
23	B82	超微技术
24	C01	无机化学
25	C02	水、废水、污水或污泥的处理
26	C03	玻璃；矿棉或渣棉
27	C04	水泥；混凝土；人造石；陶瓷；耐火材料
28	C05	肥料；肥料制造
29	C07	有机化学
30	C08	有机高分子化合物；其制备或化学加工；以其为基料的组合物
31	C09	染料；涂料；抛光剂；天然树脂；黏合剂；其他类目不包含的组合物；其他类目不包含的材料的应用
32	C10	石油、煤气及炼焦工业；含一氧化碳的工业气体；燃料；润滑剂；泥煤
33	C12	生物化学；啤酒；烈性酒；果汁酒；醋；微生物学；酶学；突变或遗传工程
34	C21	铁的冶金
35	C22	冶金；黑色或有色金属合金；合金或有色金属的处理
36	C23	对金属材料的镀覆；用金属材料对材料的镀覆；表面化学处理；金属材料的扩散处理；真空蒸发法、溅射法、离子注入法或化学气相沉积法的一般镀覆；金属材料腐蚀或积垢的一般抑制
37	C25	电解或电泳工艺；其所用设备
38	C30	晶体生长
39	D01	天然或人造的线或纤维；纺纱或纺丝
40	D06	织物等的处理；洗涤；其他类不包括的柔性材料
41	E01	道路、铁路或桥梁的建筑
42	E02	水利工程；基础；疏浚
43	E04	建筑物
44	E05	锁；钥匙；门窗零件；保险箱
45	E06	一般门、窗、百叶窗或卷辊遮帘；梯子
46	E21	土层或岩石的钻进；采矿
47	F01	一般机器或发动机；一般的发动机装置；蒸汽机
48	F02	燃烧发动机；热气或燃烧生成物的发动机装置
49	F03	液力机械或液力发动机；风力、弹力或重力发动机；其他类目中不包括的产生机械动力或反推力的发动机
50	F04	液体变容式机械；液体泵或弹性流体泵

续表

序号	IPC 大类	含义
51	F16	工程元件或部件；为产生和保持机器或设备的有效运行的一般措施；一般绝热
52	F21	照明
53	F22	蒸汽的发生
54	F23	燃烧设备；燃烧方法
55	F24	供热；炉灶；通风
56	F25	制冷或冷却；加热和制冷的联合系统；热泵系统；冰的制造或储存；气体的液化或固化
57	F28	一般热交换
58	G01	测量；测试
59	G02	光学
60	G03	摄影术；电影术；利用了光波以外其他波的类似技术；电记录术；全息摄影术
61	G05	控制；调节
62	G06	计算；推算；计数
63	G07	核算装置
64	G08	信号装置
65	G09	教育；密码术；显示；广告；印鉴
66	G11	信息存储
67	G21	核物理；核工程
68	H01	基本电气元件
69	H02	发电、变电或配电
70	H03	基本电子电路
71	H04	电通信技术
72	H05	其他类目不包含的电技术

附表 5　IPC 小类说明表

序号	IPC 小类	含义
1	A01M	动物的捕捉、诱捕或惊吓（养蜂业入 A01K47/00 至 A01K59/00；捕鱼入 A01K69/00 至 A01K97/00；农药入 A01N）；消灭有害动物或有害植物用的装置（用于与飞机配合或装于飞机上的为抛投或释放粉状、液态或气态物质，如杀虫剂、除草剂的设备入 B64D1/16）
2	A23L	不包含在 A21D 或 A23B 至 A23J 小类中的食品、食料或非酒精饮料；它们的制备或处理，例如烹调、营养品质的改进、物理处理（不能为本小类完全包含的成型或加工入 A23P）；食品或食料的一般保存（用于烘焙的面粉或面团的保存入 A21D）

续表

序号	IPC 小类	含义
3	A61K	医用、牙科用或梳妆用的配制品（专门适用于将药品制成特殊的物理或服用形式的装置或方法 A61J3/00；空气除臭，消毒或灭菌，或者绷带、敷料、吸收垫或外科用品的化学方面，或材料的使用入 A61L；肥皂组合物入 C11D）
4	A61P	化合物或药物制剂的特定治疗活性
5	A62B	救生设备、救生装置或救生方法（专门用于医疗工作的阀门入 A61M39/00；呼吸器、面罩、呼吸装置或类似装置中使用的化学材料的组合物入 A62D；高山救援或森林救援入 A63B27/00、A63B29/00；专用于水中的救生设备、装置或救生方法入 B63C9/00；潜水装备入 B63C11/00；飞机上专用的，如降落伞或弹射椅入 B64D；采矿业专用营救设备入 E21F11/00）
6	B01D	分离（用湿法从固体中分离固体入 B03B、B03D，用风力跳汰机或摇床入 B03B，用其他干法入 B07；固体物料从固体物料或流体中的磁或静电分离、利用高压电场的分离入 B03C；离心机、涡旋装置入 B04B；涡旋装置入 B04C；用于从含液物料中挤出液体的压力机本身入 B30B9/02）
7	B01J	化学或物理方法，例如，催化作用、胶体化学；其有关设备（特殊用途的方法或设备，见这些方法或设备的有关类目，例如，F26B3/08）
8	B08B	一般清洁；一般污垢的防除（刷子入 A46；家庭或类似清洁装置入 A47L；颗粒从液体或气体中分离入 B01D；固体分离入 B03、B07；一般对表面喷射或涂敷液体或其他流体材料入 B05；用于输送机的清洗装置入 B65G45/10；对瓶子同时进行清洗、灌注和封装的入 B67C7/00）
9	B21D	金属板或管、棒或型材的基本无切削加工或处理；冲压（制造这类产品的工艺入 B21B、B21C；线材的加工或处理入 B21F；切割或割断设备或机械一般入 B26；压力机一般入 B30B）
10	B23K	钎焊或脱焊；焊接；用钎焊或焊接方法包覆或镀敷；局部加热切割，如火焰切割；用激光束加工（用金属的挤压来制造金属包覆产品入 B21C23/22；用铸造方法制造衬套或包覆层入 B22D19/08；用浸入方式的铸造入 B22D23/04；用烧结金属粉末制造复合层入 B22F7/00）
11	B23P	金属的其他加工；组合加工；万能机床（仿形加工或控制装置入 B23Q）
12	B23Q	机床的零件、部件或附件，如仿形装置或控制装置（在车床或镗床上使用的各类刀具入 B23B27/00）；以特殊零件或部件的结构为特征的通用机床；不针对某一特殊金属加工用途的金属加工机床的组合或联合
13	B25B	不包含在其他类目中的用于紧固、连接、拆卸或夹持的工具或台式设备
14	B25H	车间设备，例如用于工件划线；车间存储设备
15	B25J	机械手；装有操纵装置的容器（单独采摘水果、蔬菜、啤酒花或类似作物的自动装置入 A01D46/30；外科用的针头操纵器入 A61B17/062；与滚轧机有关的机械手入 B21B39/20；与锻压机有关的机械手入 B21J13/10；夹持轮子或其部件的装置入 B60B30/00；起重机入 B66C）

续表

序号	IPC 小类	含义
16	B29C	塑料的成型或连接；塑性状态物质的一般成型；已成型产品的后处理，例如修整（以金属形式加工的入 B23；磨削、抛光入 B24；切割入 B26D、B26F；制作预型件入 B29B11/00；通过将原本不相连接的层结合成为各层连在一起的产品来制造层状产品入 B32B7/00 至 B32B41/00）
17	B32B	层状产品，即由扁平的或非扁平的薄层，例如泡沫状的、蜂窝状的薄层构成的产品
18	B62B	手动车辆，例如手推车或摇篮车；雪橇（以畜力驱动为特点的入 B62C；由驾驶人或发动机推进的雪橇入 B62M）
19	B64C	飞机；直升机（气垫车入 B60V）
20	B65D	用于物件或物料贮存或运输的容器，如袋、桶、瓶子、箱盒、罐头、纸板箱、板条箱、圆桶、罐、槽、料仓、运输容器；所用的附件、封口或配件；包装元件；包装件（专门适用于贮存农业或园艺产品的容器入 A01F25/14；专门适用于牛奶场使用的容器入 A01J；小包、皮箱、手提袋入 A45C）
21	B65G	运输或贮存装置，例如装载或倾斜用输送机；车间输送机系统；气动管道输送机（物体或物料的特殊搬运或处理用的运输或贮存装置，见有关小类，如用于金属加工的入 B21D43/00、B23Q7/00、B23Q41/02；车辆、铁路、海上船舶或飞机方面入 B60 至 B64）；专用于机动车或拖车装配线的运输
22	B65H	搬运薄的或细丝状材料，如薄板、条材、缆索
23	B66C	起重机；用于起重机、绞盘、绞车或滑车的载荷吊挂元件或装置（钢绳、钢缆或链条卷扬机构及其制动或停止装置入 B66D；核反应堆专用的入 G21）
24	B66D	绞盘；绞车；滑车，如滑轮组；起重机（用于给料或贮存目的的卷拢或铺开钢绳或钢缆入 B65H；用于电梯的钢绳或钢缆卷扬机构入 B66B；专门适用于悬吊的脚手架的提升设备入 E04G3/32）
25	B66F	不包含在其他类目中的卷扬、提升、牵引或推动，如把提升力或推动力直接作用于载荷表面的装置（支撑在柱基或类似支承物上的人工岛入 E02B17/00；与提升装置结合的脚手架入 E04G1/22、E04G3/28；滑行提升装置入 E04G11/24；建筑物的提升入 E04G23/06；支柱或支撑入 E04G25/00）
26	C01B	非金属元素；其化合物（制备元素或二氧化碳以外无机化合物的发酵或用酶工艺入 C12P3/00；用电解法或电泳法生产非金属元素或无机化合物入 C25B）
27	C02F	水、废水、污水或污泥的处理（通过在物质中产生化学变化使有害的化学物质无害或降低危害的方法入 A62D3/00；分离、沉淀箱或过滤设备入 B01D；有关处理水、废水或污水生产装置的水运容器的特殊设备，例如用于制备淡水入 B63J；为防止水的腐蚀用的添加物质入 C23F）
28	C04B	石灰；氧化镁；矿渣；水泥；其组合物，例如砂浆、混凝土或类似的建筑材料；人造石；陶瓷（微晶玻璃陶瓷入 C03C10/00）；耐火材料（难熔金属的合金入 C22C）；天然石的处理
29	C07C	无环或碳环化合物（高分子化合物的制备入 C08F；有机化合物的电解或电泳生产入 C25B3/00、C25B7/00）

续表

序号	IPC 小类	含义
30	C07D	杂环化合物
31	C08F	仅用碳—碳不饱和键反应得到的高分子化合物（由低碳烃制造液态烃混合物，例如通过齐聚作用入 C10G50/00；含有碳—碳不饱和键的单体接枝聚合到纤维、丝线、纱线、织物或用这些材料制成的纤维制品入 D06M14/00）
32	C08G	用碳—碳不饱和键以外的反应得到的高分子化合物
33	C08K	使用无机物或非高分子有机物作为配料（涂料、油墨、清漆、染料、抛光剂、黏合剂入 C09）
34	C08L	高分子化合物的组合物（农药、除草剂入 A01N；药品、化妆品入 A61K；炸药入 C06B；基于可聚合单体的组成成分入 C08F、C08G；涂料、油墨、清漆、染料、抛光剂、黏合剂入 C09；润滑剂入 C10M；洗涤剂入 C11D；人造丝或纤维入 D01F；织物处理的配方入 D06）
35	C09D	涂料组合物，例如色漆、清漆或天然漆；填充浆料；化学涂料或油墨的去除剂；油墨；改正液；木材着色剂；用于着色或印刷的浆料或固体；原料为此的应用（化妆品入 A61K；一般将液体或其他流动物料涂到表面上的方法入 B05D；木材着色入 B27K5/02；釉料或搪瓷釉入 C03C）
36	C09K	不包含在其他类目中的各种应用材料；不包含在其他类目中的材料的各种应用
37	C10G	烃油裂化；液态烃混合物的制备，例如用破坏性加氢反应、低聚反应、聚合反应（裂解成氢或合成气入 C01B；气态烃裂化或高温热解成一定或特定结构的单个烃或其混合物入 C07C；裂化成焦炭入 C10B）；从油页岩、油矿或油气中回收烃油；含烃类为主的混合物的精制；石脑油的重整；地蜡
38	C12N	微生物或酶；其组合物（杀生剂、害虫驱避剂或引诱剂，或含有微生物、病毒、微生物真菌、酶、发酵物的植物生长调节剂，或从微生物或动物材料产生或提取制得的物质入 A01N63/00；药品入 A61K；肥料入 C05F）；繁殖、保藏或维持微生物；变异或遗传工程；培养基（微生物学的试验介入 12Q1/00）
39	C21D	改变黑色金属的物理结构；黑色或有色金属或合金热处理用的一般设备；通过脱碳、回火或其他处理使金属具有韧性（扩散法渗入处理入 C23C；涉及 C23 大类中的至少一种工艺和本小类中的至少一种工艺的金属材料表面处理入 C23F17/00；共晶材料的定向凝固或共析材料的定向分层入 C30B）
40	C22C	合金（合金的处理入 C21D、C22F）
41	C23C	对金属材料的镀覆；用金属材料对材料的镀覆；表面扩散法，化学转化或置换法的金属材料表面处理；真空蒸发法、溅射法、离子注入法或化学气相沉积法的一般镀覆（在表面上使用液体或其他流体材料的一般涂覆入 B05；挤压法制造包覆金属的产品入 B21C23/22）
42	E02D	基础；挖方；填方（专用于水利工程的入 E02B）；地下或水下结构物
43	E04H	专门用途的建筑物或类似的构筑物；游泳或喷水浴槽或池；桅杆；围栏；一般帐篷或天篷（基础入 E02D）

续表

序号	IPC 小类	含义
44	E06C	梯子（E04F11/00 优先；阶梯式凳子入 A47C12/00；船上用梯入 B63B，飞机用梯入 B64；脚手架入 E04G）
45	E21B	土层或岩石的钻进（采矿、采石入 E21C；开凿立井、掘进平巷或隧洞入 E21D）；从井中开采油、气、水、可溶解或可熔化物质或矿物泥浆
46	F16L	管子；管接头或管件；管子、电缆或护管的支撑；一般的绝热方法
47	F21V	照明装置或其系统的功能特征或零部件；不包含在其他类目中的照明装置和其他物品的结构组合物
48	F24F	空气调节；空气增湿；通风；空气流作为屏蔽的应用（从尘、烟产生区消除尘、烟入 B08B15/00；从建筑物中排除废气的竖向管道入 E04F17/02；烟道末端入 F23L17/02）
49	G01B	长度、厚度或类似线性尺寸的计量；角度的计量；面积的计量；不规则的表面或轮廓的计量
50	G01D	非专用于特定变量的测量；不包含在其他单独小类中的测量两个或多个变量的装置；计费设备；未列入其他类目的测量或测试
51	G01K	温度测量；热量测量；未列入其他类目的热敏元件（辐射高温测定法入 G01J5/00）
52	G01M	机器或结构部件的静或动平衡的测试；其他类目中不包括的结构部件或设备的测试
53	G01N	借助于测定材料的化学或物理性质来测试或分析材料（一般的材料组分的分离入 B01D、B01J、B03、B07；完全列入其他单个小类中的装置参见有关的小类，如 B01L；除免疫测定法以外包括酶或微生物的测量或试验入 C12M、C12Q；施工现场地基土质的测试入 E02D1/00）
54	G01R	测量电变量；测量磁变量（指示谐振电路的正确调谐入 H03J3/12）
55	G02B	光学元件、系统或仪器（G02F 优先；专用于照明装置或系统的光学元件入 F21V1/00 至 F21V13/00；测量仪器见 G01 类的有关小类，例如光学测距仪入 G01C，以及光学元件、系统或仪器的测试入 G01M11/00；眼镜入 G02C；摄影、放映或观看用的装置或设备入 G03B；声透镜入 G10K11/30）
56	G02F	用于控制光的强度、颜色、相位、偏振或方向的器件或装置，例如转换、选通、调制或解调，上述器件或装置的光学操作是通过改变器件或装置的介质的光学性质来修改的；用于上述操作的技术或工艺；变频；非线性光学；光学逻辑元件；光学模拟/数字转换器
57	G05B	一般的控制或调节系统；这种系统的功能单元；用于这种系统或单元的监视或测试装置（应用流体作用的一般流体压力执行器或系统入 F15B；阀门本身入 F16K；仅按机械特征区分的入 G05G；传感元件见相应小类，例如 G12B、G01、H01 的小类；校正单元见相应的小类，例如 H02K）
58	G05D	非电变量的控制或调节系统（金属的连续铸造入 B22D11/16；阀门本身入 F16K；非电变量的检测见 G01 各有关小类；电或磁变量的调节入 G05F）

续表

序号	IPC 小类	含义
59	G06F	电数字数据处理（部分计算是用液压或气动完成的计算机入 G06D；光学完成的入 G06E；基于特定计算模型的计算机系统入 G06N；应用数字技术的阻抗网络入 H03H）
60	G06K	数据识别；数据表示；记录载体；记录载体的处理（邮件的分类入 B07C；二次监视雷达入 G01S；检测转发器或标记的存在入 G01S、G01V）
61	G06Q	专门适用于行政、商业、金融、管理、监督或预测目的的数据处理系统或方法；其他类目不包含的专门适用于行政、商业、金融、管理、监督或预测目的的处理系统或方法
62	G06T	一般的图像数据处理或产生（特别适用于特定应用，见相关的小类，如 G01C、G06K、G09G、H04N）
63	G07C	时间登记器或出勤登记器；登记或指示机器的运行；产生随机数；投票或彩票设备；未列入其他类目的核算装置、系统或设备[人身鉴别，例如手纹印制、脚纹印制入 A61B5/117；一般计量的指示或记录装置，其中输入不是要测量的变量的类似装置（例如手操作）入 G01D；时钟、时钟机构入 G04B，G04C；时间间隔计量入 G04F；计数机构本身入 G06M]
64	G08B	信号装置或呼叫装置；指令发信装置；报警装置（车辆上的信号装置入 B60Q、B62D41/00；铁路信号系统或装置入 B61L；自行车上的入 B62J3/00、B62J6/00；具有报警装置的保险柜或保险库入 E05G；用于矿井的信号装置或报警装置入 E21F17/18；传感测量元件，见 G01 的有关小类；交通控制系统入 G08G；可视指示装置入 G09；发声装置入 G10；无线电或近场呼叫系统入 H04B5/00、H04B7/00；扬声器、传声器、唱机拾音器或类似的机电传感器入 H04R）
65	G08C	测量值、控制信号或类似信号的传输系统（流体压力传输系统入 F15B；将传感件的输出信号转换成不同变量的机械装置入 G01D5/00；机械控制系统入 G05G）
66	G09B	教育或演示用具；用于教学或与盲人、聋人或哑人通信的用具；模型；天象仪；地球仪；地图；图表（用于心理技术或测试反应时间的装置入 A61B5/16；比赛、运动、文娱用具入 A63；放映机、放映屏幕入 G03B）
67	G09F	显示；广告；标记；标签或铭牌；印鉴
68	G09G	对用静态方法显示可变信息的指示装置进行控制的装置或电路（一般照明入 F21；显示电变量或波形的装置入 G01R13/00；用于光束控制的设备或装置入 G02F1/00；以目视方法指示时间入 G04B19/00、G04C17/00、G04G9/00；计算机和外围设备之间传输数据的装置入 G06F3/00）
69	H01B	电缆；导体；绝缘体；导电、绝缘或介电材料的选择（磁性材料的选择入 H01F1/00；波导管入 H01P；电缆或线路，或光电组合电缆或线路的安装入 H02G）
70	H01F	磁体；电感；变压器；磁性材料的选择（铁氧体陶瓷入 C04B35/26；合金入 C22C；热磁器件入 H01L37/00，扬声器、送话器、唱机拾音器等声学机电传感器入 H04R）

续表

序号	IPC 小类	含义
71	H01H	电开关；继电器；选择器；紧急保护装置（接触电缆入 H01B7/10；电解式自断续器入 H01G9/18；紧急保护电路装置入 H02H；无触点电子开关入 H03K17/00）
72	H01L	半导体器件；其他类目中不包括的电固体器件（使用半导体器件的测量入 G01；一般电阻器入 H01C；磁体、电感器、变压器入 H01F；一般电容器入 H01G；电解型器件入 H01G9/00；电池组、蓄电池入 H01M；波导管、谐振器或波导型线路入 H01P；线路连接器、汇流器入 H01R；受激发射器件入 H01）
73	H01M	用于直接转变化学能为电能的方法或装置，例如电池组（一般电化学的方法或装置入 C25；用于转变光或热为电能的半导体或其他固态器件入 H01L，例如 H01L31/00、H01L35/00、H01L37/00）
74	H01R	导电连接；一组相互绝缘的电连接元件的结构组合；连接装置；集电器（开关、熔断器入 H01H；波导型耦合装置入 H01P5/00；供电或配电切换装置入 H02B；电线或电缆、光电电线或电缆或电气辅助设备的安装入 H02G；与印刷电路电连接或印刷电路之间电连接用的印制装置入 H05K）
75	H02B	供电或配电用的配电盘、变电站或开关装置（电基本元件、它们的组件，包括在外壳里或基件上的安装架，或在其上盖的安装架见这些元件的小类，例如变压器入 H01F，开关、熔断器入 H01H，线路连接器入 H01R；供电或配电电线电缆的安装，或光电组合电缆或电线的安装，或其他供电或配电导体的安装入 H02G）
76	H02G	电缆或电线的安装，或光电组合电缆或电线的安装（带有便于安装或固定装置的绝缘导体或电缆入 H01B7/40；装有开关的配电站入 H02B；引导式电话塞绳入 H04M1/15；电缆管道或电报或电话交换局设备的安装入 H04Q1/06）
77	H02H	紧急保护电路装置（指示或警报意外工作情况的入 G01R，例如 G01R31/00、G08B；沿线测定故障位置入 G01R31/08；紧急保护装置入 H01H）
78	H02J	供电或配电的电路装置或系统；电能存储系统（用于测量 X 射线、γ 射线、微粒子射线或宇宙射线设备的供电电路入 G01T1/175；专用于具有不动件的电子时钟的供电电路入 G04G19/00；用于数字计算机的入 G06F1/18；用于放电管的入 H01J37/248；电能转换用电路或设备，这种电路或设备的控制装置或调整装置入 H02M；数个电机的相关控制，原动机/发电机组的控制入 H02P；高频电力的控制入 H03L；用以传输信息的电力线路或电力网附加用途入 H04B）
79	H02M	用于交流和交流之间、交流和直流之间或直流和直流之间的转换以及用于与电源或类似的供电系统一起使用的设备；直流或交流输入功率至浪涌输出功率的转换；以及它们的控制或调节（专用于没有可动部件的电子时钟的电流或者电压的变换入 G04G19/02；调节电或磁变量的系统，例如用变压器、电抗器或扼流圈及这种系统与静止变换器的组合，一般入 G05F；用于数字计算机的入 G06F1/00；变压器入 H01F；与类似的或其他供电电源联合运行的一个变换器的连接或控制入 H02J；机电变换器入 H02K47/00；控制变压器、电抗器或扼流圈、电动机、发电机或机电变换器的控制调节入 H02P；脉冲发生器入 H03K）

续表

序号	IPC 小类	含义
80	H02P	电动机、发电机或机电变换器的控制或调节；控制变压器、电抗器或扼流圈
81	H04B	传输（用于测量、控制或类似信号的传输入 G08C；话音分析或合成入 G10L；一般的编码、译码或码变换入 H03M；广播通信入 H04H；多路复用系统入 H04J；保密通信入 H04K；数字信息传输本身入 H04L；无线通信网络入 H04W）
82	H04L	数字信息的传输，例如电报通信（打字机入 B41J；命令电报、火警或警察用电报入 G08B；图像电报入 G08B、G08C；传真电报系统入 G08C；编密码或解密码的装置本身入 G09C；一般编码、译码或代码变换入 H03M；电报和电话通信的公用设备入 H04M；选择入 H04Q；无线通信网络入 H04W）
83	H04M	电话通信（通过电话电缆控制其他设备，但不包括电话交换设备的电路入 G08）
84	H04N	图像通信，如电视
85	H04Q	选择（开关、继电器、选择器入 H01H；无线通信网络入 H04W）
86	H04W	无线通信网络
87	H05K	印刷电路；电设备的外壳或结构零部件；电气元件组件的制造（其他类目不包括的仪器零部件或其他设备的类似零部件入 G12B；薄膜或厚膜电路入 H01L27/01、H01L27/13；用于对印刷电路或印刷电路之间的电连接的非印刷方法入 H01R；用于特殊类型设备的外壳或其结构零部件，见有关小类；仅包括单一工艺的加工方法，例如已列入其他类目的加热、喷射，见有关的类）

附表 6　IPC 大组说明表

序号	IPC 大组	含义
1	A23L1	食品或食料；它们的制备或处理（一般保存入 A23L3/00）
2	A61K31	含有机有效成分的医药配制品
3	A61K35	含有具有不明结构的原材料或其反应产物的医用配制品
4	A61K36	含有来自藻类、苔藓、真菌或植物或其派生物，例如传统草药的未确定结构的药物制剂
5	A61K47	以所用的非有效成分为特征的医用配制品，例如载体、惰性添加剂
6	A61K9	以特殊物理形状为特征的医药配制品
7	A61P1	治疗消化道或消化系统疾病的药物
8	A61P31	抗感染药，即抗生素、抗菌剂、化疗剂
9	B01D53	气体或蒸气的分离；从气体中回收挥发性溶剂的蒸气；废气例如发动机废气、烟气、烟雾、烟道气或气溶胶的化学或生物净化（通过冷凝作用回收挥发性溶剂入 B01D5/00；升华入 B01D7/00；冷凝阱、冷挡板入 B01D8/00；难凝聚的气体和空气用液化方法分离入 F25J3/00）
10	C02F1	水、废水或污水的处理（C02F3/00 至 C02F9/00 优先）
11	C02F9	水、废水或污水的多级处理

续表

序号	IPC 大组	含义
12	C04B35	以成分为特征的陶瓷成型制品；陶瓷组合物（含有不用作宏观增强剂的，黏接在碳化物、金刚石、氧化物、硼化物、氮化物、硅化物上的游离金属，例如陶瓷或其他金属化合物，例如氧氮化合物或硫化物的入 C22C）；准备制造陶瓷制品的无机化合物的加工粉末
13	C08K13	使用不包含在 C08K3/00 至 C08K11/00 任何单独一个大组中的配料混合物，其中每种化合物都是基本配料
14	C08K3	使用无机配料
15	C08K5	使用有机配料
16	C08L23	未用化学后处理改性的
17	C09D5	以其物理性质或所产生的效果为特征的涂料组合物，例如色漆、清漆或天然漆；填充浆料
18	C09D7	C09D5/00 中不包括的涂料成分特征（催干剂入 C09F9/00）
19	C12R1	微生物
20	C22C38	铁基合金，例如合金钢（铸铁合金入 C22C37/00）
21	G01N21	利用光学手段，即利用红外光、可见光或紫外光来测试或分析材料（G01N3/00 至 G01N19/00 优先；一般的测定应力入 G01L1/00；测量仪器的光学元件入 G02B；通过数据处理进行图像分析入 G06T）
22	G01N33	利用不包括在 G01N1/00 至 G01N31/00 组中的特殊方法来研究或分析材料
23	G01R31	电性能的测试装置；电故障的探测装置；以所进行的测试在其他位置未提供为特征的电测试装置（测量引线、测量探针入 G01R1/06；指示开关机构或保护装置的电气状况入 H01H71/04、H01H73/12、H02B11/10、H02H3/04；在制造过程中测试或测量半导体或固体器件入 H01L21/66）
24	G02F1	控制来自独立光源的光的强度、颜色、相位、偏振或方向的器件或装置，例如转换、选通或调制；非线性光学（利用颜色或半透明度变化的温度计入 G01K11/12；利用改变荧光性的入 G01K11/32；光导装置入 G02B6/00）
25	G05B19	程序控制系统（特殊应用见有关位置，例如 A47L15/46；附带或内装有在预定时间间隔操作任一器件的装置的时钟入 G04C23/00；记录或读取数字信息的记录载体入 G06K；信息存储器入 G11；在程序执行完了后自动终止其运行的时间或时间程序开关入 H01H43/00）
26	G06F1	不包括在 G06F3/00 至 G06F13/00 和 G06F21/00 各组的数据处理设备的零部件（通用存储程序计算机的结构入 G06F15/76）
27	G06F11	错误检测；错误校正；监控（在记录载体上做出核对其正确性的方法或装置入 G06K5/00；基于记录载体和传感器之间的相对运动而实现的信息存储中所用的方法或装置入 G11B，例如 G11B20/18；静态存储中所用的方法或装置入 G11C29/00；用于错误监测或错误校正的编码、译码或代码转）
28	G06F17	特别适用于特定功能的数字计算设备或数据处理方法

续表

序号	IPC 大组	含义
29	G06F3	用于将所要处理的数据转变成为计算机能够处理的形式的输入装置；用于将数据从处理机传送到输出设备的输出装置，例如接口装置（打字机入 B41J；物理变量的转换入 F15B5/00、G01；图像捕获入 G06T1/00、G06T9/00；编码、译码或代码转换，一般入 H03M；数字信息的传输入 H04L）
30	G06F9	程序控制装置，例如控制器（用于外部设备的程序控制入 G06F13/10）
31	G09G3	仅考虑与除阴极射线管以外的目视指示器连接的控制装置和电路（一般光学扫描入 G02B26/10）
32	H01L21	专门适用于制造或处理半导体或固体器件或其部件的方法或设备
33	H01L23	半导体或其他固态器件的零部件（H01L25/00 优先）
34	H01L27	由在一个共用衬底内或其上形成的多个半导体或其他固态组件组成的器件（其零部件入 H01L23/00、H01L29/00 至 H01L51/00；由多个单个固态器件组成的组装件入 H01L25/00）
35	H01M10	二次电池；其制造
36	H01R13	H01R12/70 或 H01R24/00 至 H01R33/00 组中所包含的各种连接装置的零部件
37	H02J3	交流干线或交流配电网络的电路装置
38	H02J7	用于电池组的充电或去极化或用于由电池组向负载供电的装置
39	H04B7	无线电传输系统，即使用辐射场的（H04B10/00、H04B15/00 优先）
40	H04L1	检测或防止收到信息中的差错的装置（校正同步入 H04L7/00；传输通道中的装置入 H04B）
41	H04L12	数据交换网络（存储器、输入/输出设备或中央处理单元之间的信息或其他信号的互联或传送入 G06F13/00）
42	H04L29	H04L1/00 至 H04L27/00 单个组中不包含的装置、设备、电路和系统（存储器输入/输出设备或中央处理单元之间的信息或其他信号的互连或传送入 G06F13/00）
43	H04L9	保密或安全通信装置（扩频技术入 H04B1/69）
44	H04M1	分局设备，例如用户使用的（交换机提供的用户服务或设备入 H04M3/00；预付费电话硬币箱入 H04M17/00；电流供给装置入 H04M19/08）
45	H04N21	可选的内容分发，例如交互式电视、VOD〔视频点播〕（广播通信入 H04H；用于以协议为特征的通信控制或者处理的装置、设备、电路或者系统入 H04L29/06；运动视频数据的实时双向传输入 H04N7/14）
46	H04N5	电视系统的零部件（扫描部件或其与供电电压产生的组合入 H04N3/00；专门适用于彩色电视的零部件入 H04N9/00；专门适用于内容分发的专用服务器入 H04N21/20；客户端设备明确适合接收内容或者交互式内容入 H04N21/40）
47	H04N7	电视系统（部件入 H04N3/00、H04N 5/00；专用于彩色电视的系统入 H04N11/00；立体电视系统入 H04N13/00，可选的内容分发入 H04N21/00）
48	H04W24	监督，监控或测试装置
49	H04W4	专门适用于无线通信网络的业务或设施
50	H04W88	专门适用于无线通信网络的设备，例如终端、基站或接入点设备

附表 7 IPC 小组说明表

序号	IPC 小组	含义
1	A23L1/29	改变食品的营养性质；营养制品（A23L1/09 优先；食用盐代用品入 A23L1/22）
2	A61K9/20	丸剂、锭剂或片剂
3	A61K9/48	胶囊制剂，例如用明胶、巧克力制造的
4	A61P29/00	非中枢性止痛剂、退热药或抗炎剂，例如抗风湿药；非甾体抗炎药（NSAIDs）
5	A61P31/04	抗细菌药
6	A61P35/00	抗肿瘤药
7	A61P9/10	治疗局部缺血或动脉粥样硬化疾病的，例如抗心绞痛药、冠状血管舒张药、治疗心肌梗死、视网膜病、脑血管功能不全、肾动脉硬化疾病的药物
8	B23P15/00	制造特定金属物品，采用不包含在另一个单独的小类中或该小类的一个组中的加工
9	B29C47/92	测量、控制或调节
10	C08K13/02	有机和无机配料
11	C08K3/04	碳
12	C08K3/22	金属的
13	C08K3/26	碳酸盐；碳酸氢盐
14	C08K3/34	含硅化合物
15	C08K3/36	二氧化硅
16	C08L23/06	聚乙烯
17	C09D7/12	其他添加剂
18	F21Y101/02	微型光源，例如发光二极管（LED）
19	G01N30/02	色谱柱法
20	G01R31/00	电性能的测试装置；电故障的探测装置；以所进行的测试在其他位置未提供为特征的电测试装置（测量引线、测量探针入 G01R1/06；指示开关机构或保护装置的电气状况入 H01H71/04、H01H73/12、H02B11/10、H02H3/04；在制造过程中测试或测量半导体或固体器件入 H01L21/66；线路）
21	G02F1/133	构造上的设备；液晶单元的工作；电路装置（用于控制矩阵中液晶元件并且在结构上不与这些元件相连的装置或电路入 G09G3/36）
22	G02F1/1333	构造上的设备（G02F1/135、G02F1/136 优先）
23	G02F1/13357	照明装置
24	G05B19/418	全面工厂控制，即集中控制许多机器，例如直接或分布数字控制（DNC）、柔性制造系统（FMS）、集成制造系统（IMS）、计算机集成制造（CIM）
25	G06F17/30	信息检索；其数据库结构
26	G06F17/50	计算机辅助设计（静态存储的测试电路的设计入 G11C29/54）
27	G06F3/041	以转换方式为特点的数字转换器，例如触摸屏或触摸垫，特点在于转换方法

续表

序号	IPC 小组	含义
28	G06F9/44	用于执行专门程序的装置
29	G06F9/445	程序的装载或启动
30	G06K9/00	用于阅读或识别印刷或书写字符或者用于识别图形，例如指纹的方法或装置（核粒子踪迹的处理或分析入 G01T5/02；测试纸币或类似的有价值的纸上的图形入 G07D7/20；语音识别入 G10L15/00）
31	G09G3/36	采用液晶
32	H01L21/336	带有绝缘栅的
33	H01L21/768	利用互连在器件中的分离元件间传输电流
34	H01L31/18	专门适用于制造或处理这些器件或其部件的方法或设备
35	H01L33/00	至少有一个电位跃变势垒或表面势垒的专门适用于光发射的半导体器件；专门适用于制造或处理这些半导体器件或其部件的方法或设备；这些半导体器件的零部件（H01L51/00 优先；由在一个公共衬底中或其上形成有多个半导体组件并包括具有至少一个电位跃变势垒或表面势垒，专门适用于光发射的器件入 H01L27/15；半导体激光器入 H01S5/00）
36	H02J7/00	用于电池组的充电或去极化或用于由电池组向负载供电的装置
37	H04B7/26	至少其中之一是移动的
38	H04L1/00	检测或防止收到信息中的差错的装置（校正同步入 H04L7/00；传输通道中的装置入 H04B）
39	H04L12/24	用于维护或管理的装置
40	H04L12/26	监视装置；测试装置
41	H04L12/28	以通路配置为特征的，例如 LAN（局域网）或 WAN（广域网）（无线通信网络入 H04W）
42	H04L12/56	分组交换系统
43	H04L12/58	消息交换系统（置换码的选择入 H04Q3/02）
44	H04L29/06	以协议为特征的
45	H04L29/08	传输控制规程，例如数据链级控制规程
46	H04L29/12	以数据终端为特征的
47	H04L9/32	包括用于检验系统用户的身份或凭据的装置（防止未授权行为的保护计算机或计算机系统的安全装置入 G06F21/00；通过编码识别卡或信贷卡片操作的分发装置入 G07F7/08；特别适用于无线通信网络的入 H04W12/00）
48	H04M1/725	无绳电话机
49	H05B37/02	控制
50	H05K7/20	便于冷却、通风或加热的改进

附表 8　标准化申请人对应全称表

序号	标准化申请人	全称	序号	标准化申请人	全称
1	华为公司-C	华为技术有限公司	22	江苏大学-E	江苏大学
2	中科院所-T	中国科学院	23	中国中车-C	中国中车股份有限公司
3	中兴公司-C	中兴通讯股份有限公司	24	腾讯公司-C	深圳市腾讯计算机系统有限公司
4	清华大学-E	清华大学	25	北京大学-E	北京大学
5	国家电网-C	国家电网有限公司	26	中航工业-C	中国航空工业集团有限公司
6	中国石化-C	中国石油化工集团有限公司	27	西安电科-E	西安电子科技大学
7	浙江大学-E	浙江大学	28	中国移动-C	中国移动通信集团公司
8	鸿海科技-C	鸿海科技集团	29	复旦大学-E	复旦大学
9	中国石油-C	中国石油天然气股份有限公司	30	宝钢集团-C	宝山钢铁股份有限公司
10	东南大学-E	东南大学	31	比亚迪司-C	比亚迪股份有限公司
11	明基友达-C	明基友达集团	32	工研院所-T	工业技术研究院
12	北航大学-E	北京航空航天大学	33	中石油大-E	中国石油大学
13	京东方司-C	京东方科技集团股份有限公司	34	南航大学-E	南京航空航天大学
14	天津大学-E	天津大学	35	中国电科-T	中国电力科学研究院
15	中国航天-C	中国航天科技集团公司	36	南京大学-E	南京大学
16	中冶集团-C	中国冶金科工集团有限公司	37	格力集团-C	珠海格力电器股份有限公司
17	中芯国际-C	中芯国际集成电路制造有限公司	38	武汉理工-E	武汉理工大学
18	美的集团-C	美的集团股份有限公司	39	西北工大-E	西北工业大学
19	大唐电信-C	大唐电信科技股份有限公司	40	中国矿大-E	中国矿业大学
20	电子科大-E	电子科技大学	41	河海大学-E	河海大学
21	乐金集团-C	乐金（LG）集团	42	中山大学-E	中山大学

续表

序号	标准化申请人	全称	序号	标准化申请人	全称
43	英业达司-C	英业达股份有限公司	62	联发科技-C	联发科技股份有限公司
44	南方电网-C	中国南方电网有限责任公司	63	南开大学-E	南开大学
45	人民解放-E	中国人民解放军国防大学	64	TCL 集团-C	TCL 科技集团股份有限公司
46	华东理工-E	华东理工大学	65	台积电司-C	台湾积体电路制造股份有限公司
47	农业大学-E	中国农业大学	66	神华集团-C	神华集团有限责任公司
48	奇瑞汽车-C	奇瑞汽车股份有限公司	67	联华电子-C	联华电子股份有限公司
49	武汉钢铁-C	武汉钢铁集团公司	68	长安汽车-C	重庆长安汽车股份有限公司
50	昆明理工-E	昆明理工大学	69	海信公司-C	海信集团有限公司
51	中海石油-C	中海石油集团有限公司	70	上汽集团-C	上海汽车集团股份有限公司
52	陕西科大-E	陕西科技大学	71	中国建筑-C	中国建筑集团有限公司
53	北邮大学-E	北京邮电大学	72	中交集团-C	中国交通建设股份有限公司
54	攀钢集团-C	攀钢集团有限公司	73	阿尔卡特-C	阿尔卡特公司
55	中船重工-C	中国船舶重工集团公司	74	徐工集团-C	徐州工程机械集团有限公司
56	华北电大-E	华北电力大学	75	中华映管-C	中华映管股份有限公司
57	三一重工-C	三一重工股份有限公司	76	浪潮集团-C	浪潮集团有限公司
58	中科技大-E	中国科学技术大学	77	长城汽车-C	长城汽车股份有限公司
59	青岛海尔-C	青岛海尔科技有限公司	78	中国电子-C	中国电子信息产业集团有限公司
60	中国中铁-C	中国中铁股份有限公司	79	四川长虹-C	四川长虹电气股份有限公司
61	中联重科-C	中联重科股份有限公司	80	宏达电司-C	宏达国际电子股份有限公司

续表

序号	标准化申请人	全称	序号	标准化申请人	全称
81	星网锐捷-C	福建星网锐捷通讯股份有限公司	99	威盛电子-C	威盛电子股份有限公司
82	烽火通信-C	烽火通信科技股份有限公司	100	中国电信-C	中国电信集团有限公司
83	上海电气-C	上海电气集团股份有限公司	101	航天科工-C	中国航天科工集团公司
84	三星集团-C	三星集团	102	台达电子-C	台达电子工业股份有限公司
85	江淮汽车-C	安徽江淮汽车集团股份有限公司	103	旺宏电子-C	旺宏电子股份有限公司
86	威创视讯-C	广东威创视讯科技股份有限公司	104	国机集团-C	中国机械工业集团有限公司
87	华润集团-C	华润（集团）有限公司	105	首钢集团-C	首钢集团有限公司
88	上海微电-C	上海微电子装备（集团）股份有限公司	106	中国联通-C	中国联合网络通信集团有限公司
89	宏基公司-C	宏基股份有限公司	107	中国铁建-C	中国铁建股份有限公司
90	宝时得司-C	宝石得科技（中国）有限公司	108	山东钢铁-C	山东钢铁集团有限公司
91	百度公司-C	北京百度网讯科技有限公司	109	神达电脑-C	神达电脑集团
92	华硕公司-C	华硕电脑股份有限公司	110	中国兵器-C	中国兵器工业集团有限公司
93	北大方正-C	北大方正集团有限公司	111	天士力司-C	天士力控股集团有限公司
94	北汽集团-C	北京汽车集团有限公司	112	瑞昱公司-C	瑞昱半导体（深圳）有限公司
95	吉利汽车-C	浙江吉利控股集团有限公司	113	上海贝岭-C	上海贝岭股份有限公司
96	小米科技-C	北京小米科技有限责任公司	114	创维数码-C	创维集团有限公司
97	鞍钢集团-C	鞍钢集团有限公司	115	许继电气-C	许继电气股份有限公司
98	纬创资通-C	纬创资通（中山）有限公司	116	东风汽车-C	东风汽车集团有限公司

续表

序号	标准化申请人	全称	序号	标准化申请人	全称
117	中传集团-C	中国传播集团有限公司	141	东北电大-E	东北电力大学
118	晨星公司-C	晨星（Morningstar）公司	142	东北师大-E	东北师范大学
119	新兴际华-C	新兴际华集团有限公司	143	香港理工-E	香港理工大学
120	金发科技-C	金发科技股份有限公司	144	淮阴工学-E	淮阴工学院
121	中国南方-C	中国南方电网有限责任公司	145	天津商大-E	天津商业大学
122	湖南有色-C	湖南有色金属控股集团有限公司	146	南京理工-E	南京理工大学
123	中国铝业-C	中国铝业集团有限公司	147	上海交大-E	上海交通大学
124	太钢不锈-C	山西太钢不锈钢股份有限公司	148	杭州电科-E	杭州电子科技大学
125	上海贝岭-C	上海贝岭股份有限公司	149	南京邮电-E	南京邮电大学
126	台积电司-C	台湾积体电路制造股份有限公司	150	山东科技-E	山东科技大学
127	浙江农林-E	浙江农林大学	151	中北大学-E	中北大学
128	重庆理工-E	重庆理工大学	152	西北农科-E	西北农林科技大学
129	重庆交大-E	重庆交通大学	153	西南大学-E	西南大学
130	上海海大-E	上海海洋大学	154	青岛科大-E	青岛科技大学
131	哈工大学-E	哈尔滨工业大学	155	南京信息-E	南京信息工程大学
132	南京中医-E	南京中医药大学	156	南京师范-E	南京师范大学
133	华中师范-E	华中师范大学	157	桂林电子-E	桂林电子科技大学
134	北工商大-E	北京工商大学	158	青岛农业-E	青岛农业大学
135	太原科大-E	太原科技大学	159	西北大学-E	西北大学
136	江西理工-E	江西理工大学	160	南昌航大-E	南昌航空大学
137	吉林农业-E	吉林农业大学	161	华东交大-E	华东交通大学
138	北信息大-E	北京信息科技大学	162	湖南师范-E	湖南师范大学
139	河南中医-E	河南中医药大学	163	香港中大-E	香港中文大学
140	首医科大-E	首都医科大学	164	兰州交通-E	兰州交通大学

续表

序号	标准化申请人	全称	序号	标准化申请人	全称
165	南阳师范-E	南阳师范学院	189	上海纺织-T	上海市纺织科学研究院
166	重庆医科-E	重庆医科大学	190	湖北农科-T	湖北省农业科学院
167	香港科大-E	香港科技大学	191	京市政院-T	北京市市政工程设计研究总院
168	广西中医-E	广西中医药大学	192	中医科学-T	中国中医科学院
169	淮阴师范-E	淮阴师范学院	193	上海消防-T	上海消防研究所
170	天津农学-E	天津农学院	194	矿冶研究-T	北京矿冶研究总院
171	北服学院-E	北京服装学院	195	隧道工程-T	上海市隧道工程轨道交通设计研究院
172	河南城建-E	河南城建学院	196	GAMI-T	全球先进制造研究所
173	贵州师范-E	贵州师范大学	197	中农科院-T	中国农业科学院
174	广州中医-E	广州中医药大学	198	长沙矿冶-T	长沙矿冶研究院
175	香港大学-E	香港大学	199	云南农科-T	云南省农业科学院
176	香港城大-E	香港城市大学	200	山东科学-T	山东省科学院
177	镇江高专-E	镇江市高等专科学校	201	材保研究-T	武汉材料保护研究所
178	东莞电子-E	东莞电子科技学校	202	中热科院-T	中国热带农业科学院
179	食品工业-T	中国食品发酵工业研究院	203	中国工程-T	中国工程院
180	本草天源-T	北京本草天源药物研究院	204	国家海洋-T	中国科学院海洋研究所
181	中央研究-T	中央研究院	205	水电科研-T	中国水利水电科学研究院
182	湖南化工-T	湖南化工研究院	206	中国水产-T	中国水产科学研究院
183	无线通信-T	上海无线通信研究中心	207	中国计量-T	中国计量科学研究院
184	天津药研-T	天津药物研究院	208	江苏原子-T	江苏省原子医学研究所
185	车辆研究-T	中国北方车辆研究所	209	山东农科-T	山东省农业科学院
186	上海材研-T	上海材料研究所	210	黑龙江科-T	黑龙江省科学院
187	上海药研-T	上海药物研究所	211	总装备部-T	中国人民解放军总装备部
188	广东自动-T	广东省自动化研究所	212	农业部环-T	农业部环境保护科研检测所

续表

序号	标准化申请人	全称	序号	标准化申请人	全称
213	华电集团-C	中国华电集团有限公司	217	东北电力-C	中国东北电力集团公司
214	许继集团-C	许继集团有限公司	218	南瑞继保-C	南京南瑞继保电气有限公司
215	江苏电力-C	国网江苏省电力有限公司	219	四方股份-C	北京四方继保自动化股份有限公司
216	国电南瑞-C	国电南瑞科技股份有限公司			